中国古生物学会
全国科普教育基地概览

Overview of the National Science Popularization

and Education Base of Palaeontological Society of China

中国古生物学会 / 编

Edited by
Palaeontological Society of China

中国科学技术大学出版社

University of Science and Technology of China Press

内 容 简 介

为了迎接中国古生物学会成立90周年,中国古生物学会第十二届二次理事会决定出版本书。

本书反映了30余家中国古生物学会全国科普教育基地的基本信息、展陈内容、重点展品、特色科普活动及创新内容等,旨在展示目前中国古生物学会全国科普教育基地的现状和风貌,以及各个基地近年来在古生物学科普教育方面取得的突出成绩,以利于推动我国古生物学科普教育基地的全面交流和进一步发展。

本书适合博物馆工作人员及其他科普教育相关从业人员参考使用,也可供公众快速了解各地博物馆中的古生物化石。

图书在版编目(CIP)数据

中国古生物学会全国科普教育基地概览/中国古生物学会编. —合肥:中国科学技术大学出版社,2019.11

ISBN 978-7-312-04810-4

Ⅰ.中… Ⅱ.中… Ⅲ.古生物学—科学普及—普及教育—概况—中国 Ⅳ.Q91

中国版本图书馆CIP数据核字(2019)第244699号

中国古生物学会全国科普教育基地概览

ZHONGGUO GUSHENGWU XUEHUI QUANGUO KEPU JIAOYU JIDI GAILAN

出版 中国科学技术大学出版社

安徽省合肥市金寨路96号,230026

http://press.ustc.edu.cn

https://zgkxjsdxcbs.tmall.com

印刷 合肥市宏基印刷有限公司

发行 中国科学技术大学出版社

经销 全国新华书店

开本 787 mm×1092 mm 1/16

印张 24.75

字数 390千

版次 2019年11月第1版

印次 2019年11月第1次印刷

定价 120.00元

Preface

序

探索地球演变历史

揭示生命演化奥秘

　　中国古生物学会成立于1929年,迄今已有90年的悠久历史。学会在长期的发展过程中,始终高度重视科普工作,为此专门成立了学会分支机构"科普工作委员会",为开展科普工作搭建了良好的组织和交流平台。当前,已进入新时代中国特色社会主义现代化强国建设阶段,科技创新和科学普及被置于同等重要的位置,科普工作迎来了前所未有的良好发展机遇。习近平总书记提出的"科技创新、科学普及是实现创新发展的两翼"的论断,是我们开展科普工作的指导思想和行动指南。

　　古生物学在探究地球演变历史、揭示生物演化奥秘等方面发挥着不可替代的重要作用,在科普教育方面拥有独特的优势。向公众进行地质古生物科学知识的普及是中国古生物学会和广大古生物工作者责无旁贷的义务,倡导科普工作是学会的一项重要任务。近年来,广大古生物学科普工作者发扬积极进取和创新有为的精神,在科普工作方面做出了许多显著的成绩。特别是在学会理事会的正确领导下,科普工作委员会积极担当作为,团结广大科普工作者开展了一系列卓有成效的工作,包括召开全国地质古生物科普工作研讨会、建设学会全国科普教育基地,以及评选中国古生物科普工作十大新闻或进展等,这些工作产生了积极的社会影响,取得了良好的社会效益,广大学会会员和其他科普工作者深受鼓舞,并迸发出了更高的工作热情。

　　为了鼓励广大学会会员和社会公众参与科普工作,推动科普工作社会化、群众化、经常化,中国古生物学会于20世纪90年代开始,在全国各地陆续建立了30多个中国古生物学会全国科普教育基地。经过近30年的发展,这些基地已经成为学会开展科普教育活动的重要平台。这项工作充分调动了社会各界的积极性,发挥了社会资源的效用,在弘扬科学文化、普及科学知识等方面发挥了重要而积极的作用。

　　本书是中国古生物学会所编的我国第一部以古生物学科普教育基地为内容的书籍,反映了30余家中国古生物学会全国科普教育基地的基本信息、展陈内容、重点展品、特色科普活动及创新内容等,旨在展示目前中国古生物学会全国科普教育基地的现状和风貌,以及各个基地近年来在古生物学科普教育方面取得的突出成绩。

　　本书的出版对进一步加强古生物科普工作,推动科普教育基地之间的合作交流具有重要意义,将对科普教育基地所在地区的古生物文化旅游和绿色生态文明建设产生积极的推动作用。同时利于公众获取信息,设计安排自己的访问计划,深入了解地球演变历史和生命演化奥秘的知识,以及我国得天独厚的、极具地方和区域特色的古生物化石资源,从而迸发出爱国热情,甚或积极投身于重要化石资源的保护事业。

中国古生物学会理事长

詹仁斌

2019 年 11 月 5 日

Foreword

前言

古生物学科的许多发现和研究成果是公众喜闻乐见的，为此科普教育成为古生物学科的优势之一。以实物宣传地球演变历史、揭示生命的起源与进化奥秘，是破除迷信、提倡辩证唯物主义的极好宣传素材。中国古生物学会在长期的发展过程中，一直把科普作为重要的工作内容，并为此在科普工作委员会的带领下，开展了形式多样、富有成效的系列科普教育活动。

中国古生物学会全国科普教育基地在中国科学技术协会发布的《全国科普教育基地标准》的基础上，从开展科普活动的基本条件、组织机构、工作要求和古生物化石资源及其保护等多方面考核评定，在自愿申报的基础上，根据专家的推荐意见，由中国古生物学会秘书处组织专家实地考察，并经过中国古生物学会理事会讨论批准后，予以授牌。

迄今，在全国各地先后建立了30多个中国古生物学会全国科普教育基地。基地的建立为推动古生物学科普工作搭建了高水准的平台，并做出了积极的贡献，展示了科普基地在推动科普工作方面发挥的不可替代的独特作用。

除此之外，目前已有内蒙古自然博物馆、宁夏地质博物馆等一批科普教育场所正在进行中国古生物学会全国科普教育基地的申报创建。

为了迎接中国古生物学会成立90周年，推动科普基地之间开展工作交流，中国古生物学会第十二届二次理事会决定，出版《中国古生物学会全国科普教育基地概览》一书，以反映中国古生物学会全国科普教育基地的现状和在古生物学科普教育方面所取得的突出成绩，推动我国古生物学科普教育工作的全面发展。

书中各篇章按照篇名的汉语拼音字母升序排列，内容形式图文并茂。

根据中国古生物学会理事会的统一安排,从2019年初开始,由学会秘书处牵头,会同科普工作委员会开展了书稿的征稿和编撰工作。学会秘书处根据书稿出版要求,向各个科普教育基地先后发出征稿通知。在科普教育基地负责人和相关人员的大力支持和配合下,学会秘书处征集到了绝大多数中国古生物学会全国科普教育基地的文字和图片资料,作为本书编撰的基本素材。由于地址或名称变更、单位隶属关系或机构设置改变等原因,少数几个基地的资料无法收集齐全,另有个别基地的资料太过简单,无法满足书籍出版的要求,这些基地这次就暂时没有收录,特此予以说明。由于时间所限,编撰工作又涉及诸多单位和科普教育基地,资料(包括大量图片)繁杂,书中缺憾和错误之处在所难免。希望今后在各相关科普教育基地的支持下,进一步完善资料,待条件成熟时予以再次修订和出版。

本书的出版,得到了中国古生物学会理事会及学会领导的大力支持。詹仁斌理事长热切关心本书的出版并为本书撰写了序,王永栋副理事长对本书的编撰和出版提出了指导和审定意见,科普工作委员会为本书的编撰工作提供了积极支持,蔡华伟秘书长、吴荣昌常务副秘书长及唐玉刚学会办公室副主任、蒋青博士和张玲芝女士等为书稿征集、前期编辑和后期校对等工作付出了诸多时间和精力,在此一并表示衷心的感谢!

谨以此书献礼中国古生物学会成立90周年!

中国古生物学会

2019年8月

Contents

目录

Anhui
Geological
Museum

安徽省地质博物馆

／安徽省合肥市政务区仙龙湖路 999 号

开放时间 ── 周二至周日 9:00─17:00（16:00 停止入场），
周一闭馆，法定节假日和特殊情况临时变更以博物馆
告示为准

网址 ── www.ahgm.org.cn

联系电话 ── 0551-63548008

新浪微博 ── 安徽省地质博物馆

微信公众号 ── 安徽省地质博物馆

一、科普基地基本信息

安徽省地质博物馆（安徽古生物化石博物馆、安徽省古生物化石科学研究所）隶属于安徽省自然资源厅，于2004年2月经安徽省机构编制委员会办公室（安徽省编办）批准成立，一个机构三块牌子，主要承担古生物化石和地质标本的收集、修复、管理、展示及研究等工作，肩负着组织开展全省地学科普教育工作的责任。

2012年1月，安徽古生物化石博物馆被授牌为"中国古生物学会全国科普教育基地"，之后安徽古生物化石博物馆更名，安徽省地质博物馆因袭授牌。

博物馆坐落于合肥市政务区省文化博物园内，于2008年4月开工建设，2012年10月正式开馆，占地面积约53 330平方米，总建筑面积26 495平方米，其中陈列面积16 902平方米。

⊙ 博物馆外观

二、科普基地创建和发展简况

安徽省地质博物馆的前身为安徽省地质矿产陈列馆。1986年5月,安徽省地质矿产陈列馆筹建,隶属于安徽省地质矿产勘查局下属的安徽省地质科学研究所。1987年9月,安徽省地质矿产陈列馆更名为安徽省地质博物馆。1997年,安徽省地质博物馆划归安徽省地质矿产勘查局下属单位安徽省地质实验研究所。

2003年,单勇先生向博物馆捐赠了3万余件古生物化石标本,这批化石标本的来源地几乎涵盖了所有我国重要的化石产地,时代从寒武纪到第四纪更新世,化石数量多、门类齐全、保存完好。这批化石极大地丰富了安徽省地质博物馆的古生物化石藏品。2004年,安徽省人民政府在安徽省地质博物馆的基础上建立了安徽古生物化石博物馆,同时加挂安徽省古生物化石科学研究所、安徽省地质博物馆两块牌子,为安徽省国土资源厅直属事业单位,原址位于合肥市包河区芜湖路239号。

之后经过馆方的不断收集和社会各方的捐赠,安徽古生物化石博物馆积累了更加丰富的化石标本和地矿标本。基于旧馆面积小,硬件设施也较为陈旧,不利于标本的收藏、保护与研究,也难以完美地向公众展示博物馆的藏品;同时,安徽省也亟需一座大型自然科学类博物馆,作为向公众展示并传播科学知识的平台,激发社会大众对自然科学的兴趣,进而为自然科学的长期发展奠定基础,所以,2007年安徽省发展和改革委员会批准了安徽古生物化石博物馆新馆的建设,馆址设于合肥市政务区仙龙湖路999号。2008年4月新馆正式开工建设,2012年10月建成并免费对外开放,同时主名称变更为安徽省地质博物馆。2014年11月28日整改提升之后重新开馆并运行至今。

安徽省地质博物馆新馆的正式运行,标志着一座集标本收藏、科学研究、展示体验、科普教育、文化交流、智性休闲等功能于一体的综合性文化场馆的基本建成。作为安徽省的重要文化工程之一,填补了安徽省缺乏大型、一流自然科学类博物馆的空白,是安徽省自然资源系统基本建设上浓墨重彩的一笔。

三、科普活动主要场馆和展陈内容

博物馆围绕"自然和谐、科学发展"主题,以"宇宙、地球、生物、人类、资源"为展示主线,布设了序厅、地球厅、生命演化厅、恐龙厅、矿物岩石厅、资源与环境厅6个常设展厅,附设临时展厅、特效影院、科普教室(实验室)、综合商店、学术报告、互动体验、地质文化餐饮休闲、室外景观等区域。整个展馆突出古生物化石,兼顾其他地学知识的展示,突出安徽本地特色,兼顾国内外相关内容的展示。

现有馆藏标本5万余件,包括不同地质时期的各类化石、各类矿物岩石和宝玉石等。主要有国内著名的古生物群化石系列,如贵州海生爬行动物群、辽西热河生物群、山东山旺动物群等;安徽特色化石群标本,如淮南生物群、巢湖鱼龙动物群、皖南恐龙动物群等。除此之外,还有各种尺寸的矿物晶体、造型石、观赏石、陨石等。

1. 常设展厅

(1)序厅。序厅为各类参观人员集散的场所,主要展品有目前国内最大的石英球和《生命演化》汉白玉浮雕壁画,另包括博物馆简介、展馆布置图等辅助宣传信息。

(2)地球厅。地球厅以"地球——生命的摇篮"为主题,突出表现地球

⊙ 地球厅

形成及构造演化的过程,揭示地球在形成和发展过程中与生命的起源和演化之间的相互关系:

首先以地球的活动为主线,介绍在各种内外力地质作用下,地球沧海桑田的变化以及形成的多姿多彩的地形地貌特征。其次介绍地球的发展、生命的起源和演化过程,以及相关的古生态、古环境的变化特征,揭示生命与生态、环境的关联作用,强调地球生命与生态、环境协调发展的重要性。通过一定的方法通俗易懂地说明地球原来是什么样子,经过怎样的演化形成了现在的样子。强调人类只拥有一个地球,展述人与自然和谐相处的意义,从而提醒人们要爱护和保护地球这个生命的摇篮。

(3)生命演化厅。生命演化厅以"生命之旅"为主题,说明生命从前生物系统到生物系统,从原核细胞到真核细胞,从单细胞到多细胞,又逐步演化发展,由简单到复杂,由低级到高级的进化过程。

展厅以地质时间为线索,按生命演化的各个阶段分别介绍地球的生命起源和演化的进程,使观众了解生命从何而来,向何处发展。设置前言展区、前寒武展区、古生代展区、中生代展区、新生代展区、探讨总结与互动展区等6个主要展区。选择各个时代具有代表性和划时代意义的生物演化事件陈展,采用实物标本、复制标本、图文展板、化石图片、史前生物景观图、模拟场景及多媒体等形式表现。

⊙ 生命演化厅

(4)恐龙厅。恐龙厅以"恐龙的世界"为主题,系统介绍恐龙的分类、时代、分布、演化以及兴衰史。用专题单元展区贯穿恐龙生存、进化、演变、灭绝的历史,并重点结合互动参与的形式,在互动展区设计一些与各类恐龙比身高、比体重、比速度等展项;展出一些可触摸的展品,如恐龙大腿骨、恐龙蛋、恐龙足印;模拟恐龙发掘、装架现场,让观众零距离接触恐龙。基于普通观众特别是青少年感兴趣的问题设计单元陈列。

⊙ 恐龙厅

　　(5)资源环境厅。资源环境厅以"富饶美丽的安徽"为主题,重点围绕安徽省的国土资源和地质环境进行展示,突出展示土地资源、矿产资源、水资源和测绘成果等安徽省国土资源情况,以及安徽省地质环境包括地质遗迹、地质灾害的情况,让人们牢固树立建设资源节约型、环境友好型社会的意识。

⊙ 资源环境厅

（6）矿物岩石厅。矿物岩石厅以"精美的石头"为主题，介绍矿物岩石的分类、物质组成、结构构造的基本知识，展示自然界中天然形成的各种美丽的矿物岩石。展厅分观赏石和宝玉石两个展区。从矿物岩石基础知识的介绍入手，从人文美学角度让人们认识、欣赏各种精美的矿物岩石。

⊙ 矿物岩石厅

2. 室外景观区

（1）大型地质实物标本景观区。该区展出大型矿物岩石标本，如磁铁矿、赤铁矿、石煤、灵璧石及巢湖石等；展出巨型、有观赏性的群体化石，如叠层石、珊瑚、腕足类等。

（2）化石林景观区。该区展出几十株树木化石——硅化木、阴沉木，复原高低不一、粗细不同的硅化木和阴沉木森林，让观众感受远古时代的森林气息。

四、重点展品介绍

安徽省地质博物馆是专业的地学类博物馆，主要承担古生物化石和其他地质标本的收集、修复、管理、展示及研究工作。截至2018年12月31日，安徽省地质博物馆收藏古生物化石标本39 170件，基本涵盖各地质时期各大门类化石,对国内著名古生物群均有系列收藏和展示,其中安徽巢湖龙动物群和皖南恐龙动物群化石是博物馆特有的收藏品。精品化石包括柔腕短吻龙、巢县巢湖龙、正在分娩的巢湖龙、安徽黄山龙、休宁伞形蛋、季氏北票颌龙、安地博长嘴鸟、许氏创孔海百合等。

1. 柔腕短吻龙

该标本产自安徽省巢湖市距今约2.48亿年的早三叠世地层中,为柔腕短吻龙的模式标本,是巢湖龙动物群的重大发现之一。

柔腕短吻龙个体很小,体长仅约40厘米,是目前发现的成年个体中最小的鱼龙。通过分支谱系分析发现,它在鱼龙演化谱系中处于最基部的位置。它的骨骼较沉重,有利于它到海底取食;吻部收缩,很短;躯干较短,但前肢相对比较大,而且腕部能像海狮一样弯曲支撑身体,这很可能使它能在陆地上运动。

柔腕短吻龙是目前发现的唯一具有两栖生活习性的鱼龙,代表了最原始的鱼龙,填补了陆地祖先与完全适应海洋生活的鱼龙之间的演化环节。该研究成果发表在2015年1月的英国 *Nature* 杂志上。

⊙ 柔腕短吻龙

2. 巢县巢湖龙

该标本产自安徽省巢湖市距今约2.48亿年的早三叠世地层中,是巢县巢湖龙的模式标本。

巢县巢湖龙个体小,吻部较短,牙齿小,头骨上发育有明显的上颞孔;前肢已经明显特化为适应水生生活的形态,肱骨部呈棒状,尺骨部发育骨干,腕骨圆形;尾部神经棘从前至后由向后倾斜逐渐转变为向前倾斜,在尾部中间位置形成一个向上略突出的弯尖。前肢比后肢粗且长,呈鳍形。

巢县巢湖龙是巢湖龙动物群研究早期(1985年)发现的原始鱼龙之一,也是该动物群的优势种类,在数量上占绝对优势,具有鳗鱼式的游泳方式,是早期鱼龙的典型代表。

⊙ 巢县巢湖龙

3. 正在分娩的巢湖龙

该标本产自安徽省巢湖市距今约2.48亿年的早三叠世地层中。

该标本记录了巢湖龙分娩的瞬间:可清晰地看见,一只幼仔已经分娩出来,一只幼仔身体一半露出骨盆,另一只仍在母体内。共3只幼仔和一部分巢湖龙母体化石骨骼,首次揭示了巢湖龙生殖方式的秘密,是目前已知时代最早的海生爬行类胎生化石,将鱼龙的胎生化石记录向前推进了1 000万年。同时,该标本的另一岩层表面还保存了一件凶猛的捕食性

⊙ 正在分娩的巢湖龙

鱼类化石——马家山龙鱼化石,且为模式标本。两件如此珍贵的化石同时保存在一块标本上实属罕见。

4. 安徽黄山龙

该标本产自安徽省歙县横关乡万灶村鸡母山中侏罗世地层中,是安徽黄山龙的模式标本。

安徽黄山龙归属蜥脚亚目马门溪龙科。与马门溪龙科其他属种相比,黄山龙具有一些特征组合:肱骨近端长为肱骨长的36%,肱骨远端关节面前后视略向内侧翘起,远端附突位于中部,桡骨为肱骨长的58%,近端视肾形;尺骨为肱骨长的2/3,尺骨两臂突中的内前突更长,尺骨远端前面、外后面和内后面上都有棱嵴发育。

安徽黄山龙的发现,填补了华东地区缺乏侏罗纪恐龙的空白。它处于蜥脚类演化的早期阶段,对于研究蜥脚类的早期演化具有重要意义。同时,这也是第一个基于发现地"安徽"命名的侏罗纪蜥脚类恐龙。

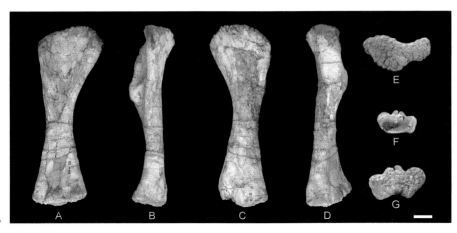

⊙ 安徽黄山龙

5. 休宁伞形蛋

该标本产自安徽省休宁县齐云山晚白垩世地层中,是休宁伞形蛋的模式标本,依据该标本建立了一个新科——伞形蛋科。

休宁伞形蛋化石呈椭圆形,在蛋窝中沿长轴定向排列,不在同一层面。平均长径为13.86厘米,平均赤道直径为10.43厘米,形状指数为75.25。蛋壳外表面无纹饰,平均厚度为0.75毫米。壳单元整体呈降落伞形、三角形或锥形,排列疏密不均:锥体呈半球形,锥体层非常薄,平均厚度为0.12毫米,约为蛋壳厚度的1/6,柱状层近内表面和近外表面分别发育伞形结构。气孔道不规则。

⊙ 恐龙蛋：休
宁伞形蛋

　　这一发现不仅丰富了恐龙蛋类型的多样性，同时也为皖南地区晚白垩
世红层的划分与对比提供了新的古生物证据。

6. 季氏北票颌龙

　　该标本产自辽宁省北票地区距今1亿多年的早白垩世地层中，为季
氏北票颌龙的模式标本。标本长120厘米，宽100厘米，保存完好，结构
清晰。

　　季氏北票颌龙是美颌龙类的
一支，是一种较小的兽脚类恐龙。
季氏北票颌龙不仅具有美颌龙科
的鉴定特征，如扇形的背椎神经
脊和强壮的第一指第一指节，而
且具有不同于其他美颌龙类的特
征：不具有小锯齿的锥形牙齿、较
长的尺骨、长而强壮的第二指第
一指节，以及较短的尾部。

　　这一发现进一步揭示了美颌
龙类具有相当高的分异度，为了

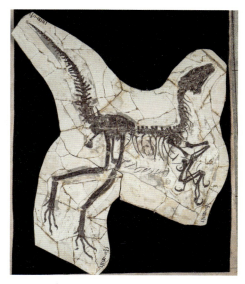

⊙ 季氏北票
颌龙

解美颌龙类的解剖学特征提供了更多的信息，进一步丰富了热河生物群的多样性组成。

7. 安地博长嘴鸟

该标本产自辽宁省凌源市早白垩世地层中，是安地博长嘴鸟的模式标本。

⊙ 安地博长嘴鸟

安地博长嘴鸟归入今鸟类，它的喙部非常长，占头部总长的60%以上。鸟喙上部主要由较靠前的前颌骨和上颌骨组成。与现生鸟类不同，安地博长嘴鸟喙部的上颌骨特别长，而前颌骨只占喙部很小的一部分。

研究者们推测，很可能至晚白垩世早期，鸟类前颌骨才成为其喙部的主要组成部分，并推测鸟类这一喙部结构的演化发生在鸟类头部运动能力提高之后。这些新发现对现生鸟类喙部多样性的演化以及热河生物群生态多样性研究有很大启示。

8. 许氏创孔海百合

该标本产自贵州关岭距今约2.2亿年的晚三叠世地层中，是海百合群体与寄生木共存的化石标本。标本长10.2米，宽5.8米，是国内本体与寄生木最大、最完整的海百合化石标本。

⊙ 许氏创孔海百合

许氏创孔海百合属棘皮动物门海百合纲,是关岭生物群的代表性物种之一。成年个体冠长10—15厘米,冠大,上宽下窄,呈百合花状;萼部小,碗状,约占冠长的1/6;茎圆,无蔓枝,根呈锚状。

许氏创孔海百合是一类营假浮游生活的海百合,它们通过其网状或铰接状根簇附着在漂浮树干上,利用腕和羽枝的摆动获取食物,广泛分布在当时的特提斯洋。

五、开展的特色科普活动以及创新内容

安徽省地质博物馆作为一座自然科学类博物馆,一直视科普工作为重要任务。自开馆以来,博物馆开展了丰富多彩、形式多样的科普活动。包括世界地球日、博物馆日、科技活动周、全国科普日主题宣传活动,以及巢湖龙说、小小讲解员培训班、搞事研究所、博物馆奇妙夜、地质研学游等特色科普活动。这些活动受到了社会各界的广泛关注和普遍认可,其中小小讲解员培训班、博物馆奇妙夜、地质研学游等特色活动正逐步形成品牌,受到广大青少年的青睐,影响力不断提升。

此外,博物馆还积极开发多样化的文化创意产品,如岩寺皖南龙"小石头"IP形象、《巢湖鱼龙》等4D电影、《巢龙号历险记》特效电影、微信表情包、古生物模型、化石工艺品和矿物标本等。

博物馆利用官网、微信平台和新浪微博,建立了网上宣传媒体矩阵,以媒体矩阵为线上宣传平台,与线下科普活动、文创产品相互配合,同向发力,利用新技术、新方式、新平台,多方位、多视角、立体式开展科普教育。

当前,博物馆正积极利用自身优势,挖掘地学内涵,丰富科普内容,打造科普品牌,努力做有特色、有影响力和感召力的地学知识普及者、地学文化传播者。

Beijing
Museum of
Natural History

北京自然博物馆

〉北京市东城区天桥南大街126号

开放时间 —— 周二至周日9:00—17:00,需提前预约免费门票
网址 —— www.bmnh.org.cn
联系邮箱 —— office@bmnh.org.cn
联系电话 —— 010-67024432
新浪微博 —— 北京自然博物馆
微信公众号 —— 北京自然博物馆

一、科普基地基本信息

北京自然博物馆隶属于北京科学技术研究院,是新中国依靠自己的力量筹建的第一座大型自然历史博物馆,主要从事古生物、动物、植物和人类学等领域的标本收藏、科学研究和科学普及工作。博物馆曾先后被中央宣传部和北京市政府授牌为"全国科普教育基地"和"北京市科普教育、研发、传媒基地",被联合国教科文组织中国组委会授牌为"科学与和平教育基地",2008年被国家文物局评定为国家一级博物馆。

博物馆占地面积15 000余平方米,建筑面积21 000余平方米,展厅面积10 000余平方米。其中田家炳楼,这座由香港实业家田家炳先生和北京市政府共同投资兴建的标本楼含31万余件馆藏标本。

⊙ 博物馆外观

二、科普基地创建和发展简况

1951年3月经中央宣传部文教委员会批准,中央文化部与中国科学院共同成立了中央自然博物馆筹备委员会,中央文化部丁西林副部长兼任主任委员,委员包括裴文中、郑作新、张春霖、胡先骕等人。

1951年4月2日中央自然博物馆筹备处正式成立,办公地点设在故宫博物院东华门内的文华殿、传心殿和清史馆,裴文中兼任主任。由中央文化部和中国科学院共同发文向全国征集标本和展品,并从全国各地抽调业务与行政干部。至1952年筹备处已具自然博物馆的雏形,并在1954年至1956年先后举办了新中国的首批大型展览:全国矿产资源展览、全国农业资源展览等。

1955年中央自然博物馆筹备处馆舍建设批准立项,确定天桥南大街为馆址。建设分三期工程,即陈列楼、标本楼和办公楼,首期工程拨款120万元。

1958年5月新馆落成,由历史学家、文学家郭沫若题写馆名。至8月完成了搬迁工作,随后古生物、动物、植物的基本陈列布置就绪。

1959年1月新馆正式对外开放,并划归北京市文化局。

1962年北京自然博物馆正式挂牌,由古生物学家杨钟健教授任馆长。

1979年古人类学家裴文中教授继任馆长,发起并筹备成立了中国自然科学博物馆协会。

1985年划归北京市科学技术研究院。

1992年9月由香港实业家田家炳先生捐资和北京市财政拨款的标本楼田家炳楼落成。

2008年2月大连自然博物馆原馆长孟庆金研究员接任馆长。

2008年3月入选北京市33座免费开放博物馆。

2008年4月入选北京市首批99家科普基地,被评选为"科普教育基地和科普研发基地",《大自然》编辑部为科普传媒基地。

2008年5月入选国家文物局首批79家国家一级博物馆。

2008年7月1日正式对公众免费开放。

在2012年度国家一级博物馆运行评估总评排名中,位列全国博物馆第五位、自然科技类博物馆第一位。

三、科普活动主要场馆和展陈内容

博物馆的基本陈列以生物进化为主线,展示了生物多样性及其与环境的关系,构筑了地球上生命发生、发展的全景图。古生物陈列厅向我们展示了生物的起源和早期的演化进程,透过化石的印痕,使人们看到已经灭绝的生物。博物馆向来不是一个枯燥的说教场所,它是一个根据青少年心理特点新开辟的互动式探索自然奥秘的科普教育活动场所,吸引了无数热爱自然的青少年朋友。"动物——人类的朋友""恐龙公园"等陈列内容,让孩子们在欢乐轻松的氛围中探索自然,从而爱上科学。

1. 基本陈列

(1)古爬行动物厅。古爬行动物厅向观众展示了生物界2亿多年前的景观,并以总鳍鱼、鱼石螈、蚓螈和异齿龙为代表,演示了脊椎动物从水域向陆地发展的复杂过程。大厅中央展示的恐龙骨架群栩栩如生,包括中国人发现的第一只恐龙——许氏禄丰龙、体长达26米的井研马门溪龙、称王称霸的霸王龙、小巧玲珑的恐爪龙、背上布满剑板的沱江龙、威风凛凛的永川龙、展翅翱翔的翼龙、称霸海洋的鱼龙。

⊙ 古爬行动物厅

（2）古哺乳动物厅。哺乳动物是由拟哺乳动物演化而来的。由于其特有的恒温优势以及中生代温暖潮湿的气候条件,哺乳动物得以复苏和大发展。该展厅于2019年进行了改陈,突出展示了我国的重要标本和最新科研成果,于同年6月与公众见面。

⊙ 古哺乳动物厅

（3）"无脊椎动物的繁荣"。经过博物馆一年多的筹备和半年的施工改造,"无脊椎动物的繁荣"展览于2015年2月10日与观众见面。"无脊椎动物的繁荣"展览重点讲述了化石的形成、生命的起源、寒武纪大爆发、无脊椎动物的繁荣等重大历史事件。

⊙ 无脊椎动物的繁荣

（4）"恐龙公园"。北京自然博物馆与观众阔别一年多的"恐龙公园"经过脱胎换骨的改造之后，于2013年暑假又与观众见面了！改造后的"恐龙公园"焕然一新，23只活灵活现的恐龙、2只翼龙以及1只和最早的恐龙生活在一起的坚喙蜥构成了不同的组合，分别代表了从三叠纪晚期到白垩纪晚期不同时期的恐龙世界的面貌。

⊙ 恐龙公园

（5）"植物世界"。2018年6月29日，博物馆"植物世界"大型植物专题展览重新对公众开放。"植物世界"是博物馆自1958年建馆以来一直保留的四大经典常设展陈之一。2018年它迎来了第四次更新改造，经过几个月的精心制作，6月29日正式对外开放。

⊙ 植物世界

（6）"人之由来"。2015年10月22日，"人之由来"展览开幕。此展览是博物馆四大基本陈列之一，曾在国内外引起较大反响，深受广大观众的喜爱。"人之由来"展览在博物馆多年从事古人类学研究的老专家周国兴教授的指导下完成，在内容上增加了近年来古人类学的最新发现和最新研究成果，许多新的标本在展览中亮相。

⊙ 人之由来

（7）"神奇的非洲"。"神奇的非洲"展览以世界轮椅基金会创始人美国肯尼斯·贝林先生捐赠的非洲珍贵动物标本为基础，采用360度环形全景画展示技术，向观众展示恢宏震撼的非洲原野。

⊙ 神奇的非洲

（8）"动物——人类的朋友"。"动物——人类的朋友"展览亮相博物馆800多平方米的展厅内，观众似乎漫游在多姿多彩的动物王国，感受动物之美。

⊙ 动物——
人类的朋友

（9）水生生物馆。2017年8月，博物馆水生生物馆重新对公众开放。

⊙ 水生生物馆

（10）"走进人体"。该展览以图文并茂的形式和大量精美的标本为依托，系统展示了人体构造的科学内容，并以朴实无华的视觉语言，向观众讲述人体各个器官的结构和功能。

⊙ 走进人体

2. 临时展览

（1）中生代的哺乳动物。2018年6月8日，由中国古动物馆、中国地质博物馆、河南地质博物馆等11家博物馆及化石收藏单位联合举办的"中生代的哺乳动物"特展在北京自然博物馆儿童厅开展。该展览集中展出了53件31种在中国发现的早期哺乳动物化石，包括23件模式标本，含博物馆收藏的重要（正模）标本。其中依托这些标本取得的重要学术成果多数在国际学术期刊 *Nature*,*Science* 上发表。

（2）冰河时代巨兽——猛犸象-披毛犀古动物群。本展览由北京自然博物馆和黑龙江省博物馆共同举办，主要以黑龙江第四纪哺乳动物为展品。展览面积450平方米，参展标本87件，展板38张，4米长大型壁画3幅。其中松花江猛犸象、真猛犸象骨架、披毛犀、东北野牛骨架、王氏水牛骨架为黑龙江省博物馆的镇馆之宝（真品）。

（3）恐龙蛋·诞恐龙。2016年12月6日，由北京自然博物馆、浙江自然博物馆、台中自然科学博物馆联合主办的"恐龙蛋·诞恐龙"主题展览在北京自然博物馆临时展厅开展。"恐龙蛋·诞恐龙"主题展览的展品包括确定种类的恐龙蛋化石，其中最特别的藏品是两件腹腔含蛋的恐龙标本，这是它们首次联袂展出。

（4）飞向白垩纪——中国翼龙。2016年9月27日，由北京自然博物馆和中国古动物馆联合主办的"飞向白垩纪——中国翼龙"展览在阳光厅展出。展览以"古生物科普教育"为主题，传播古生物学家在翼龙研究领域最新科研成果的同时，还全面介绍了中国的翼龙化石，围绕中生代翼龙的演化历程、生活习性等公众关注的热门话题展开。

（5）会飞的恐龙。北京自然博物馆、天宇空间（北京）国际文化发展有限公司共同主办的"会飞的恐龙"展览于2016年5月27日在北京自然博物馆临时展厅开展。"会飞的恐龙"展览选取小学四年级语文课本中《飞向蓝天的恐龙》一文为切入点，通过展览中的科普知识结合真实的标本、精美的展板、动画片、视频、互动等新颖的方式，向广大观众呈现恐龙类的精彩世界。

（6）恐龙木乃伊——浓缩的生命。"恐龙木乃伊——浓缩的生命"专题展览以在辽西发现的鹦鹉嘴龙木乃伊化石为切入点，借用古埃及法老木乃伊形象，详细地展示了恐龙木乃伊化石的形成过程：死亡—风干—埋藏—石化—出露。同时,该展览介绍了蒙古鹦鹉嘴龙、中国鹦鹉嘴龙、梅勒营鹦鹉嘴龙等鹦鹉嘴龙大家族的成员及其分布,展示了孔子鸟、小盗龙、驰龙、娇小辽西鸟、满洲鳄等著名化石种类以及短冠龙、埃德蒙顿龙等世界其他著名恐龙木乃伊化石,尤其是鹦鹉嘴龙幼体化石让人叹为观止。

(7)中生代王者归来。"中生代王者归来"流动科普车深受青少年朋友的喜爱和欢迎,他们对博物馆所展出的一件件珍奇的展品充满了好奇,对各类互动体验项目产生了浓厚的兴趣,对他们来说这是一场科技盛宴,足不出户就能体验到博物馆优质的科普资源和服务。

四、重点展品介绍

博物馆现有31万余件馆藏标本。重要的古生物标本如下:

1. 中华侏罗兽

中华侏罗兽产自辽宁省建昌县玲珑塔,是距今约1.6亿年的真兽类哺乳动物。这是目前已知的最古老的真兽类(有胎盘类)哺乳动物化石。化石不仅保存有完整的前肢和部分骨骼,还保存了长约2.2厘米不太完整的头骨、部分头后骨架以及残留的软体组织印痕。牙齿特征表明它为食虫类哺乳动物,体重约为13克。完整的前肢和部分骨骼表明它具有攀爬能力。

2. 短指挖掘柱齿兽

短指挖掘柱齿兽产自河北省青龙县晚侏罗世早期地层中。它的前肢骨骼强壮,手爪骨呈铲形,膨大,扁平,横宽,伸长。它所有的前肢骨、手掌指骨和远端指节的特征显示出很强的挖掘功能,头颅的结构和肢骨的长短比例具有典型的营地

⊙ 中华侏罗兽

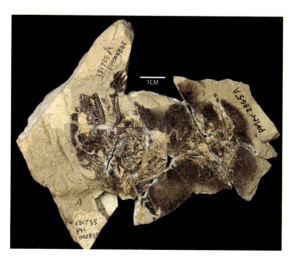

⊙ 短指挖掘
柱齿兽A面

穴生活的形态特征。在哺乳动物最早期的基干支系类群中，短指挖掘柱齿兽是被证实的具有营地穴生活特征的原始哺乳动物第一例，牙齿可食蠕虫类和昆虫类。

3. 攀援灵巧柱齿兽

⊙ 攀援灵巧柱齿兽A面

攀援灵巧柱齿兽产自内蒙古宁城县，距今1.65亿年，属哺乳动物基干支系类型。体型小，是已知最早的也是最原始的攀援树栖型哺乳动物。在地面上，它们也有一定的攀爬功能，以克服崎岖不平的地面。攀援灵巧柱齿兽特化的门齿和臼齿形态表现出杂食性和植食性哺乳动物的特征。

4. 欧亚皱纹齿兽

欧亚皱纹齿兽产自辽宁省建昌县玲珑塔大西山上侏罗统髫髻山组，距今约1.6亿年。标本以正、副模形式保存，并有毛发印痕。由于牙齿发育了明显的皱纹结构，如很多小的脊、沟、凹槽等，加之与其亲缘关系最近的多瘤齿兽产自西欧的侏罗纪地层中，故得此名。推算体重约为79克，是一种夜间活动的杂食性哺乳动物，以树叶、种子、蕨类、裸子植物及蠕虫和昆虫为食，还是一种能够快速奔跑的敏捷的哺乳动物。

⊙ 欧亚皱纹齿兽A面

5. 似叉骨祖翼兽

似叉骨祖翼兽产自辽宁省建昌县距今约1.6亿年的晚侏罗世地层中。祖翼兽体重120—170克，在中生代哺乳动物中属中小体型。标本保存了非常精美的皮膜和毛发结构，这些结构连接在颈部、前后肢和尾椎之间，形成前皮翼、侧皮翼和尾皮翼，与现生哺乳动物的滑翔皮翼相似。另一显著的骨骼特征是锁骨与间锁骨已经愈合，形成"Y"字形，与鸟的叉骨形状相似，而且锁骨与肩胛骨关节有很大的活动性，四肢骨骼比例符合具有滑翔功能的形态特征。

⊙ 似叉骨祖翼兽

6. 双钵翔齿兽

双钵翔齿兽产自河北省青龙县距今约1.6亿年的晚侏罗世地层中。体重35—55克，属中生代小体型哺乳动物。化石保存了碳化的皮膜和毛发结构，这些结构连接在颈部、前后肢和尾椎之间。锁骨与间锁骨已经愈合，形成"Y"字形，与鸟类的叉骨相似，四肢骨骼比例符合具有滑翔功能的现代哺乳动物的形态特征。

⊙ 双钵翔齿兽 A 面

五、开展的特色科普活动以及创新内容

博物馆利用自身的优势定期举办有特色的科普活动。近年来在古生

物科普领域的创新工作主要包括以下内容:

2016年,依托博物馆的特色古生物标本和重大研究成果,在国际一流的科学顾问团队的指导下,《黑羽精灵》将我国辽西地区白垩纪早期的生态环境及小盗龙等远古生物的形象和行为习性,以写实风格的动画形式生动地表现出来,将科研成果转化成了科普文化作品,让观众得以欣赏四翼恐龙的飞行神韵,了解远古恐龙世界的绚丽多姿。

2018年,《小侏罗兽历险记》4D原创科普电影制作完成,依托博物馆的特色古生物标本和重大研究成果,在研究中华侏罗兽等的相关专家的指导下,通过艺术的创作和美术的加工,在3D立体电影的基础上,结合座椅运动以及吹风、震动、耳音等环境因素,给观众身临其境的体验,达到了寓教于乐的传播目的。此外,还有围绕电影主题的文创产品,观众在享受15分钟特效电影的同时,还可以学到相关科普知识,实现了"把博物馆展品带回家",真正做到了"玩转博物馆、放飞知识"!

Benxi
Geological
Museum

本溪地质博物馆

／辽宁省本溪市本溪满族自治县谢家崴子

开放时间 —— 旺季 8:30—17:30（4 月 1 日—10 月 31 日），
　　　　　淡季 9:00—17:00（11 月 1 日—次年 3 月 31 日）
网址 —— www.lnbenxishuidong.com
联系邮箱 —— bowuguan4911@163.com
联系电话 —— 024–44891091
新浪微博 —— 辽宁本溪水洞风景区
微信公众号 —— 本溪水洞风景区

一、科普基地基本信息

2005年9月,国土资源部批准本溪为国家地质公园。在主园区水洞景区建设了本溪地质博物馆(中国地质博物馆本溪馆)和"硅化木王国"主题公园。本溪馆隶属于本溪水洞旅游(集团)股份公司,是一个集展览、收藏和教育为一体的现代化博物馆,是自然科学普及和教育的重要基地,具有科学性、知识性、观赏性和趣味性。建筑设计庄严,气势恢宏。总建筑面积12 000平方米,其中展览区面积近3 900平方米。

本溪馆集地球科学、国土资源、地质景观、地矿标本、古生物化石标本为一体,藏有国家级珍贵标本30余件,珍稀标本3 300余件,其藏品规模、精品数量和科学内涵等方面在业界具有重要影响。其生命进化厅为古生物陈列室。

本溪地质博物馆在2011年被中国地质博物馆接纳为"中国地质博物馆本溪馆",2011年被评为"国土资源科普基地"。

2015年8月11日在中国古生物学会第28届学术年会上,本溪馆被授牌为"中国古生物学会全国科普教育基地"。

⊙ 博物馆外观

二、科普基地创建和发展简况

本溪馆于2007年开始建设,并在第二展区筹建了名为"生命进化厅"的古生物化石陈列室,规划建设了名为"硅化木王国"的室外陈列区,共展出近1 200余件化石精品。

本溪馆于2007年1月动工,2007年5月完成全部工程并开始布展,6月开始试运行,7月正式对外开放。本溪地质博物馆的重要组成部分"硅化木王国"于2008年4月建设完工。总规划面积约116 000平方米。共有619棵硅化木展出(不包括形成玉石、玛瑙的切割品),成为规模较大而且全部以真品而立的硅化木展示区。

本溪馆建筑庄严,气势恢宏,面向社会展示出古生物化石研究独特非凡的成就。本溪馆的建设与开放,对于促进科学知识的普及、生活环境的保护以及自然历史的文明都起到了很大作用,成为水洞风景区游玩、学习兼备的好去处。

⊙ 硅化木

三、科普活动主要场馆和展陈内容

本溪馆以古生物化石标本为主,是辽宁省古生物专业博物馆之一。化石以无脊椎动物、有脊椎动物、古植物、软体动物为主,藏品丰富,展品精美。其以热河生物群中的中华龙鸟和金刚山义县翼龙的化石标本最为珍贵,堪称国宝级的精品。

本溪馆的展览以讲述地球和生命演化历史故事为线索。由寒武纪、古生代、中生代的化石标本为主题展,包括热河生物群、恐龙时代、古植物、无脊椎动物、鸟类的起源和早期演化、本溪地质变迁和古人类遗址。这些展览以种类繁多的珍稀标本以及丰富的文字说明、图片复原、模型展示和多媒体等现代化技术手段,充分展现了古生物的沧海桑田和多样化。利用化石可推算地球的变化和地质的变迁,使大众对地球自然历史和人类现今的生活环境有更深刻的认识,形成更浓厚的博物馆意识。

1. 寒武纪展厅

寒武纪被称为古生物界和地质学上的一大悬案,是现代生物的开始阶段,标志着地球生物演化史新的一幕。大约6亿年前,在地质学上称作寒武纪的时代开始,而在寒武纪之前更早的古老地层中长期以来都不曾找到动物生存的痕迹。在寒武纪开始后的短短数百万年时间里,包括几乎所有现生动物类群祖先在内的大量多细胞生物突然出现,这一爆发式的生物演

⊙ 寒武纪展厅

化事件被称为"寒武纪生命大爆发"。馆内的寒武纪以图片和三叶虫化石展示为主。

2. 古生代展厅

古生代具有特殊的意义，生物从登陆到灭绝开始了全新的演化。展厅内以寒武纪、奥陶纪、志留纪、泥盆纪、石炭纪、二叠纪化石展台和文字说明的方式展示了古生物的演化历程。

3. 中生代展厅

中生代是爬行动物的时代。展厅以热河生物化石标本为主，展示了以热河生物群戴氏狼鳍鱼、东方叶肢介、三尾拟蜉蝣等为代表的多门类古生物化石。分为以下专题展区：

（1）热河生物群专区。生活在中生代晚期且分布于我国北方的一个繁盛的生物群，特别是辽西地区是研究热河生物群的经典地区。含化石层位包括了义县组和九佛堂组2个地层，共跨越1800万年。这里保存了大量的精美化石，涵盖了20多个重要的生物门类，包括软骨鱼类、硬骨鱼类、

⊙ 鱼龙、海百合、幻龙展区

⊙ 鱼类展区

两栖类、爬行类、鸟类、哺乳类等脊椎动物类群,以及无脊椎的腹足类、双壳类、虾类和各类陆生植物(含被子植物)等。共展出热河生物群的代表性化石标本约500多块。

(2)恐龙专区。展出侏罗纪、白垩纪的恐龙标本、图片和文字内容。主要展示了中华龙鸟、尾羽龙、小盗龙、伊克昭龙、华夏鸟、金刚山义县翼龙、鹦鹉嘴龙等珍贵的化石。

(3)植物专区。由一批古植物实物标本组成,包括中华古果、蕨类植物、似木贼根茎、新芦木等,还有外延部分的619棵硅化木和树化石标本。

(4)无脊椎动物专区。通过综合厅展示我国和国外的一些菊石、海百合、双壳类、三叶虫和软体动物化石。

(5)鸟类展示专区。古鸟类一直是科学界关注的热点,由于大量带羽毛恐龙的发现,"鸟类是小型兽脚类带羽毛恐龙的后裔"即"恐龙是鸟的祖先"这一假说成为了当前科学界的主流观点。展区由标本、图片和文字介绍组成。

⊙ 古 植 物 、 鸟 类 专区

四、重点展品介绍

本溪馆拥有化石约1 200件,展出了许多精品化石标本,主要包括中华龙鸟、尾羽龙、金刚山义县翼龙、马氏燕鸟吃鱼(最后的晚餐)、室井氏狼鳍鱼、鱼龙与海百合、硅化木等。

1. 中华龙鸟

中华龙鸟生存于距今1.4亿年的早白垩世,1996年首先发现于中国辽宁省西部北票热河生物群。开始以为它是一种原始鸟类,定名"中华龙鸟",后经科学家证实为一种小型肉食性恐龙,属于兽脚亚目美颌龙科中华龙鸟属。中华龙鸟是带羽毛恐龙的首次发现,它有力地支持了鸟类起源于恐龙的假说。馆藏中华龙鸟标本的骨架约1米左右,头较大,牙齿锐利,后部牙齿后喙呈锯齿状,骨骼结实,腰带与后肢强壮,前肢粗短,爪钩锐利,后腿较长,适宜奔跑,全身披覆着原始羽毛,已出现鸟类的一些特征。

⊙ 中华龙鸟

2. 尾羽龙

尾羽龙属于小型的原始窃蛋龙类。标本头骨较高,牙齿退化,尾短,尾的末端有长的装饰羽毛。2010年在上海世博会辽宁馆展出并获得了荣誉证书。2012年在湖南举办的"中国(长沙)国际矿物宝石博览会"中的化石专区展出,并获得了国内外专业人士的好评。

⊙ 尾羽龙

3. 小盗龙

小盗龙为双足行走的小型驰龙类。该标本牙齿前喙的锯齿消失,牙冠和齿根之间有基本的收缩;中部尾椎是前部背椎的3—4倍长;尾椎骨少于26块;有外弯和细长的爪,屈肌小节发育;身披羽毛。

4. 室井氏狼鳍鱼

室井氏狼鳍鱼再现了几只狼鳍鱼在水草中穿梭的情景,看似一幅美丽生动的水墨画。这块化石曾于2005—2006年在日本展出并受到日本各界人士的好评,福井博物馆把它作为出版物的插页出版。

5. 马氏燕鸟吃鱼

马氏燕鸟是一种专吃鱼的鸟,形态是一个俯冲吃鱼的姿势,它用嘴叼住了一条鱼,正准备吃,但在同一时刻火山喷发,火山灰迅速将它掩埋,大自然凝固了这一精彩瞬间,使其形成了这块精美的化石,堪称世界之最。著名古生物学家季强博士专门为它写了一篇文章,称为《最后的晚餐》。

⊙ 室井氏狼鳍鱼
（左）
马氏燕鸟吃鱼(右)

⊙ 金刚山义县翼龙

6. 金刚山义县翼龙

金刚山义县翼龙的化石是全世界独一无二的正模标本,产自辽宁省锦州义县的金刚山地区。翼龙出现在白垩纪的中早期,它生活在水边,以鱼、虾为食,也是当时的空中霸王。

五、开展的特色科普活动以及创新内容

本溪馆作为本溪市地质类的科普教育基地,以馆为平台建立了中小学生地质科普教育启蒙基地,得到了国家和辽宁省相关部门的充分肯定。本溪馆还以本溪国家地质公园为依托建立了大学生野外地质实习基地。

本溪馆在每年的"地球日"和"博物馆日"展出与其本身相匹配的"地质摇篮"和"地学殿堂"等内容,和近万名学生进行博物馆现场互动,使参观者深度了解古生物的形成和修复,拓宽市民的知识面。

本溪馆开发了关于古生物的文创产品,有现场挖掘模板、狼鳍鱼礼盒,还有博物馆的纪念邮票,具有收藏价值。

本溪馆的建立有着浓郁的地方特色和极高的科研科普价值,它既为本溪国家地质公园提供了硬件设施,又成为了科学研究和科学知识普及的重要场所;既增加了水洞风景区的旅游资源,又拉动了本溪第三产业的经济增长。本溪馆真正成为了本溪一张靓丽的城市名片。此外,本溪馆是本溪市的重要科普教育基地,连续数年被授予"本溪市三星级科普教育基地"荣誉称号。

National Nature
Reserve of
Changxing
Geological Relics

长兴地质遗迹国家级自然保护区

/浙江省湖州市长兴县煤山镇葆青山麓

开放时间 —— 全年 8:30—16:00

联系邮箱 —— 393059778@qq.com

联系电话 —— 0572-6295229

一、科普基地基本信息

2001年3月和2005年9月，国际地质科学联合会正式确定浙江省长兴县煤山剖面为全球二叠系-三叠系和长兴阶底界的界线层型和点位（Global Stratotype Section and Point，简称GSSP），俗称"金钉子"。这2颗"金钉子"卡定了古生代最后200万年的地质记录，煤山剖面成为世界上唯一在一个剖面上同时拥有2颗"金钉子"的标准剖面。其中二叠系-三叠系界线"金钉子"代表地球史上3个最重要的断代界线之一，整个长兴煤山剖面见证了地球历史上5次生物大灭绝中最大的一次灭绝事件和全球环境变化的过程，具有极其重要的国际对比意义、极高的科学研究和科普教育价值。

2005年经国务院批准，长兴灰岩标准地质剖面保护区晋升为浙江长兴地质遗迹国家级自然保护区（国办发〔2005〕40号）。

经过多年的发展建设，目前保护区管理基础设施已基本建立，管理、科研和宣教用房有保障，宣教设施齐全、设备先进，交通与标识系统较为完备。保护区建有"金钉子"地质博物馆一座，面积4 512平方米，内设宇宙地球厅、生物进化厅、金钉子厅、4D影院和地震火灾逃生体验馆。2013年被授牌为"中国古生物学会全国科普教育基地"。

⊙ 博物馆外观

⊙ 二叠系－三叠系界线层型点位标志　　　　　⊙ 吴家坪阶－长兴阶界线层型点位标志

二、科普基地创建和发展简况

　　1923年，国际著名地质学家葛利普研究了长兴煤山地区的蕉纹腕类化石，并命名这一动物群的地层时代为长兴期。1931年，葛利普提出"长兴灰岩"一词，随后，我国地质学界对长兴灰岩进行了长期的研究。1959年第一届全国地层会议后，正式命名长兴灰岩为长兴组，并建立了长兴阶。

　　1980年3月14日，浙江省人民政府（浙政发〔1980〕31号文件）批准建立"长兴灰岩标准地质剖面保护区"，并与长兴县人民政府共同立碑公示于众。保护区建立以后，浙江省各级人民政府、社会各界为剖面的保护和管理做了大量基础工作：经省人民政府协调，省属企业浙江三狮水泥有限公司在矿区范围内，将1亿多吨石灰石储量的矿区划入保护区范围，加以永久保护；长兴县人民政府先后关闭了剖面附近的10多家矿山。1999年，《浙江省自然保护区发展规划》将长兴灰岩剖面保护区列入"拟建国家级自然保护区"重点项目之一，湖州市和长兴县人民政府分别在《矿产资源保护和开发利用规划》中将其列为重点保护区，在市、县旅游规划中将其列为重要景区。

　　2005年经国务院批准，长兴灰岩标准地质剖面保护区晋升为浙江长兴地质遗迹国家级自然保护区（国办发〔2005〕40号）。

　　由于长兴灰岩剖面记录了地质历史最大的生物灭绝事件发生的整个过程和当时的环境背景演变过程，在地质科学界具有无可比拟的学术与科研价值。目前关于煤山剖面生物大灭绝有上百篇论文,其中有10多篇文章发表在世界顶级刊物*Science*和*Nature*上。该剖面已经成为世界各国科学家研究最多的剖面,当地人民政府及保护区主管部门非常珍惜机会,利用保护和宣传保护区地质遗迹之机宣传当地。当地人民政府投资近1亿元建造了中国长兴金钉子地质博物馆,充分使用声、光、电等高科技手段,寓教于乐,是一所现代的地质科普教学馆。为向公众宣传地质遗迹的知识,让公众了解地质发展史,提高保护地球、保护环境的意识,保护区先后成功申请建立"全国李四光中队科普教育基地""中国科学院南京地质古生物研究所长兴野外研究基地""中国地质大学长兴野外教学与研究基地""浙江省科学教育基地""长兴县中小学生素质教育实践基地""全国科普教育基地""国土资源科普教育基地""市级院士专家工作站"等科研基地与科普教育基地。保护区充分利用这些基地的辐射效应,针对不同的群体开展了一系列的专业性科学研究与科普教育活动,有力地宣传了保护区。

三、科普活动主要场馆和展陈内容

保护区内设置了仿古地层形象大门、融声光电高科技于一体的金钉子地质博物馆(宇宙地球厅、生物进化厅、金钉子厅)、4D特效影院、金钉子广场等。

1. 金钉子地质博物馆

(1)宇宙地球厅。宇宙地球厅为入口展厅,主要包括内容为浩瀚宇

⊙ 地质年代

宙(宇宙的概念与组成、宇宙大爆炸、银河系、太阳系)、独特的星球(美丽的地球、地球的起源、地球的结构、地壳、地质年代、地质作用、人与地球),并有天幕投影、磁悬浮地球、八大行星感应系统、行星称重,以及多个问答互动。

⊙ 金钉子地质
博物馆外观

⊙ 保护区地质
博物馆展馆

（2）生命演化厅。布局在一个长条形的空间内,与生命演化长河相呼应,这个展厅以地质年代为主线展示生命演化进程。主要内容包括生命起源(地球的原始环境、生命的起源、古生物、化石、遥远的生命记录、古生物的命名、生物的分类)和生命演化(不同地质时代的生物演化、生物大灭绝事件),并有地质年代异性投影柱、恐龙搏斗墙,以及多个互动体验。

（3）金钉子厅。主要内容为金钉子的由来(什么叫金钉子、金钉子的级别)、金钉子为什么落户长兴煤山(金钉子的重要性、煤山剖面的优势、全球金钉子的现状)、打造金钉子的过程(历史事件、打造金钉子的人、打造金钉子的方法、打造金钉子的成果)、长兴金钉子的意义、金钉子的保护,并有多个视频解说及互动画面。

⊙ 打造金钉子的人

⊙ 全球二叠系－三叠系界线层型剖面

四、重点展品介绍

保护区地质博物馆内展品共计300余件,其中化石234件。

1. 方解石

方解石是一种碳酸钙矿物,天然碳酸钙矿物中最常见的就是它,是一种分布很广的矿物。方解石的晶体形状多种多样,它们的集合体可以是一簇簇的晶体,也可以呈粒状、块状、纤维状、钟乳状、土状等等。敲击方解石可以得到很多方形碎块,故得名"方解"。方解石的色彩因其中含有的杂质不同而不同,如含铁锰时为浅黄、浅红、褐黑等等,但一般多为白色或无色。无色透明的方解石也叫冰洲石,这样的方解石有一个奇妙的特点,就是透过它可以看到物体呈双重影像。因此,冰洲石是重要的光学材料。方解石是石灰岩和大理岩的主要矿物,在生产生活中有很多用途。我们知道石灰岩可以形成溶洞,洞中的钟乳石、石笋、汉白玉等其实就是由方解石构成的。

2. 雄黄

雄黄是四硫化四砷(As_4S_4)的俗称,又称作石黄、黄金石、鸡冠石,通常为橘黄色粒状固体或橙黄色粉末,质软,性脆。常与雌黄即三硫化二砷(As_2S_3)、辉锑矿、辰砂共生;加热到一定温度后,在空气中可以被氧化为剧毒成分三氧化二砷,即砒霜。雄黄酒即是用研磨成粉末的雄黄泡制的白酒或黄酒,是中华民族传统节日端午节的饮品。雄黄酒需在太阳下晒,有的从五月初一晒到初五。作为一种中药材,雄黄可以用作解毒剂、杀虫剂。

3. 雌黄

雌黄的主要成分是三硫化二砷,有剧毒。雌黄单晶体的形状呈短柱状或者板状,集合体的形状呈片状、梳状、土状等。雌黄作为一种罕见的清晰、明亮的黄色颜料还被东西方文明长期用于绘画:在东方,敦煌莫高窟壁画使用的黄色颜料里面就有雌黄的存在;在西方,雌黄也一直在碾碎之后作为颜料用于画画。由于雌黄具有剧烈的毒性,加之其和石墨以及铜基颜料不能很好地共存,在西方,镉黄和其他染料在19世纪之后逐渐替代雌黄用于颜料。但是中国的国画仍然有使用雌黄的(古时人们写字时用的是黄纸,如果把字写错了,用这种矿物涂一涂,就可以重写,"信口雌黄"这个成语就源于此)。

4. 叠层石

馆内陈列一件距今4亿多年的叠层石化石,叠层石是由藻类在生命活动过程中,将海水中的钙、镁碳酸盐及其碎屑颗粒黏结、沉淀而形成的一种化石。随着季节的变化,生长沉淀的快慢不一,形成深浅相间的复杂色层构造,叠层石的色层构造呈纹层状、球状、半球状、柱状、锥状及枝状等。

5. 许氏禄丰龙

许氏禄丰龙发现在云南禄丰,是中国所发掘的最古老的恐龙类之一,与欧洲西部三叠纪晚期岩层中所发掘的板龙神似。它体形轻巧,长4—5米,有小而不太伸长的头骨,眼眶圆大,尾巴健壮,手和足的第一指(趾)特别发育,口中上下至少有25颗牙齿,这些牙齿形状与树叶相似,前后边缘有微小的锯齿。

许氏禄丰龙体型中等,4.5—6米体长,具有小巧的头颅及相当长的颈。前肢长度为后肢的2/3,强而有力的前肢显示它能够直立进行二足式的行走;同时前肢虽然较后肢稍为纤细,但是推测有可能它可以用四足做近距离的短程移动。新近发现的足迹化石证实了这项推论。禄丰龙壮硕的尾巴在平衡头部和躯体上有重要的功能。

⊙ 恐龙

6. 煤山中华扁体鱼

煤山中华扁体鱼属于扁体鱼亚目扁体鱼科的新属新种,体呈菱形,高而扁,馆内陈列的为一近于完整的个体,从吻端到臀鳍的前面部分,由于方解石脉穿切而有所断失,尾鳍以及背鳍远端均有残缺,产于浙江省长兴县煤山镇晚二叠世长兴灰岩中,头较小,头长约为全长的1/5。该标本不同于已知属,为我国首次发现,因产于煤山,故命名为煤山中华扁体鱼。

7. 葆青拟波斯蛤

葆青拟波斯蛤是煤山剖面出土的新种,壳薄,圆形轮廓,两侧稍不等,后腹边缘内曲,致使后腹部呈叶状。壳顶低,位近中央,壳顶腔浅,铰边圆。壳长31—36毫米,高30—34毫米。壳面饰有不规则的同心线,弱的放射线通常在壳体中部明显,向前后两侧逐渐减弱。产地位于浙江省湖州市长兴县煤山镇葆青山麓,产出层位是下三叠统殷坑组底部。

8. 煤山D剖面(野外剖面)

保护区内因采石出露了A,B,C,D,E和Z剖面,二叠系-三叠系界线(PTB)的全球界线层型剖面和点位(GSSP)在2001年由国际地质科学联合会批准,确定在煤山D剖面27C层底部。这条界线也划分了古生界和中生界,是显生宙中的一条重要界线。2005年9月,吴家坪阶-长兴阶界线层型和点位也确立在煤山D剖面。煤山D剖面是世界上唯一同时拥有2个地质年代分界的标准剖面,整个长兴煤山剖面见证了地球历史上生物大灭绝中最大的一次灭绝事件和全球环境变化的过程,具有极其重要的国际对比意义、极高的科学研究和科普教育价值。

⊙ 煤山D剖面

五、开展的特色科普活动以及创新内容

当地教育局及中小学校每年组织区内学生开展地学夏令营和学生参观活动,保护区在每年的"世界地球日""生物多样性日""科技活动周""全国科普日"等主题日开展形式多样的科普活动,并邀请各类专家做专题讲座。保护区建立小小讲解员基地和小小科普志愿者队伍,同时,与中国科学院院士共同建立院士专家工作站,提升科普内容的专业能力,创新科普活动的开展形式。

Chaoyang
Museum of
Paleontology

朝阳古生物化石博物馆

／辽宁省朝阳市龙城区龙鸟大街100号

开放时间 —— 除春节前5天设备检修外全年开放：冬春季
9:00—16:30（16:00停止售票）；夏秋季8:30—17:00
（16:30停止售票）。超过100人的团体需提前预约接待
联系邮箱 —— lih11@hualu.com.cn
联系电话 —— 0421-2575348
新浪微博 —— 辽宁朝阳鸟化石国家地质公园
微信公众号 —— 龙鸟大街100号情报社

一、科普基地基本信息

朝阳古生物化石博物馆隶属于辽宁朝阳鸟化石国家地质公园,由朝阳市政府投资建设,是一个集化石展览、化石收藏、化石和地质知识科普为一体的综合性博物馆,具有科学性、知识性、观赏性和趣味性,是自然科学普及和教育的重要基地。2007年9月29日正式对外开放,2015年被授牌为"中国古生物学会全国科普教育基地"。

博物馆位于辽宁朝阳鸟化石国家地质公园景区内,建筑面积20 700平方米,其中展览区面积近11 000余平方米。

⊙ 博物馆鸟瞰

二、科普基地创建和发展简况

中生代朝阳处于热河生物群的核心地区,赋存极为丰富的化石资源,不仅有鸟类,还有鱼类、爬行类、两栖类、哺乳类、鳄类、翼龙类、双壳类、昆虫类、植物类等门类众多的属种。朝阳古生物化石产于距今1.2亿—1.5亿年的侏罗纪晚期至白垩纪早期,这一时期正是生命进化史上的关键时期。这些宝贵的地质古生物化石遗迹,对研究生命的起源、进化和古地理、古气候、古生态环境都具有重大科学价值。

随着朝阳古生物化石研究的深入,如何让公众有机会近距离地系统接触相关的地球历史成为一个亟待解决的问题。2001年9月,根据中国科学院古脊椎动物与古人类研究所辽西项目组8位专家的建议,朝阳市国土资源局向市政府提交了建设朝阳古生物化石博物馆的申请报告,并提出建设朝阳化石地质公园的设想。

博物馆工程分两期建设,一期工程于2006年7月20日破土,2007年9月建成开放。建筑面积12 290平方米,常设展厅4 600平方米,临时展厅460平方米,科普展廊1 200平方米,学术报告厅320平方米。

2009年5月,博物馆被国土资源部授为首批"资源保护类国土资源科普基地"。2015年10月,启动二期工程建设,在原博物馆展厅"中华龙鸟"外形布局基础上,增建了"鸟头""鸟尾"和"鸟翅"3个展厅,构成大鸟展翅欲飞的宏伟外形,面积增加了8 410平方米,总面积达到了20 700平方米。

重新规划设计展厅布局,规划及展示宇宙的演化、地震体验、矿产资源分布、大陆板块漂移、火山爆发模拟体验、化石埋藏成因、鸟类飞行起源板块及展板、挂图、照片等500余幅,5个大型地质岩层模型,2幅大型木浮雕,40台/套声、光、电等多媒体展示和互动设备等,系统介绍了宇宙、地球、地震、恐龙进化、鸟类起源、被子植物起源、古生物演化知识。

三、科普活动主要场馆和展陈内容

1. 古生物化石博物馆

博物馆分为3层,设有地球探秘、龙行天下、朝阳之窗、热河生物群、古生物探秘、鸟类进化与人文化石、走近白垩纪7个展厅。展陈热河生物群系列古生物化石标本1000多件,是目前国内面积最大的古生物专业博物馆之一。化石以无脊椎的节肢类、昆虫类,古脊椎动物的鱼类、爬行类、两栖类、翼龙类、龟类、哺乳类等为主,藏品丰富,展品精美,尤以大批带毛恐龙、中华龙鸟、中华古果等化石标本最为珍贵,堪称国宝级的化石精品。博物馆最具代表性的展厅为:

(1)热河生物群厅。该厅是博物馆的核心展厅,保存有带毛恐龙、早期鸟类、早期哺乳动物、最早的被子植物、翼龙以及大量无脊椎动物化石。展览按生物由低级到高级、由简单到复杂的进化规律布展,以古生物进化为主线,分为无脊椎动物、脊椎动物展区及翼龙类、哺乳类化石展区,系统展示生物演化过程的相关知识。

① 无脊椎动物展区。代表展品有凌源额尔古纳蚌、东方叶肢介、三尾拟蜉蝣、辽宁洞虾、奇异环足虾、蜚蠊、短脉优鸣螽、胡氏辽蝉、蜘蛛、沼泽野蜓等,通过实物、展板展示丰富的中生代早期节肢类和昆虫类化石。

⊙ 热河生物群厅脊椎动物驰龙、鸟类展区

②脊椎动物化石鱼类展区。代表化石有戴氏狼鳍鱼、室井氏狼鳍鱼、原白鲟、长背鳍燕鲟、潘氏北票鲟、中华弓鳍鱼等,利用展品展板,系统介绍了脊椎动物的起源、进化历程。

③脊椎动物化石爬行类展区。代表化石有离龙类的楔齿满洲鳄、伊克昭龙、凌源潜龙等,详细讲解它们之间的异同,区分恐龙与离龙类的特点。

④脊椎动物化石两栖类展区。代表化石有满洲龟、三燕丽蟾、蝾螈等,让观众了解两栖类与爬行类的进化关系。

⑤中华龙鸟展区。中华龙鸟是介于爬行动物和鸟类之间的过渡类型,是一种小型兽脚类恐龙。鸟类是由恐龙演变来的结论,正是由中华龙鸟的发现得出的。它长有绒毛说明它开始从冷血的恐龙向温血的鸟类进化,是鸟类的鼻祖。

⑥翼龙标本展区。标本数量和品种属国内最全,有无齿翼龙、董氏中国翼龙、杨氏飞龙、珍贵的蛙嘴翼龙、达尔文翼龙、鲲鹏翼龙、巨冠翼龙等20多件。翼龙既不是恐龙,也不是鸟类,它是会飞的爬行动物,并且早于鸟类7 000万年就飞上了蓝天,一度成为空中霸主。

⑦小盗龙展区。顾氏小盗龙是目前发现的第一批地栖会飞的恐龙。100多年来,关于鸟类飞行起源学术界一直存在"树栖起源说"和"奔跑起源说"两大推断。顾氏小盗龙的发现为"树栖起源说"提供了最直接的化石证据,但仍存在争议。

⑧鸟类集合展区。在中国辽宁发现的早白垩世鸟类化石超过了世界上其他任何一个地区,这里陈列着燕都华夏鸟、娇小辽西鸟、圣贤孔子鸟、原始祖鸟、朝阳会鸟等鸟类化石14属19种60多枚,"鸟化石公园"因此得名。

⑨地球上第一朵花展区。中生代朝阳曾处气候温湿、水草丰盛的环境。在这里发现了世界上最早的花——辽宁古果(继而发现了中华古果和十字中华果)。这一重大发现是全球被子植物起源与早期演化研究的新突破。

（2）地球探秘厅。通过《宇宙的演化》《地球的起源》《大陆板块漂移》《地球圈层结构》《大气层与环境》《地震体验》《化石埋藏成因》《火山爆发模拟体验》等展板以及互动体验设施,直观介绍了宇宙、地球、地震、古生物演化知识等。地球探秘厅有六大看点,包括:地球——我们的家园、地震体验、地质年代螺旋图、生物大灭绝、火山爆发体验,以及地球揭秘的互动单元。

⊙ 地球探秘厅地质年代螺旋图

（3）鸟类进化与人文化石厅。展出与鸟类进化相关的化石标本和富有人文色彩的精品化石标本，采用"一石一诗"的展陈方式，让观众在诗情画意中了解化石故事，体会化石中的人文情怀。

① 展现恐龙向鸟类进化。选取恐龙到鸟的演化中最具代表性的15枚精品化石标本，力求形象直观地展现恐龙演变为鸟类的过程：每一块标本都比上一块更向鸟类进化了一步。

② 离我们更近的古生物。展陈距今几十万年的新生代哺乳动物猛犸象、披毛犀、原始牛化石。披毛犀与猛犸象一样浑身披着长长的毛，生活在寒冷的西伯利亚以及我国东北的松嫩平原，最后一批约于4 000年前灭绝，一个主要原因是古人类的狩猎活动，人类在建立物质文明的同时，导致了人类朋友的灭绝。

⊙ 鸟类起源展区

③人文化石带给我们远古的故事。

（4）走近白垩纪厅。这是全馆的一个总结性展厅,展现了白垩纪古生物的生活场景。

2. 4D动感环幕影院

除播放《史前历险》《地震灾害》等影片外,还播放以朝阳化石为题材的《白垩纪热河生物群古生物化石》科普影片,达到寓教于乐的科普目的。

3. 木化石林

木化石由火山喷发淹没森林而成。火山灰中含有大量的二氧化硅,在高温、高压和地下水的作用下,二氧化硅成分渗入植物组织而使木质硅化,形成硅化木。

展出的木化石林占地50 000平方米,有1 350多棵距今1.6亿—1.7亿年的恐龙时代的木化石,构成世界上最大的木化石森林。这些点滴的灵光蕴含远古的浩瀚星辰,纵横亘古的壮丽画卷,是不可不看的自然奇观。

4. 地质长廊

这是世界上最大的室内地层剖面地质长廊,建筑面积6 700平方米。观众在栈道自由穿行,置身其间:感受化石发现过程,了解化石成因,探求远古的气候、生态、环境、火山喷发等信息,系统地对断层、褶皱、岩性、埋藏等地学知识进行了解。这也为科研及科普爱好者提供了实地考察和交流的平台。

⊙ 地质长廊外形

⊙ 地质长廊内中生代地层剖面

（1）逼真的仿生建筑。建筑外形是以朝阳的代表性古生物化石凌源潜龙为原型而设计的,创造了国内最大的室内地质剖面、世界唯一的中生代化石剖面两项"之最"。

（2）展现丰富的地质现象。展出3 600平方米的挖掘现场。此地产出400多件化石标本,平均不到10平方米就有1件,体现了朝阳"世界级化石宝库"的地位。

（3）翻看地球的万卷书。体现"中生代的庞贝城"之震撼,原址展出鱼类、驰龙类、离龙类、鸟类、龟类等不同时期、不同种类的标本。

（4）体验神奇的化石挖掘。让观众亲手(模拟)挖掘化石,在专业老师的指导下体验化石的挖掘过程。

四、重点展品介绍

博物馆以朝阳鸟化石国家地质公园为依托,馆藏1万多件化石标本,其中展出有特色的精品化石1 000多件。精品化石有中华龙鸟、辽宁古果,各种代表性的鱼类、昆虫、鸟类、硅化木等化石。

1. 中华龙鸟

中华龙鸟属于兽脚亚目美颌龙科中华龙鸟属。生存于距今1.4亿年的早白垩世,发现于辽宁省朝阳市下辖的北票市上园镇四合屯。体长约1米,前肢粗短,爪钩锐利,后腿较长,适宜奔跑。中华龙鸟体表的原始羽毛很可能是鸟类羽毛的前身,主要起着保护皮肤和维持体温的作用,它的发现为鸟类起源研究提供了重要的化石证据。

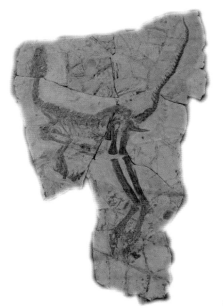

⊙ 中华龙鸟

2. 辽宁古果和中华古果

1.45亿年前盛开在中国辽西地区的世界上最早的花——辽宁古果、中华古果,被归属于迄今最古老的被子植物(有花植物)新类群古果科。按植物学界传统理论,被子植物是从类似于现生木兰植物的一类灌木演化而来的,然而中华古果却是一种小的、细嫩的水生植物,更像是草本植物,虽具有花的繁殖器官,却没有色彩夺目的花瓣。

3. 三燕丽蟾

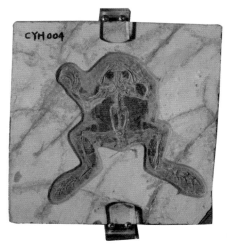

三燕丽蟾生存于早白垩世的辽西,与狼鳍鱼、孔子鸟、中华龙鸟等热河生物群的成员共生。这表明早在恐龙时代无尾两栖类就已在此演化,从而将我国蛙类发展史大大地提前了。三燕丽蟾的种名"三燕"二字取自辽宁朝阳的古称"三燕"。

⊙ 三燕丽蟾

4. 邹氏尾羽龙

邹氏尾羽龙产自辽宁北票。该尾羽龙属尾末端具有较长的扇状排列的尾羽;种名"邹氏"则是献给关心化石研究的时任国务院副总理邹家华的。邹氏尾羽龙代表了世界上已知的第二种长着真正羽毛的兽脚类恐龙。

5. 千禧中国鸟龙

千禧中国鸟龙产自辽宁省朝阳市下辖的凌源市大王杖子乡,是一种距今约1.3亿年的小型兽足类(食肉性)恐龙,属于兽脚亚目驰龙科。驰龙类恐龙对鸟类起源的研究具有特殊的意义。在所有进步的兽足类恐龙中,疾走食肉的奔龙可能是与鸟类关系最密切的类群之一。千禧中国鸟龙是世界上发现的第一种能够分泌毒液的恐龙。

6. 赫氏近鸟龙

赫氏近鸟龙是一种带羽毛的恐龙,产自辽宁省建昌县的侏罗系髫髻山组,距今约1.6亿年。其骨架周围清晰地分布着羽毛印痕,特别是在前、后肢和尾部都分布着奇特的飞羽,这种特征在灭绝物种中尚无先例。

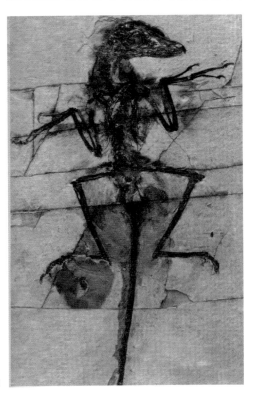

⊙ 小盗龙

7. 顾氏小盗龙

顾氏小盗龙是在景区建设现场挖掘到的,它是目前发现的第一批会飞的恐龙。鸟类飞行起源的两大推断"树栖起源说"和"地栖起源说",至今仍然存在着争议,顾氏小盗龙化石的发现,有力地支持了"树栖起源说",是鸟类起源于恐龙的主要证据。

8. 三塔中国鸟

三塔中国鸟于20世纪80年代末在辽宁省朝阳市发现。如果说始祖鸟是鸟的话,那么三塔中国鸟则是介于始祖鸟和现代鸟之间的一种生命形态,具有重要的研究价值。

9. 燕都华夏鸟

燕都华夏鸟属反鸟类型,是中生代分布极广、数量很大的一类鸟。燕都华夏鸟的发现曾把整个反鸟类的分布向前延伸到了早白垩世。

10. 攀援始祖兽

攀援始祖兽是世界上时代最早的有胎盘类哺乳动物化石,产自辽宁省朝阳市下辖的凌源市,距今约1.3亿年。对它的研究及其在哺乳动物系统树上的定位,填充了最早的原始真兽类哺乳动物演化史上的重要空白。为有胎盘类哺乳动物的分子演变速度和形态功能演化的比较研究提供了重要依据。

11. 永恒的爱

被誉为镇馆之宝的"永恒的爱",展示了两只沉浸在爱河中的鹦鹉嘴龙,被火山定格在历史的瞬间,成为爱的绝唱。凄美悲壮的瞬间令人震撼,"永恒的爱"一名诠释了这一永恒的主题。

⊙ 攀援始祖兽(左)鹦鹉嘴龙(永恒的爱)(右)

五、开展的特色科普活动以及创新内容

作为古生物化石类主题博物馆,自开馆以来开展了丰富多彩的科普活动。这些科普活动分为三大类:一是科普教育宣传活动,以化石标本为展

品,推出科普展览和宣传化石的各种活动;二是拓展性科普教育活动,包括达尔文大讲堂,中国科学院院士、专家科普讲座,古生物征文大赛,化石修复装裱体验,模拟化石挖掘等;三是综合性科普教育活动,围绕世界环境日、世界地球日、全国科普日、博物馆日等一系列大型主题日,开展了大量的科普宣传和实践活动,有计划、有针对性地对中小学生进行科普教育。10年来,接受科普教育的中小学生达15万人次以上,为各学校培养专兼职科普人员300多人,增强了公众的化石保护意识,取得了良好的社会效益。

博物馆先后被授予"朝阳市先进集体""辽宁省科学技术普及基地""辽宁省环保教育基地""国土资源部科普基地""全国首批环保教育社会实践基地""港澳青少年研学基地""中国古生物学会全国科普教育基地""古生物化石研学基地"等称号。

与中国科学院古脊椎动物与古人类研究所、中国地质大学(北京)、中国地质科学院、沈阳师范大学等科研机构、高等院校进行科研合作与学术交流,在朝阳地区化石的形成、珍稀化石品种的鉴定等方面,取得了重要的科研成果,破解了鸟类起源、被子植物起源等世界性难题。

博物馆已成为影响日益扩大的重要科普教育基地。

*Fossil
Valley of
Chaoyang*

朝阳化石谷

〉辽宁省朝阳市龙城区传奇路1号
（朝阳高铁站斜对面）

开放时间 —— 全年8:30—17:00（16:30停止售票），接待预约
团体（预约请至少提前一天）

网址 —— http://www.huashiguchina.com

联系邮箱 —— huashiguchina@163.com

联系电话 —— 0421-6669999

微信公众号 —— 朝阳化石谷

一、科普基地基本信息

朝阳化石谷是国家AAAA级旅游景区,由朝阳传奇文旅集团下设的传奇文化产业开发有限公司投资创建,是以化石文化为主题、古生物博物馆为核心、互动体验为特色的新型文化旅游景区,也是古生物学普及和教育的重要基地,具有科学性、知识性、观赏性、互动性和趣味性。2014年5月正式对外开放。

化石谷景区位于辽宁省朝阳市龙城区传奇路1号,坐落在国家重点化石保护区内,交通十分便利,紧邻高铁城市花园,与朝阳环城水系相连。总面积30 000平方米,建筑面积10 000平方米,其中展览区面积6 000平方米。

现已形成以地学旅游为核心,以化石文化和化石科普为两翼,以互动体验为特色的全景式旅游景区。2018年9月17日,被授牌为"中国古生物学会全国科普教育基地"。这也是化石谷景区继"国家特色文化产业项目基地""全国研学旅游试点单位""辽宁省科普教育基地"等多项荣誉称号之后,又获得的一块金光闪闪的"国字牌",也是涵盖了文化产业、旅游、科普三个行业的国家顶级授牌。

⊙ 博物馆外观

二、科普基地创建和发展简况

朝阳传奇文化产业开发有限公司成立于2010年10月,总部位于辽宁省朝阳市区,依托"世界化石宝库"自然遗产、"中华文明之源红山文化"遗产及丰富的旅游资源,打造综合性文化产业平台。

公司自成立以来,秉承文化创造价值的经营理念,为化石文化的发展做出了卓越的贡献。依托朝阳地区丰富的化石资源以及收藏的珍贵化石标本,同年,公司投资建设了公益性民间博物馆——济赞堂古生物化石博物馆,该博物馆是国内首家对公众开放的开放式化石体验馆。

经过几年的发展,到2013年末,济赞堂古生物化石博物馆因展陈场地有限,已远不能反映朝阳化石资源的丰富性和多样性,而朝阳市乃至辽宁省长期以来也一直缺乏有关中生代时期生命演化的文化旅游景区。为全面系统地宣传化石文化和古生物知识,公司董事会决定,破土建设旅游景区——朝阳化石谷。在多方部门的大力支持下,化石谷景区于2014年5月正式开园迎宾。

公司现已形成三大主要板块:以化石资源科学开发利用为主导的化石文创产品生产、加工、销售板块,以科研科普展览为主导的化石和文物博物馆板块,以基础建设投资为主导的文化旅游地产板块。三大板块正在蓬勃发展。

三、科普活动主要场馆和展陈内容

化石谷景区是全国极其少见的建立在化石遗址上的景区,记录了晚侏罗世—早白垩世的生命演化史,再现了完整的远古热河生物群,为游客呈现了化石世界中最绚烂缤纷的生命奇迹!景区共分为3个区域:化石文化区、化石科普区、化石体验区,包含神树洞、树化玉雕馆、古生物博物馆、恐龙挖掘现场、国家非物质文化遗产绒绣艺术馆、淘宝乐园、龙鸟广场7个展馆。除此以外,景区内还设有2个专题展馆(赏石艺术馆、古植物展厅),以及各种科普设施(化石劈拆场、恐龙学院、化石装裱课堂等)。

1. 神树洞

神树洞为镇园之宝。这里展陈着亿万年前的"树神",这棵大树生长在距今1.6亿年的侏罗纪时期,6 500万年前,"树神"经历了地质变迁、火山爆发,竟奇迹般地将躯体保留至今,将原本腐烂的木头变成了不朽的宝石。这棵"树神"全长约19米,重达30吨。

⊙ 神树洞

2. 树化玉雕馆

朝阳树化玉是远古生命之身,保存了自然的原石状态。本着天人同韵、天人共创、天人合一的宗旨创作出的树化玉作品,才能让古老的化石复苏,更好地再现其亿万年前璀璨的光华。

⊙ 树化玉雕馆

3. 古生物化石博物馆

济赞堂古生物化石博物馆是2010年10月对外开放的非国有古生物化石博物馆。馆内展出的化石标本物种丰富,几乎涵盖了热河生物群所有的门类。博物馆根据化石的种类划分为8个展厅,分别为木化石厅、哺乳动物厅、鸟厅、龙厅、植物厅、昆虫厅、两栖类厅、鱼类厅。

⊙ 济赞堂古生物化石博物馆

（1）木化石厅。所藏木化石是地质学所称的硅化木中的极品,它诞生于距今2亿多年的中生代时期,突发的剧烈地质变化使树木深埋地下,在极为苛刻的地质条件下形成。

（2）哺乳动物厅。最初的真正的哺乳动物只比恐龙晚出现了1 000万年。但在巨型爬行动物长期统治的时期,这些早期的哺乳动物只能保持与家鼠和鼩鼠类似的体形和生活方式。此厅通过化石和复原图,还原了这些早期哺乳动物是如何在身形庞大的恐龙时代生存下来,并且熬过了恐龙灭绝时的大灾难。

（3）鸟厅。鸟类是地球生命链的重要一环。近十多年来,在辽西及其周边地区已发现早期鸟类化石14目24属40余种,鸟厅以展出不同阶段的鸟类化石来揭示鸟类及其飞行起源的问题。辽西热河生物群的鸟类化石,目前已发现3 000件以上。

（4）龙厅。以朝阳地区出土的大量带羽毛的恐龙化石为主线,诠释了带羽毛的恐龙与鸟类起源和羽毛起源的关系,为探讨早期鸟类的演化,证明鸟类起源于小型兽脚类恐龙提供了确凿的证据。

（5）植物厅。很长一段时间内,由于对植物化石的发现和了解不多,所以热河生物群中植物的研究起步较晚,但也取得了不少成绩。已经发现的植物化石有苔藓、蕨类、银杏、苏铁、松柏类和开花的植物。其中,银杏、苏铁、松柏类尤其丰富。被子植物也正是从这一时期才开始出现的,著名的种类有辽宁古果、中华古果。

⊙ 古植物厅

（6）昆虫厅。昆虫是节肢动物门的一纲。雌、雄异体,大多经过变态发育,最早出现于泥盆纪,一直延续至今。中国昆虫化石主要产于晚侏罗世—早白垩世及新近纪地层的页岩中。展厅主要展出辽西的上侏罗统—下白垩统浅绿褐色致密页岩中的拟蜉蝣、辽蝉、蜻蜓、蜜蜂等。

（7）两栖类厅。两栖动物是最原始的陆生脊椎动物,最早出现于古生代的泥盆纪晚期,中生代出现了现代类型的两栖动物,其皮肤裸露而光滑,被称为滑体两栖类。

（8）鱼类厅。展厅主要展示辽西热河生物群的鱼类化石代表。从20世纪初开始,国内外古生物学家在辽西相继发现了大批鱼类化石,包括潘氏北票鲟、丰宁北票鲟、刘氏原白鲟和长背鳍燕鲟,弓鳍鱼类等。种类丰富的鱼类化石无疑为古鱼类的研究提供了重要的材料。

4. 恐龙挖掘现场

在化石谷景区的东侧,矗立着两座正在喷发的火山口遗迹。2016年在化石谷景区升级改造施工的过程中,在此发现了鱼化石,经过进一步挖掘发现了多种古生物化石,如鱼类、鸟类、恐龙类等。经古生物学家鉴定,这些化石的时代属于中生代早白垩世,距今1.2亿年左右,地层属九佛堂组经典地层。

⊙ 恐龙挖掘现场

四、重点展品介绍

依托朝阳丰富的化石资源,景区核心区内的博物馆拥有国家一级保护类化石标本数百件,三级以上的化石标本上万件。这里有中华十大传世名石之一——红金龙、地球上的第一朵花——辽宁古果、最早飞向蓝天的恐龙——赫氏近鸟龙,模式标本有李氏中国苏铁、李氏朝阳兽、济赞堂奇兽、传奇甲龙,漂洋过海去巡展的带冠孔子鸟、顾氏小盗龙。

1. 红金龙

此木化石横截面天然形成一条红金龙,形象逼真,曾于2013年7月6

日在中央电视台《寻宝——走进辽宁朝阳》栏目中荣获最具文化价值奖,于2015年被评为"中华十大传世名石"。红金龙完美地诠释了大自然的美与神奇。

2. 辽宁古果

迄今发现的世界上最早的被子植物化石。科学研究表明,辽宁古果出现于1.25亿年前,比以往发现的早期被子植物还要早1 500万—2 000万年。呈突起状似叶子的部分其实是它的果实——小豆荚,每个豆荚里面都有2—4粒种子。这样的果实给种子提供了最完美的保护,这正是有花植物独具的特征。

⊙ 红金龙(左)
辽宁古果(右)

⊙ 赫氏近鸟龙

3. 赫氏近鸟龙

一种带羽毛的恐龙物种,距今约1.6亿年。较以往热河生物群中最早的带毛恐龙中华龙鸟的时代要早约2 000万—3 000万年,较以往所知的世界上最早的鸟类要早约几百万至1 000万年。赫氏近鸟龙化石在其骨架周围清晰地分布着羽毛印痕,特别是在前、后肢和尾部分布着奇特的飞羽,这种特征在灭绝物种中还尚无先例。它填补了恐龙向鸟类进化史上关键性的空白,代表着鸟类起源研究的一个新的、国际性的重大突破。

⊙ 李氏中国苏铁

4. 李氏中国苏铁

模式标本,以标本发现者李海军的姓氏命名。该标本是目前全世界苏铁类的新属,产自辽宁北票距今约1.6亿年的中侏罗统髫髻山组。

5. 李氏朝阳兽

哺乳动物的新种,属三尖齿兽目,产自距今约1.3亿年的早白垩世。有较为进步的肩带和前肢、较为原始的腰带和后肢,显示出明显的镶嵌演化现象。它是迄今世界上发现的最早的有胎盘类哺乳动物。此为国家一级保护化石,研究论文在《科学通报》上发表。

⊙ 李氏朝阳兽

6. 济赞堂奇兽

新属新种的模式标本,以博物馆名命名,并建立了一个新的科级分类单元——神兽科。这个属种的建立,进一步增加了栖息于侏罗纪森林中的类群的多样性。据研究者孟津和毛方园介绍,以往发现的哺乳动物化石

⊙ 济赞堂奇兽

都是支离破碎的,济赞堂奇兽是迄今发现的哺乳动物标本中保存最为清晰完整的一件,尤其是下颚骨的保存状况非常完美。正是由此,才让研究者最终确定了它的身份。该化石的发现为燕辽生物群及其生活环境的相关研究提供了新的探索方向,并提出了需要解决的问题。

7. 传奇甲龙

国宝级化石,属甲龙科,名字意为"装甲"或"结实的蜥蜴",是出现在白垩纪晚期的草食性中等体型恐龙。它的背部有厚重的背板,尾巴如高尔夫球棒。所有的骨骼紧紧相连,甚至没有多余的空间容纳脑部。甲龙可长达7—10米,重达3—4吨。这只甲龙全长4.6米,据科学家推断,它仅仅还是甲龙的幼年个体。由著名的古生物学家徐星亲自组织研究。它在辽西的出现,证明了辽西也有巨型恐龙,而且保存非常完整,十分罕见。

⊙ 传奇甲龙

8. 带冠孔子鸟

骨骼结构十分完整,并有着清晰的羽毛和头冠印迹。这些特征使得孔子鸟成为最出名的中生代鸟。这种鸟生活在距今1.25亿—1.1亿年时,孔子鸟是目前已知的最早拥有无齿角质喙部的鸟类。它的形态与德国的始祖鸟有许多相近之处,如头骨没有完全愈合,肱骨比桡骨长,手上长有3个带爪的指等。孔子鸟的个体与鸡的大小相近,上下颌没有牙齿,有一个发育的角质喙,它的脊椎骨退化,胸骨发育,尾巴很短。从进化角度来看,在形态上孔子鸟比始祖鸟显得进步,生活时代也应该比始祖鸟晚。

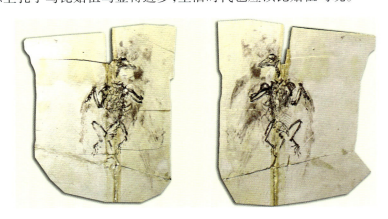

⊙ 带冠孔子鸟

9. 顾氏小盗龙

对于鸟类飞行起源这个谜，100多年来学术界一直存在着两大推断："树栖起源说"和"地栖起源说"。这个问题至今仍然存在着争议。徐星认为，顾氏小盗龙的发现为"树栖起源说"提供了最直接的化石证据。顾氏小盗龙最引人注目的特征是其身体上除了发育着绒羽状羽毛外，在其前、后肢及尾后部还发育着非常长的扇形飞羽或尾羽。它的发现是鸟类起源于恐龙的主要证据。它长了4个翅膀，可以在空中滑翔，最终变成了飞行。这么多的翅膀，在鸟类中也是很少见的。

⊙ 顾氏小盗龙

五、开展的特色科普活动以及创新内容

作为古生物科普教育基地，化石谷景区自开园以来，开展了丰富多彩的科普活动。这些科普活动分为两大类：一是基于展品开展的科普教育活动，推出科普展览和化石鉴赏会；二是拓展性科普教育活动：恐龙学院、博物馆小小讲解员、恐龙主题写生绘画与征文大赛、博物馆奇妙夜、模拟挖掘化石、劈拆化石、装裱化石、化石采集、知识竞赛等。

此外，化石谷景区开发了多样化的古生物文创产品，如恐龙徽章、3D恐龙书签、笔记本、古生物宣传片和图书、设计款古生物模型和化石工艺品、古生物AR卡、智能实景语音导览和印刷宣传手册。

博物馆利用官网、微信平台线上的无形阵地,配合科普活动、科普产品、文创产品等有形阵地,进行了有效的科普宣传。化石谷景区开展的"恐龙学院走进校园"活动,每周一次,受到了大众的欢迎,取得了良好的效果。

每年都有国际、国内著名古生物学家、学者、喜好化石的游人来到这里参观、研究或进行学术交流。化石谷景区开园以来充分发挥了科普宣传作用和功能,积极开展了形式多样的科普活动,与北京、大连、沈阳、秦皇岛、赤峰等多地学校建立了长期研学游合作,与朝阳市中小学建立了定期科普活动等,共举办活动100余场,全年总接待量达30余万人次。

The Chengjiang Field Station of Paleontology

澄江古生物研究站

／云南省玉溪市澄江县世界自然遗产地帽天山

开放时间 —— 首发点展厅：周一至周日 9:00—17:00 免费
对外开放；研究站展览厅：工作日、周末及节假日接待
预约团体
网址 —— http://www.nigpas.cas.cn/jgsz/zcxt/cjgswyjz/
联系邮箱 —— cjz@nigpas.ac.cn

一、科普基地基本信息

澄江古生物研究站位于世界自然遗产澄江化石地核心区帽天山南坡，占地52 000平方米，建筑面积约1 300平方米，隶属于中国科学院南京地质古生物研究所，由中国科学院和云南省人民政府共建，于1998年建成。最初用于澄江生物群的科学研究，逐渐发展为集野外研究、国际学术交流和科普宣传等功能于一体的研究站，是中国科学院院级野外工作站之一。2001年，帽天山成为首批国家地质公园，研究站内部展厅正式对外开放。2002年1月12日，被授牌为"中国古生物学会全国科普教育基地"。2012年澄江化石地正式列入世界自然遗产，首发点展厅建成并对公众开放。园区内现有两个展馆，分别是研究站展馆和化石首发点展馆。

⊙ 研究站展馆
主体建筑外观

⊙ 首发点展馆
外观

二、科普基地创建和发展简况

1984年7月1日,中国科学院南京地质古生物研究所侯先光研究员在云南省澄江县帽天山发现了澄江生物化石群。1987年4月17日,中国科学院南京地质古生物研究所(南古所)召开新闻发布会,正式对外宣布这一震惊世界的消息。之后由南古所陈均远、云南大学侯先光等科研人员组成的专家组对帽天山及周边地区进行了综合考察,采集了大量珍贵标本,取得了一系列重大成果。1995年4月,南古所成功举办了"国际寒武纪生命大爆发"学术会议,与会中外科学家对帽天山进行了实地考察。1995年7月,由南古所主办的"寒武纪生命大爆发"大型科技展在台湾自然科学博物馆展出,全部采自澄江帽天山的200余块各门类精美化石轰动了台湾,在国外都产生了巨大反响。为更好地对帽天山地区澄江生物群进行保护和研究,1996年4月,时任中国科学院常务副院长、中国科学院院士陈宜瑜,在南古所领导陪同下赴澄江帽天山实地视察,拟建澄江古生物研究站,玉溪地区行署专员及澄江县领导随同到帽天山选址,征地52 000平方米,规划建筑面积1 300平方米。1997年初,先后有时任中共中央政治局委员、国务委员、国家体改委主任李铁映,国务委员、国家科委主任宋健视察帽天山澄江生物群遗址,南古所科研人员对化石研究和澄江古生物研究站的建设情况进行现场汇报。1997年5月14日,云南省人民政府和中国科学院在澄江召开现场会议,对保护工作进行部署,推进澄江生物群省级自然保护区和澄江古生物研究站的建设。澄江古生物研究站作为保护区重要的科研实体,对澄江生物群的保护和研究起到积极重要的作用。1997年8月,中国科学院聘请中国科学院和工程院院士、东南大学建筑系教授齐康对澄江古生物研究站进行设计。齐先生受澄江动物化石启发,将化石"灰姑娘虫"抽象成造型,并结合仿生学原理提出设计方案,施工图设计由齐康院士的学生、云南工业大学建筑系教师华峰等人完成。建筑于1998年年底建成。1999年6月,在帽天山举行澄江古生物研究站开站典礼,时任中国科学院院长路甬祥、副院长白春礼,云南省、市、县相关领导出席,由路甬祥院长亲自揭牌。

研究站为仿生建筑,造型新颖别致。层高两层,整个建筑由异心圆弧组合而成,外墙体呈乳白色,屋顶用金属网架组构,网架上浇铸混凝土,混凝土上贴灰白色琉璃瓦,屋顶中心是定制的直径2米的一次热压成型的半球形有机玻璃罩。"灰姑娘虫"的触须被安排成向外延伸的林荫小道。登上帽天山顶眺望,研究站看起来就像一只灰白色远古生物向抚仙湖爬行,趣味横生。研究站功能齐全,有会议厅、展览厅、科研办公室、标本储藏室、接待客房及餐厅,为科学家野外考察常驻点,并可用于召开国际学术会议。

1999年7月18日,时任全国人大常委会副委员长、中国科协主席周光召在中国科学院、云南省、玉溪市、澄江县有关领导的陪同下实地考察帽天山。2001年3月6日,国土部正式批准澄江生物群首发地帽天山为首批国家地质公园。为进一步开展公众科普工作,2002年1月13日,澄江古生物研究站展馆正式对公众开放,时任中国科学院副院长陈宜瑜和云南省副省长梁公卿为澄江古生物研究站展馆剪彩。

2004年2月20日,由中国科学院南古所陈均远、云南大学侯先光和西北大学舒德干承担的"澄江生物群和寒武纪大爆发"研究项目荣获2003年度国家自然科学一等奖。同年9月,时任国务院总理温家宝对澄江生物群保护工作做出重要批示:"要保护澄江生物群,保护世界化石宝库,保护这个极具科学价值的自然遗产。"2006年8月12日,时任国务院副总理曾培炎亲临帽天山现场视察。帽天山周边环境得到了极大治理和改善,澄江生物群的保护和申遗工作进一步加快。2011年,澄江生物群保护委员会在澄江化石首发点建设展览馆。2012年7月1日,澄江化石地在第36届世界遗产委员会大会上通过审议,正式列入《世界遗产名录》。

寒武纪澄江生物群是一个举世罕见的化石宝库,化石丰富且保存精美,生动再现了距今5.2亿年的海洋生物的真实面貌,充分显示出寒武纪早期生物的多样性,将绝大多数现生动物门类的演化历史追溯到寒武纪伊始,为揭示"寒武纪大爆发"的奥秘提供了极其珍贵的证据,被誉为"20世纪最惊人的科学发现之一",是"世界古生物圣地""永远的科学大厦",为早期生命研究开辟了一个重要的创新性研究领域。澄江生物群的研究先后获得中国科学院自然科学奖特等奖(1997),香港"求是"科技基金会"求是"集体奖(1997),国家自然科学一等奖(2003),新中国科技60周年60项重大科技成果之一(2009),改革开放40年40项标志性重大科技成果之一(2018)等系列成就。

澄江古生物研究站是世界自然遗产澄江化石地的标志性建筑,受到国家领导人、各级党政和社会各界的关心和指导,站点作为澄江生物群的首发点和人类的自然文化遗产,具有重要历史地位,是向公众展示澄江生物群重大科学意义、普及和宣传生物进化知识的前沿阵地,也是中国科学院面向社会展示中国古生物学非凡成就的窗口。作为向公众介绍古生物学知识和生物进化思想的平台,研究站起到了连接象牙塔与社会大众的桥梁作用,使科学家有机会、有途径与大众面对面地沟通和交流。研究站的建成和开放,对促进科学普及、提高公众科学素养起到了很大的作用。研究站自1998年建立以来,已近成为国内外科学家向往的科学圣地,吸引了大量国内观众参观访问。

三、科普活动主要场馆和展陈内容

澄江古生物研究站园区内有两个展馆:研究站展馆和首发点展馆。以采自澄江帽天山地区的澄江化石标本展示为主,藏品丰富,展品精美。

1. 研究站展馆

是澄江古生物研究站的主要组成部分,面积为200余平方米,陈列展

⊙ 研究站
展馆主进口

示内容以早期挖掘的澄江动物化石为主，并集科学性、教育性和趣味性为一体。以大量珍贵的澄江化石标本、精美的化石图片、巨幅生态图复原海底景观隧道，再现距今5.2亿年的海洋生物世界，以真实的地层剖面剥离展示出澄江生物埋藏保存及分布情景，还以大型转动模型展现澄江生物群中奇虾的风采。为公众了解生命起源、生物演化等提供了非常宝贵的科学窗口。

⊙ 研究站
展馆展柜

⊙ 研究站
展馆奇虾
模型

2. 首发点展馆

主要展示澄江生物群产出的岩石地层剖面及早期发掘研究历史,以精美的化石图片结合化石模型的展示方式,介绍澄江生物群概况。

澄江生物群的最大特点是化石不仅保存了外壳和矿化的骨骼,而且保存了生物的软体器官和组织轮廓,如动物的肠、胃、口等进食和消化器官,动物的肌肉、神经和腺体等构造。经过30多年的连续发掘和研究,到目前为止,已经发现澄江生物群包括原始脊椎动物在内的260余个种类,归属于20多个门一级的动物类型。澄江生物群不仅表现出动物身体结构的复杂性和多样性,同时也体现了动物生态功能的分化和多样性,如奇虾类化石的发现表明寒武纪早期海洋中已经建立起了由金字塔式食物链构成的复杂生态系统,巨型食肉动物统治着寒武纪海洋。另外,澄江生物群作为一个整体,向我们展示了以后生动物为主导的现代海洋生态系统业已形成。

⊙ 首发点展馆

四、重点展品介绍

澄江古生物研究站拥有数万件澄江动物化石标本,展馆陈列了采自澄江帽天山首发点的大量珍贵化石,如奇虾类、抚仙湖虫、海口虫、微网虫、纳罗虫、海口鱼等,重点展品介绍如下:

1. 奇虾——巨型食肉动物

具一对分节的、用于猎食的巨型前爪。流线型身体具有用于游泳的11—13对桨状叶片和用于平衡能的尾叶。口的直径可达20厘米,口腔内有环形排列的利齿,具很强的肢解能力,可捕食当时任何大型生物。可见奇虾是攻击力很强的食肉动物。当时海洋中的动物平均大小只有几厘米,而奇虾个体最长达2米以上,是当之无愧的巨型食肉动物。

1994年,澄江生物群中奇虾完整化石的发现在美国*Science*杂志上发表之后,受到全球各大媒体的关注报道,并称之为寒武纪的巨型怪兽。以奇虾为代表的巨型食肉猛兽在寒武纪海洋中曾经繁盛一时,是当时海洋中的霸主。在国外,奇虾复原模型已经成为自然博物馆展示的明星。奇虾的出现标志着寒武纪大爆发时期金字塔式食物链的存在以及复杂生态系统的建立。

2. 抚仙湖虫——节肢动物的原始祖先

真节肢动物中比较原始的类型,成虫体长超过10厘米,有31节体节,分为头、胸、腹三部分,它的背、腹分节数目不一致。1995年,陈均远在*Science*杂志上发表文章,首次报道了抚仙湖虫头部的双分节构造。这一

⊙ 帚状奇虾(左)
延长抚仙湖虫
(右)

发现暗示了：节肢动物可能起源于具有双分节头部的叶足类；位于节肢动物第一头节的带柄复眼是节肢动物眼睛的原型，由叶足动物位于第一头节的附肢演化而来，眼柄与附肢为同源物。

3. 海口虫——最原始的脊索动物

鱼形的身体，长不过4厘米，有一个小尾巴，前端有一对眼。咽部前端具鳃腔，两侧有6对鳃弓，鳃弓具有长长的鳃丝。一条粗壮的脊索位于身体中部，并显示分节加厚，类似于现代海洋中七鳃鳗体内的原脊椎。位于脊索背方的神经索呈管状，神经索前端膨大，被认为是相当于脑的构造。身体背侧具有25节肌肉。

1999年12月3日，海口虫化石的发现在英国 *Nature* 杂志上公布，立即轰动了科学界。海口虫成为科学界热炒的明星。以300多块化石标本为基础的解剖学研究表明，它介于脊索动物头索类（文昌鱼）和脊椎动物七鳃鳗之间。与脊索动物头索类相似是因为它具有脊索、背神经索和鳃裂三大特征，不同的是头索类的鳃裂数量多（可高达180对）；与脊椎动物七鳃鳗相似是因为它具有头的特征（脑和眼睛）。但与头索类和七鳃鳗的"V"字形肌节不同的是，海口虫的肌节简单。因此，海口虫的这些特征必然确立了它在脊椎动物起源研究中的关键地位。

⊙ 梭状海口虫

4. 迷人林乔利虫——大附肢节肢动物

澄江生物群中常见化石，已采集到数千块标本。虫体小，细长，长1—3厘米，分为头和躯干两部分，末端具桨状尾板。头甲短，前端尖窄，具2对带柄的眼睛，位于头部的前腹缘。螯肢由柄和螯组成。柄短呈棒状，由2节组成。螯由4节短的螯节组成，每一螯节长出细长的鞭状长须。头部具3对口后双肢型附肢。躯干由11个背甲组成，每一个背甲具1对双肢型的附肢。

⊙ 迷人林乔利虫

外肢呈叶状,周边为刚毛所环绕;内肢约由9节肢节组成,尾板呈桨状,周边为刚毛所环绕。

5. 微网虫——披带骨片的蠕虫形怪物

长可达8厘米的蠕虫状生物,背部具有9对网状骨片,腹部具有成对的、长长的有爪肉足。微网虫最初用于描述一种酸泡出来的、一般小于3毫米的微小多边网状骨片化石。这种微小的网状骨片到底是一个完整的生物个体,还是仅代表某个生物体上的零散部件,古生物学家们长期对此感到困惑。澄江生物群中完整微网虫化石标本的发现令人大为惊诧,因为谁也不曾想过,这种奇特的骨片是成对长在毛虫状动物体上的离散骨片。这一发现震撼了国际古生物学界,被认为是"来自外星球的生物",其化石照片登上了多家包括英国 *Nature* 杂志在内的著名科学杂志的封面。

⊙ 中华微网虫

以微网虫为代表的这类生物被称为叶足类,代表了动物界中的一个新门类。它在寒武纪时期非常繁盛,在澄江生物群中已经发现了10种以上,它们个个形态怪异,差异很大,充分体现了"寒武纪大爆发"时期生物之间形态的巨大差异。

6. 纳罗虫——澄江生物群中最先被发现的种类

澄江生物群中最常见的节肢动物之一。1984年,侯先光发现澄江生物群时最早发现的标本就是纳罗虫,也是澄江生物群首先报道的物种(1985)。纳罗虫原产于加拿大北部布尔吉斯页岩生物群,背甲与附肢的特征与澄江生物群的长尾纳罗虫极为相似。澄江生物群中常见两类纳

⊙ 长尾纳罗虫

罗虫:一是长尾纳罗虫,也称周小姐虫;二是刺尾纳罗虫。这类化石是与三叶形节肢动物和三叶虫有近亲关系的双分区节肢动物,以具双分区结构和缺乏真正的眼睛为特征。

7. 星口水母钵——造型奇异的水母状生物

外形与现代海洋中的水母(又称海蜇)很相似,曾被误以为是形体十分简单的两胚层腔肠动物。星口水母钵外形呈盘状,在盘状体内藏匿着奇特的、顺时针弯卷的囊状腔,囊内包裹着消化道,口部具有章鱼状触手。曾有人将这种奇特的生物造型错误解释为:一条带触手的蠕虫寄生在水母体内,因为现代没有哪一类生物具有如此怪异的造型。以星口水母钵为代表的水母状生物在寒武纪至少有3种类型以上,它们在海水中通常群聚生活。

⊙ 真形星口水母钵

8. 古虫动物门——生物造型的创新

具有两分的身体造型:前端是一个背腹封闭的腔,两侧具有类似脊索动物的鳃裂状构造;后端扁平的尾部具有节肢动物分节的典型特征;没有眼睛,口位于身体最前端,肛门位于尾部正后方。目前,这类动物在澄江生物群中至少发现多达6种类型,个体大的长达20厘米以上,小的只有3厘米左右,是善于游泳的生物,具有群居的生活特征。基于特殊的身体造型,很难将这类动物归类于现代生物门类中。一种观点是它们可能与脊索动物相关,是后口生物中的一个新门类(这种观点发

⊙ 楔形古虫

表于2001年11月22日出版的英国*Nature*杂志上）；另外一种观点认为它们与节肢动物相关，是原口生物中的一个特殊类群。

9. 海口鱼——最早的鱼形脊椎动物

澄江生物群中云南虫（1995年发表于英国*Nature*杂志上）、昆明鱼与海口鱼（1999年发表于英国*Nature*杂志上）的发现，也同样都受到了科学界的极大关注。云南虫形体类似于海口虫，但是没有脑的特征，属于脊索动物。昆明鱼和海口鱼的形体更加接近真正的鱼，有类似鱼类的鳍、"V"和"W"字形肌节，也有鳃裂，它们应该属于早期的脊椎动物。

澄江生物群中这一系列重要的科学发现表明，脊索动物和脊椎动物的祖先在寒武纪早期已经出现。更重要的是，脊索动物和脊椎动物的祖先同时出现在寒武纪早期，表明脊椎动物可能不是从脊索动物直接演化而来的，它们可能起源于一个共同的祖先。脊索动物和脊椎动物在澄江生物群中的存在，极大地突出了"寒武纪大爆发"的规模，确切证明了现代所有动物门类在寒武纪大爆发时期已经出现。

⊙ 海口鱼

Qijiang National Geopark of Chongqing

重庆綦江国家地质公园

〈重庆市綦江区北部（其中綦江博物馆位于綦江区古南街道农场社区，木化石原址保护馆位于綦江区文龙街道新街子社区，恐龙足迹化石原址保护地位于綦江区三角镇红岩村莲花保寨）

开放时间 —— 綦江博物馆周一闭馆，周二至周日开放；恐龙足迹化石原址保护地全年开放；木化石原址保护馆全年开放

联系邮箱 —— 1260887646@qq.com

联系电话 —— 023-85893319

一、科普基地基本信息

重庆綦江国家地质公园位于重庆市綦江区北部，是由重庆市綦江区规划和自然资源局主管的场馆类科普基地。公园由三部分组成，其中：綦江博物馆建筑面积3 500平方米，于2011年5月开放；恐龙足迹化石原址保护地面积逾2 000平方米，于2012年11月开放；木化石原址保护馆建筑面积1 200平方米，于2018年4月开放。公园于2017年9月17日被授牌为"中国古生物学会全国科普教育基地"。

⊙ 博物馆外观

二、科普基地创建和发展简况

公园由老瀛山、翠屏山、古剑山3个园区组成,总面积99.82平方千米,公园以典型的木化石群、恐龙足迹化石群(兼有恐龙化石和鱼化石)和丹霞地貌景观为主体,是集科考、科普、研学旅行和休闲观光于一体的综合性国家地质公园,是得天独厚的地学科普教育基地。

建设科普基地,通过公园内的木化石群、恐龙足迹化石群、恐龙化石、鱼化石等古生物化石,开展形式多样、内容丰富的科普教育,既提高了公众的科学素养,增强了公众对古生物化石的保护意识,反过来又促进了古生物化石的有效保护和利用。

公园的发展历程如下:

2007年9月,获批重庆市市级地质公园。

2009年4月,成为首批国土资源科普基地;同年8月,获得国家地质公园建设资格。

2011年5月,綦江(地质)博物馆开馆,地质公园主碑广场投入使用。

2012年4月,地质公园古剑山景区对外开放。

2012年11月,老瀛山景区莲花保寨恐龙足迹化石原址保护工程竣工,并对外开放。成功举办"中国重庆·綦江国际恐龙足迹学术研讨会"。

2013年3月,被重庆市科委授牌为"重庆市科普基地"。

2013年4月,重庆綦江国家地质公园通过国土资源部验收、授牌。

2015年5月,被中国科协授牌为"全国科普教育基地"。

2016年12月,被国土资源部授牌为"全国重点保护古生物化石集中产地"。

2018年,老瀛山景区和翠屏山景区对外开放。

2018年9月,被授牌为"中国古生物学会全国科普教育基地"。

三、科普活动主要场馆和展陈内容

公园科普活动的主要场馆是綦江博物馆、木化石原址保护馆、恐龙足迹化石群原址保护地。

（1）綦江博物馆。建筑面积3 500平方米。设有地球演化及生命起源厅、木化石厅、恐龙厅、恐龙足迹化石厅、地质矿产厅、历史文化厅等，主要展陈綦江木化石、綦江龙化石、恐龙足迹化石（凹形、凸形、立体）、綦江北渡鱼化石等680件古生物化石和綦江的煤、方解石、石灰石、铁、铜等矿物标本，以及大量綦江历史文物。配有含25座的4D影院，放映动感科普宣传片。

（2）木化石原址博物馆。面积1 200平方米，对翠屏山木化石进行原地展存，木化石硅化与钙化共生，最大直径1米，最大可见长度28.9米，局部有树皮煤化。配套建设有木化石博物馆，展陈有綦江多地及国内其他地区的部分木化石典型标本，以及其他鱼、龟鳖类、蛙类、昆虫类、被子植物等古生物化石标本100余件，并配有"会说话"的树、恐龙电子书等辅助科普设施。

（3）恐龙足迹化石原址保护地。位于三角镇红岩村莲花保寨，长约500米，宽3—7米，面积逾2 000平方米。在莲花保寨白垩系夹关组底部9层岩石中，发现足迹化石656个，其中恐龙足迹化石443个（鸟脚类足迹387个、蜥脚类足迹54个、兽脚类足迹2个）、翼龙足迹30个、古水鸟足迹183个。是世界上唯一兼具古生物学、考古学和民俗学的恐龙足迹化石地，是世界上两个拥有完美动态足迹化石点之一，是中国保存最完美鸭嘴龙足迹、中国翼龙足迹数量和行迹最多的化石产地。

四、重点展品介绍

1. 果壳綦江龙

2010年12月,发掘于綦江北渡河坝村一社侏罗系沙溪庙组上部,除了肢骨外,包括部分头骨,以及较完整的椎体系列,计有17枚颈椎、12枚背椎和30枚尾椎化石,还有5颗牙齿化石。2012年11月,装架复原后的綦江龙长15米,高5米,属亚成年的马门溪龙类。展出于綦江博物馆。

⊙ 果壳綦江龙

2. 立体恐龙足迹

根据专家研究,此足迹为9个足迹的重合体,是由多个恐龙在不同时间留下的足迹,表明当时该区域恐龙活动十分频繁。此足迹产出于莲花保寨,目前展出于綦江博物馆。

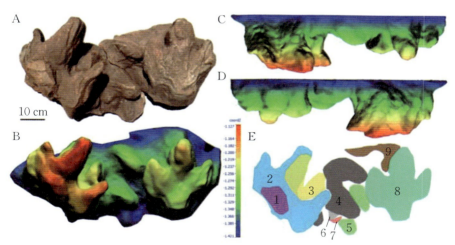

⊙ 立体恐龙足迹

3. 北渡鱼

2006年夏天,发现于綦江北渡中学旁的綦江河左岸边。产出地层为侏罗系遂宁组泥岩,长70厘米,宽43厘米,鱼鳞清晰,保存完整。属于全骨鱼类中的鳞齿鱼类,为淡水鱼。展出于綦江博物馆。

⊙ 北渡鱼

4. 虫迹树化玉

产于缅甸，虫子和树木同时玉化，展出于綦江木化石博物馆。

5. 翠屏山8#木化石

翠屏山8#木化石，直径0.8米，可见长度28.9米，硅化与钙化共生，局部树皮煤化，保存完整，可见树根。在翠屏山木化石原址保护馆保存。

⊙ 虫迹树化玉

⊙ 8#木化石

6. 蜥脚类凸形幻迹

是世界上最大的大型蜥脚类凸形幻迹化石之一。在美国科罗拉多州也有保存。

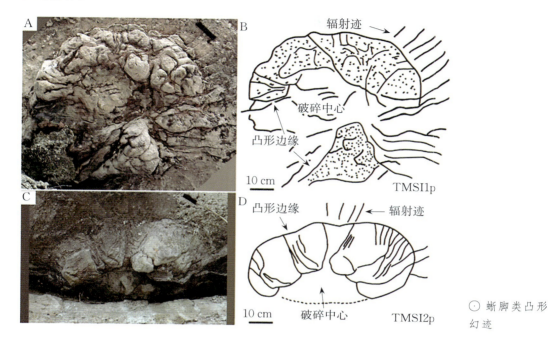

⊙ 蜥脚类凸形幻迹

7. 鸭嘴龙凸形足迹

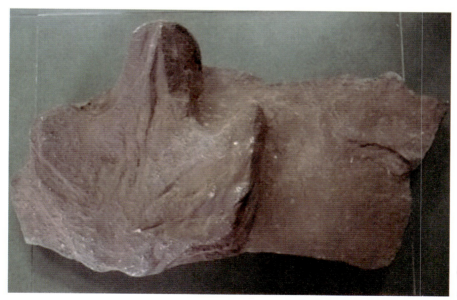

⊙ 鸭嘴龙凸形足迹

8. 翼龙后足迹及行迹

⊙ 翼龙前足迹
（左上）
翼龙后足迹（左下）
翼龙行迹（右）

五、开展的特色科普活动以及创新内容

（1）成功举办"中国重庆·綦江国际恐龙足迹学术研讨会"。2012年11月，在綦江成功举办"中国重庆·綦江国际恐龙足迹学术研讨会"，来自13个国家的50多名恐龙专家集聚綦江，就恐龙足迹学术研究进行交流。成都沉积地质矿产研究所刘宝珺院士、中国科学院古脊椎动物与古人类研究所周忠和院士出席会议。

会议期间，还开展了"你赠我读"活动，中国古生物学会向綦江中山路小学赠送了古生物类科普图书，在中山路小学掀起自然科学的科普热潮。

（2）全国地理学国家理科人才培养基地联合实习走进綦江莲花保寨。2016年8月3日，第八届全国地理学国家理科人才培养基地联合实习走进重庆綦江国家地质公园莲花保寨。以北京大学、北京师范大学、兰州大学、武汉大学、南京大学、福建师范大学、华东师范大学地理学7个基地师生为主的全国30所大学120余名师生对莲花保寨恐龙足迹群、丹霞地貌、波痕、泥裂层理等沉积构造进行了考察学习。

（3）组织科普创作。恐龙科普版画创作。綦江农民版画是綦江的非物质文化遗产。2012年10月，在"中国重庆·綦江国际恐龙足迹学术研讨会"前，綦江区国土资源和房屋管理局与綦江农民版画院合作，以农民版画的形式栩栩如生地反映恐龙生活，创作出了青少年喜闻乐见的恐龙科普版画，并入选2012年文化部全国画院优秀创作研究扶持计划项目。

2017年创作的《带你游重庆綦江国家地质公园》（幼儿版、青少版），由中国地质出版社出版。该书用通俗易懂的语言介绍綦江国家地质公园的基本情况，以及恐龙化石、恐龙足迹化石和木化石等古生物知识，获2018年自然资源部优秀科普图书称号。

（4）举办专题科普活动。在地球日、土地日、环境日等开展专题科普宣传活动，提高了广大民众尤其是学生对古生物化石资源的保护意识。

Chongqing
Natural
History Museum

重庆自然博物馆

〉重庆市北碚区金华路 398 号

开放时间 —— 周二至周日 9:00—17:00（16:00 停止入馆），
　　　　周一闭馆（法定节假日除外），开放日均接待预约团体
　　　　（预约请至少提前一天）
联系电话 —— 023–60313777
联系邮箱 —— zrg_cq@163.com
官方网站 —— www.cmnh.org.cn

一、科普基地基本信息

　　重庆自然博物馆是一所多学科、综合性的大型自然科学博物馆，为重庆市文化和旅游发展委员会直属事业单位，始创于1930年，2015年新馆建成并开放。新馆为重庆市十大社会文化基础设施之一，占地144 000平方米，主馆建筑面积30 842平方米；老馆为中国西部科学院旧址（全国重点文物保护单位），占地20 000平方米，建筑面积5 056平方米。现为"国家一级博物馆""国家AAAA级旅游景区""全国科普教育基地""国家国土资源科普基地""全国中小学生研学实践教育基地"。2009年被授牌为"中国古生物学会全国科普教育基地"。

⊙ 重庆自然博物馆外观

⊙ 中国西部科学院旧址陈列馆外观

二、科普基地创建和发展简况

1930年3月,卢作孚先生在重庆北碚利用一座古庙创办了峡区博物馆,同年10月更名为中国西部科学院。中国西部科学院以"开发宝藏,富裕民生"为目的,在鼎盛时期,设有理化、地质、生物、农林4个研究所,附设博物馆、图书馆、学校等,同时管理着西山坪农场、北碚气象测候所、三峡染织厂等,曾取得了綦江松藻煤田、攀枝花钒钛磁铁矿等重大发现成果,抗战时期又因接纳包括中央地质调查所在内的一批重要学术机关安置工作,被誉为"挽救中国科学的诺亚方舟"。

1943年,中国西部科学院与内迁至此的10余家著名学术机关发起并组建中国西部博物馆,该馆下设地理、工矿、地质、生物、农林、医药卫生6个分馆,是抗战时期中国建立的规模最大的博物馆,同时也是由中国人自己组建的第一家融汇了地球科学、生命科学及其众多分支学科的自然科学博物馆。

1950年,西南军政委员会文教部将中国西部科学院和中国西部博物馆改组为西南人民科学馆。1953年,又将其并入西南博物院(重庆市博物馆之前身),更名为西南博物院自然馆,馆本部迁至渝中区枇杷山,北碚的老馆作为陈列馆使用至今。1981年,四川省人民政府决定在重庆市博物馆增挂"四川省重庆自然博物馆"牌子。1991年该馆恢复独立建制,1998年更为现名。

2006年,重庆市人民政府决定重新建设重庆自然博物馆。2008年,博物馆新馆工程被列为重庆市"十一五"社会文化设施重点项目,2010年列入重庆市十大公益设施项目,并排在首位。

2015年11月,博物馆新馆建成开放,3年半时间已累计接待观众780余万人次。

2016年,新馆二期工程"自然博览园"项目写入《重庆市"十三五"文化发展规划》,2018年和2019年连续2年列入重庆市重点项目前期准备工作名单。

博物馆的使命是：收藏和保护具有科学价值的动物、植物、古生物、古人类、地质矿产、岩石、土壤等自然标本以及生物基因资源；担负自然资源、生态环境、生物多样性科学研究职责；开展科学教育和生态道德教育，宣传科学发展观和可持续发展理念；利用博物馆资源，发展文化旅游业，为大众提供多层次的服务。

三、科普活动主要场馆和展陈内容

博物馆新馆展览以地球·生物·人类为主题，设置地球厅、进化厅、恐龙厅、动物厅、环境厅、重庆厅6个常设展厅，主要展示地球演变、生物进化、生物多样性以及重庆的壮丽山川等，重点揭示资源、环境与人类活动的关系，倡导人与自然和谐共处以及社会经济的可持续发展。

1. 基本陈列

（1）地球厅。以新地球观为指导，将地球视为活力系统，以全新视觉揭示地球科学研究进展。展品以岩石、矿物、古生物化石标本为主，重点展示地球的圈层结构、地壳运动、内外动力地质作用，以及地质发展史，同时还介绍了"上天""下海""入地"等科学前沿内容。

⊙ 地球奥秘
（地球厅）

（2）进化厅。荟萃大量精美的古生物化石，从功能形态角度揭示古生物对多样性环境的适应变化，同时突出生物进化阶段，以演化的重要节点为线索，串联起一场波澜壮阔、跌宕起伏的演化大戏，展示了生物演化的瑰丽画卷，宣传了达尔文的进化学说。

⊙ 生命激流
（进化厅）

（3）恐龙厅。以四川盆地出土的各类恐龙及同时代的动植物化石为主，适当引入其他具有代表性的恐龙骨架模型，重现"恐龙盛世"的辉煌。全厅陈列有50余具骨架和600余件恐龙骨骼、牙齿、蛋及蛋巢、脚印化石标本，规模之大，令人震撼。

⊙ 恐龙世界
（恐龙厅）

（4）动物厅。以美国慈善家肯尼斯·贝林捐赠的世界各地的野生动物标本为主要展品，充分展示物种和生态系统的多样性，在全球背景下突出野生动物的区域特色。

⊙ 动物星球
（动物厅）

（5）环境厅。以高科技的SOS（地球科学球面展示系统）为核心展项，结合实物标本，展示人类活动对自然环境的影响，宣传绿色、环保理念，引导观众增强生态环境保护意识，促进人类社会可持续发展。

⊙ 生态家园
（环境厅）

（6）重庆厅。以"变迁——自然文化发展"为主题，展示重庆独特的自然风貌、自然资源和自然发展史，讲述重庆人、山、水相依的故事，是了解重庆的窗口之一。

⊙ 山水都市
（重庆厅）

2. 特展

（1）盛世辉煌——侏罗纪恐龙化石展。为博物馆独立策划设计的对外展览项目，将恐龙置于生物进化的宏大背景中展现其盛衰经历，曾多次赴国内外各大城市巡回展出。

展览以各种恐龙骨架标本为中心展品，辅以展示恐龙头骨、牙齿、蛋、脚印，以及与恐龙同时代的动植物化石，以"恐龙之前的生物演化""恐龙及其生活的世界""恐龙灭绝探秘""恐龙之后的生物界"四大板块依次展开，充分揭示古生物化石发现、发掘、采集和研究的相关内容。

展览在宣传恐龙发现成果的同时，关注化石背后的故事，揭示科学发现的过程，还原恐龙生活的世界，以激发观众对地质古生物学的兴趣，引导人们从恐龙的盛衰经历中去感悟环境保护的重要性。

（2）大地精华——矿物晶体精品展。为博物馆自主策划的展览项目之一。曾在中国湿地博物馆等地展出。展品由217件矿物晶体组成，色彩斑驳，晶莹艳丽，具有很高的观赏性和收藏价值。其中不乏金刚石、祖母绿、红宝石、蓝宝石等宝石和一些大型的矿物晶洞。配套有"奇石珍宝"原创作品大赛，包括摄影、绘画、作文、诗歌等形式的比赛，以及鉴宝活动等。

（3）邮票上的恐龙展。共展出恐龙等古生物邮票462枚，邮票放大图样92套(张)，以及赵闯创作的恐龙题材的油画24幅、雕塑27件，还有大量关于集邮知识的介绍。展览内容分别为恐龙与恐龙邮票、世界各地的恐龙邮票、"中国恐龙"邮票解读、邮票图说恐龙家族、恐龙科学艺术创作五大部分,不仅对"中国恐龙"邮票进行了古生物学的专业解读,还借精美的邮票画面介绍了丰富的恐龙科普知识。

（4）熊猫时代——揭秘大熊猫的前世今生展。展览以"熊猫大事件—揭秘大熊猫—大熊猫演化—保护大熊猫"为线索,集合不同演化阶段的熊猫化石、现生大熊猫标本和古人类化石模型,追踪大熊猫的演化轨迹,复原大熊猫的族谱,讲述与人类同行800万年的故事,使参观者能够一览大熊猫神奇的前世与今生。该展览首次展示利用数字化技术复原古熊猫的科技成果,将3D打印的古熊猫骨架、头骨与熊猫化石同台展出,具有较高的科技含量。

四、重点展品介绍

博物馆化石藏品丰富,涵盖我国主要化石产地及其代表性生物群化石,以系统收藏四川盆地侏罗纪恐龙化石为主要特色,共有模式标本33件,包括上游永川龙、巨型永川龙、许氏禄丰龙、李氏蜀龙、釜溪自贡龙、天府峨眉龙、太白华阳龙、多棘沱江龙、江北重庆龙等珍贵的恐龙标本。

1. 上游永川龙

上游永川龙是一种大型肉食性恐龙,1976年发现于永川上游水库大坝附近。化石标本为一具近于完整的骨架,至今仍是亚洲最完整的大型肉食骨架龙之一。它的发现,特别是其完美的头骨,曾引起国际古生物学界的关注,峨眉电影厂曾为此拍摄了《永川龙》专题纪录片。

⊙ 上游永川龙

2. 釜溪自贡龙

釜溪自贡龙长约15米,属于大型蜥脚类。分类命名有较大争议,有些学者认为它应归于峨眉龙,而另一些学者认为它属于马门溪龙,还有学者认为它是一个独立的属。釜溪自贡龙是它最早的名字。

⊙ 釜溪自贡龙

3. 多棘沱江龙

多棘沱江龙是一种个体较大的剑龙,体长6米,高1.2米。颅骨低矮狭窄,牙齿较小,背部高耸,四肢结实。背部有2排约15对三角形骨板,具有防御、伪装、散热的功能。臀部拥有尖刺,尾巴末端有2对尾刺。

4. 江北重庆龙(正模)

江北重庆龙是剑龙科中较小的恐龙,体长3—4米。头骨吻端高而窄,颌骨厚实,牙齿细小。背板大而厚,背部有成对排列的尖状骨板。

⊙ 多棘沱江龙
(左)
江北重庆龙(右)

5. 大竹重庆鱼

大竹重庆鱼标本呈立体保存,个体较大,呈长纺锤形。头顶较宽,吻部圆钝,眼眶很小,口裂深而大。有鳃盖前骨,鳃条骨数目较少,第一条鳃盖骨呈三角形。尾鳍为半歪尾形,残留较长的鳞叶,尾鳍分叉深而大。鳞片较厚,重叠区较宽。

6. 宽缘板蛇颈龟

宽缘板蛇颈龟是中生代侏罗纪时期四川盆地常见的蛇颈龟类,其甲壳扁平,呈心形。椎板有8块,呈狭长的六角形,在椎板和肋板间靠近椎板部分的面上有许多微斜的纵列条纹,椎盾较窄,肋盾较宽。内腹甲大,呈卵形,喉盾和间喉盾的后缘在一条直线上。股肛沟向前升起,中部与下剑缝相接。

五、开展的特色科普活动以及创新内容

博物馆是国土资源部授牌的首批"国土资源科普基地"和国土资源部、科技部联合授牌的"国家国土资源科普基地",并被国家文物局确定为"完善博物馆青少年教育功能试点单位",创有"咏霓科学讲堂""作孚文化讲坛""暑假周周乐"等社会教育品牌,编有博物馆教材和相应的教育活动项目库,每年举办临时展览和教育活动100场次以上,年均观众量200余万。

1. 科普活动

按照"重参与、重过程、重体验"的教育理念,积极延伸和开发丰富多彩的青少年教育项目。

(1)暑假周周乐。以周为单位,共分6期,每期设定"小鸟总动员""大自然的书签""鹅卵石历险记""小小地质家""疯狂动物城""我的家乡"等不同主题,以引导参观展览为起点,请青少年学习制作科普手册,强化青少年的手作能力。

(2)环球自然日。与美国环球健康与教育基金会合作,每年组织青少年学生围绕年度主题开展项目研究,并以展览、表演、绘画、故事播讲等形式进行比赛,从2013年起已经连续举办7届,包括承办2014年、2017年两届全球总决赛,在重庆当地学校乃至全国自然科学类场馆中有很大的影响。

(3)恐龙沙画表演。与教育机构合作,结合博物馆展陈特点,以白垩纪小禽龙的冒险故事为线索,推出沙画互动演出——《小禽龙探险记》,并指导青少年学习沙画制作,通过寓教于乐的方式,让青少年在故事和体验中领会科学知识。

2. 科普书籍

编辑出版有《四川恐龙》、《恐龙大观》(丛书,共4册)、《巫山猿人遗

址》、《峡江寻梦——长江三峡远古人类之谜》、《长江都督最后的熊猫》等科普图书以及《重庆自然博物馆青少年科学课程教材》(含幼儿、小学低年级、小学高年级、初中、高中不同学段各1套)等教材。

3. 文创产品

博物馆是全国首批文化文物单位与文创产品开发试点单位,采取与社会机构合作的方式进行产品开发经营,形成了图书、文具、玩具、装饰品、生活用品等六大产品系列,共1 000余种,年均销售额达1 000万元以上。其中,"恐龙系列"产品获得"重庆市首届文博创意产品展示会"十大文博创意产品奖,《重庆自然博物馆的来信》明信片获人气奖。

*Dalian
Xinghai Fossil
Museum*

大连星海古生物化石博物馆

/辽宁省大连沙河口区中山路787号

开放时间 —— 全年开放
联系邮箱 —— ff_6666@126.com
联系电话 —— 13478441106
新浪微博 —— 跟着科学家去旅行
微信公众号 —— 大连星海古生物化石博物馆

一、科普基地基本信息

　　大连星海古生物化石博物馆是经国土资源部古生物化石专家委员会、辽宁省国土资源厅审核设立的大连唯一一家专业古生物化石博物馆，位于大连市地标之一的星海广场。总投资1.2亿元，是以恐龙为主题，集古生物化石展览、收藏、研究、科普和娱乐功能于一体的创新型博物馆。博物馆拥有10多位顶级科学家团队并与中国地质科学院地质研究所、中国科学院古脊椎动物与古人类研究所、洛杉矶自然历史博物馆（美国）、加拿大自然博物馆等世界一流机构开展研究合作。博物馆于2011年11月18日正式对外开放，总建筑面积5 000平方米，其中展览区面积近3 500平方米，2007年被授牌为"中国古生物学会全国科普教育基地"。

⊙ 博物馆外观

二、科普基地创建和发展简况

我国的经济正处于繁荣发展时期,人民生活舒适稳定,幸福安康,这给当代科普工作带来了发展的契机,尤其是青少年对科学强烈的需求推动了科普工作的发展。现代社会的快速发展,对科普工作提出了更新和更深入的要求,我国传统科普工作面临着新的挑战,当然,也预示着新的发展。因此,在这样一个大背景下,加强对科普教育基地的建设等工作就显得尤为重要。

2014年,大连星海古生物化石博物馆响应国家"科教兴国"战略,建设了小科学家孵化基地:利用已有品牌及资源,培养青少年的科学思维和科学态度,进而提高青少年的科学文化素养。

小科学家孵化基地能激发青少年热爱科学、崇尚科学的热情,并通过特有的互动式科学教育课堂等其他科学教育活动,提高青少年的动手能力和学习兴趣,从而使他们在身心方面得到全面的发展。

我国科教基地的建设工作刚刚起步,在实际运营中出现了许多问题:科教课程单一、刻板;动手实践机会少;科教展示内容枯燥、无趣……这些问题带有普遍性,在一定程度上制约了科教基地的作用发挥。小科学家孵化基地摒弃传统的科教模式,把最先进的科教玩具和器材引入课堂中,增加青少年的动手实践机会。同时还在基地内部设立多个自主学习区,如科普图书阅览室、教学互动多媒体室、科学实验室等;在基地外部开展野外探险、跟着科学家去旅行、科普知识竞赛等活动,真正做到寓教于乐,使科教基地成为青少年的乐园,为未来的科教基地建设提供新思路。

三、科普活动主要场馆和展陈内容

当今时代,多媒体技术发展迅速,博物馆将静态展示与动态展示相结合,引进360度数字虚拟、多媒体互动、全息装置、多点触控屏等展陈方式。

博物馆以恐龙为主题,大多展品为热河生物群的各类化石。馆内分为恐龙展区、鸟类展区、爬行动物展区、哺乳动物展区、昆虫展区及鱼类和植物展区。另有大型360度多媒体影厅、衍生品店、餐饮部、恐龙主题电子互动竞技厅,是国内参观量最多的私人古生物博物馆之一。

展品以种类繁多的珍稀标本、精美图片、仿真模型和景观复原形式展出,采用多媒体等现代技术手段,充分展现了化石的奥秘和古生物的多样性,再现了生物与环境协同演化的历史,揭示了生物进化过程中的重大事件,展示了中国古生物学的重大发现和研究成果,激发了公众对自然历史的兴趣,增进了公众的认识。整个展览引人入胜,精彩生动,寓教于乐。

1．恐龙展区

（1）镇馆之宝——双庙龙。双庙龙因首现于辽西双庙村而得名,是一种大型鸟脚类植食性恐龙,生活在距今约1亿年的晚白垩世。这只恐龙长8米,体重约为5吨。

馆藏的双庙龙标本是由我国著名恐龙专家徐星和中国科学院古脊椎动物与古人类研究所的修复专家在北京历时8个月装架完成的。这具双庙龙骨架完整度已达到了70％以上,非常珍贵。

⊙ 双庙龙

（2）顾氏小盗龙。驰龙科的一种,生存于白垩纪早期,其体长不足1米,体重仅约1千克。虽然娇小,但四肢都带有锋利的钩爪,这是它捕猎时最好的工具。它的出现颠覆了人们的认识:这是带有4只翅膀的恐龙,而且它的四肢和尾巴长有正羽,是所发现的第一种会飞的恐龙。我们由此可以确信鸟类的翅膀就是由它演化而来的。

(3)郝氏近鸟龙。顾名思义,它是一种特征与鸟类接近的恐龙。它生活在距今约1.6亿年的侏罗纪晚期,是迄今发现的世界上最早的带羽毛的恐龙化石,在近鸟龙骨骼化石的周围,清晰地保留着羽毛的印痕,特别是前肢、后肢以及尾部。更特殊的是,在其趾爪以外的趾骨上也都长有羽毛,这在以前的化石上从未出现过。所以科学家们根据在羽毛中提取的"黑素体",首次实现了对单个恐龙进行全身羽毛复原。它的发现填补了恐龙向鸟类进化史上关键性的空白,为始祖鸟和孔子鸟找到了演化的前身。

⊙ 近鸟龙

(4)寐龙。生活在距今1.3亿年的早白垩世,因为它被发现时正在"酣然入睡",所以得名"寐龙",大家可以看到它的睡姿与现代鸟类的睡姿几乎一样,它把头蜷压在翅膀之下,把身体缩成一团,有利于减少表面积而抵御体温的下降,从行为学方面提供了有力的研究证据。

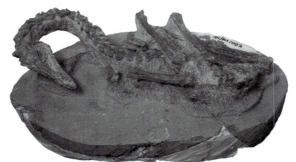

⊙ 寐龙

2. 鸟类展区

6 500万年前地球上大部分的恐龙灭绝了,而恐龙当中的一支的后代延续到现在,那就是我们身边的鸟类。

○ 古鸟展区

　　鸟类分为基干鸟类、反鸟类以及今鸟类3个类群。今鸟类包括了现在我们身边活着的鸟类；基干鸟类是指介于爬行类以及鸟类的一种原始鸟类，我们稍后看到的孔子鸟就是基干鸟类中较为进步的一种；我们目前发现的大多数中生代鸟类都属于反鸟类，像是我们即将看到的会鸟、辽西鸟、华夏鸟等。这些鸟化石都是国家一级重点保护化石，它们与现在的鸟类有明显的区别，可通过化石来了解它们本来的面貌。

　　展厅中间展示有目前仅发现一块标本的林氏星海鸟，属名"星海"代表了标本收藏单位"大连星海古生物博物馆"。

　　星海鸟代表了热河生物群中鸟类的一支新类群，其独特之处在于它既具有反鸟类的典型特征，如"Y"形叉骨，跗跖骨近端愈合；又具有今鸟类的典型特征，如肩胛骨近端与乌喙骨接触的关节面呈凹陷状，乌喙骨呈棒状。这些镶嵌特征对研究鸡胸鸟类（反鸟类与今鸟类的统称）的起源演化具有重要意义。此外，林氏星海鸟头骨细长，上下颌无牙齿，后肢第一趾骨明显高于其他趾骨，为研究中生代鸟类的营养方式及生活习性提供了重要信息。

3. 翼龙展区

　　2.2亿—6 500万年前，当恐龙在大地上称王称霸的时候，翼龙统治着蓝天，成为"空中霸主"。翼龙并不是会飞的恐龙，也不是恐龙的一种，确切地说翼龙是会飞的爬行动物，但他们的翅膀并没有羽毛，只有由身体侧面延展出的皮膜。当它在低处行走时，两翼向上折叠，像带了两把大刀，所以又被形象地称为"带刀武士"。古老的翼龙长着密密的牙齿，长长的尾巴,随着上亿年的进化,它们的牙齿越来越少,尾巴越来越短。同时翼龙家族的个体差异巨大,大的两翼近16米,好像一架大飞机,小的和一只麻雀差不多。现代的滑翔机和飞机就是根据翼龙的工程学构造设计出来的。

⊙ 翼龙展区

（1）华夏翼龙。展示标本是目前发现的唯一一件保存完整的华夏翼龙的幼体化石,它展翅约0.8米。华夏翼龙生活在白垩纪早期,它的嘴里没有牙齿,脖子很长,主要以树上的果子和动物腐烂的尸体为食。为了适应长时间的飞行,后肢的长度不到前肢的一半,尾巴短缩,两腿之间连有翼膜,它们强大的双翼,能够让它们在空中平稳地飞行。

（2）振元翼龙。生活在白垩纪早期,体型较大,头骨低并且伸长,牙齿超过160枚,以鱼类为食。它的前肢要比后肢粗壮,这一点证明振元翼龙在空中待的时间可能要比在陆地上待的时间多,适应于或是森林或是悬崖的生态环境。

4. 昆虫展区

在恐龙展品的对面,是一群早在距今4亿年时就出现、见证过恐龙的兴衰史,并且顽强地活到了今天的小

⊙ 振元翼龙

精灵们,它们就是我们所认识的一些昆虫。

（1）蝉。我们一眼就能够认出它来,但它已经深埋在地下1.5亿年了。从那时起,它们就从小蛰伏于地下,长大后爬上高高的树端,用长长的喙吸食植物的汁液,它们的习性亿万年来都没有变过。不同的是这种已经绝迹的长有复杂翅斑纹的古蝉的翅斑多为缺刻式,具有干扰色,这使捕食者即使看到了它,也分辨不出它的具体轮廓和位置。

（2）丽卡拉套蠊(蜚蠊目),俗称蟑螂。早在距今3亿年的石炭纪就已经出现,并且数量大、种类多,曾经由于气候的变化,很多种类都灭绝了,数量上也极大缩减,直到侏罗纪时期才再次兴起而"风靡全球"。整个地质时代中,蟑螂的体型没有明显的改变,发现的中生代标本化石和现生的蟑螂几乎一模一样,因此它也被称为"老不死"昆虫。

（3）短脉优鸣螽。螽斯的祖先,它在距今1亿多年时就形成了化石。远古时期的螽斯个体比较笨重,虽然经历了1亿多年的演进,但它们至今变化不大。

（4）蜘蛛。共长有8条腿,不是昆虫。昆虫又名六足虫,有翅一或两对。蜘蛛是一种环境适应能力较强的节肢类动物,它在地球上已经存活了3.8亿年。

5. 两栖展区

距今3亿多年的泥盆纪,一群勇敢的鱼率先爬上了陆地。慢慢地它们学会了用肺呼吸,鳍也渐渐变成了强壮的四肢,开拓了脊椎动物生活的新地盘。它们虽然逐步适应了陆地生活,但繁殖和培育仍离不开水,它们便是两栖类。

⊙ 爬行类、两栖类展区

（1）水生蜥蜴。生活在距今1.25亿年的晚侏罗世，是中国发现的第一个产自中生代湖泊沉积中的长颈水生爬行动物。

（2）楔齿满洲鳄。鳄鱼的祖先类型，生活在距今约1.1亿年时。在脊椎动物中，迄今只发现了3种脊椎动物嗜食同类行为的化石记录，而它便是其中最为古老的一种。

（3）细小矢部龙。迄今世界上发现的中生代个体最小的蜥蜴。

6. 鱼类展区

鱼形动物早在距今4亿年的奥陶纪就已经出现，但它们与现在的样子完全不一样：它们的前身披着坚硬的盔甲，而且没有上下颌，所以它们的猎食范围有限，活动能力也很差，后来慢慢发展成我们所熟悉的鱼类。

鲟鱼是世界上现有鱼类中体形大、寿命长的一种最古老的鱼类。它虽然经过2亿多年的漫长的自然历史环境的变迁，历经造山运动、海浸、海退引起的地质地貌变化等，但是它仍保持了当初的形态特征，没有任何进化的迹象，所以素有"水中熊猫"和"水中活化石"之称。我们现在看到的鲟鱼化石形成于晚侏罗世陆相地层中，距今1.4亿年。

7. 植物展区

植物是生命的主要形态之一，也是动物的主要食物来源，是动物进化和繁盛的基础。

简单来说，植物的进化过程是藻类植物—苔藓植物—蕨类植物—裸子植物—被子植物。被子植物是现今地球上最为高等的植物。

现在我们吃的大米、小麦以及水果等食物，身上穿的棉麻乃至平常随处可见的鲜花，大多数都来自被子植物。然而早在100多年前，人们一直为找不到被子植物的祖先类群而感到困惑不解，被"进化论之父"达尔文称之为"讨厌之谜"。直到150年后，古植物学家终于发现了迄今已知的最早的被子植物化石，它们在1亿多年前的晚侏罗世静静地等待绽放，分别是被誉为"第一朵花"和"第二朵花"的辽宁古果和中华古果。

⊙ 植物展区

四、重点展品介绍

包括化石特色展品、镇馆之宝及重要精品等。

博物馆拥有534件化石标本,展览了许多特色标本,如热河生物群的辽宁古果、林氏星海鸟、振元翼龙、华夏翼龙、滕氏嘉年华龙、奇异辽宁龙、国章燕鸟、双庙龙、燕都华夏鸟等。

1. 滕氏嘉年华龙

此标本为滕氏嘉年华龙的模式标本,发表在《自然通讯》杂志上。为世界首次发现的恐龙。标本长约110厘米,宽约80厘米,属于典型的火山灰和细泥沙埋藏并经过沉积压实而形成的岩石化石。化石的骨骼保存完整,头部后仰呈回望之姿态,尾巴扬起,后肢向后伸直,奔跑姿态优美。化石的羽毛保存精美,前、后肢及尾部均有大型羽毛,且羽毛的细微结构清晰可见,尾羽围绕中轴呈不对称状态,羽毛中间有坚硬的长羽翮,还有单侧较长的羽枝。

2. 双庙龙

迄今,双庙龙化石发现不超过5例,极为珍稀。博物馆双庙龙化石体型庞大,保存完整,是世界上最完整的双庙龙化石。约8米长的双庙龙骨架昂首挺立,化石骨骼保存完整度超过70%。

3. 辽宁古果

辽宁古果是一种早期被子植物,于1996年在北票市黄半吉沟组下部发现。其植株纤细,主侧枝呈"Y"字形,在貌似蕨类植物的枝条上,螺旋状排列着40多枚类似豆荚的果实,每个果实中都包藏着2—4粒米粒般大小的种子。这些特征显示了它作为早期被子植物的原始性。另外,其茎枝细弱,叶子细而深裂,根部发育,只具有几个简单的侧根,反映了它的水生性质。

4. 林氏星海鸟

林氏星海鸟体型较大,属于典型的经过火山灰和细泥沙埋藏并沉积压实而形成的化石。化石的骨骼保存完整,其头部略微上仰,后肢向下伸直,两翼半张开做预备飞行之状,栩栩如生。化石的羽毛保存精美,前、后肢及尾部均有羽毛,且羽毛的细微结构清晰可见。

5. 振元翼龙

振元翼龙体型较大,翼展约4米左右,属于典型的经过火山灰与细泥沙埋藏并沉积压实而形成的化石,细节保存完整。通过观察可以发现其前肢与后肢弯曲,前肢比后肢更加健壮;胫骨比股骨略微纤细;尾部垂直向下,呈爬行状,栩栩如生。

6. 燕都华夏鸟

燕都华夏鸟是一种比麻雀还小的鸟类,体长约13厘米,属于典型的经过火山灰和细泥沙埋藏并沉积压实而形成的化石,保存了诸多细节,羽毛印痕清晰可见。通过观察可以发现它的身体覆盖着一层厚厚的羽毛,尾端形似一个羽毛扇。其头部呈仰望之姿,张开翅膀,正欲展翅飞翔,姿态优美。

五、开展的特色科普活动以及创新内容

(1)建立小科学家孵化基地:全年科普课程、公共讲解。

（2）发起"小科学家百人计划"。

（3）跟着科学家去旅行：系列研学旅行、地质科考项目。

（4）创办全国首家儿童一体式科学实验室Dino-Lab-Edu。

（5）联合中国科学院G4科学家团队研发编写儿童科普课程《十小时学科学》40节系列课程：天文、地球科学、古生物、昆虫等。

Dalian
Natural
History Museum

大连自然博物馆

/辽宁省大连市沙河口区黑石礁西村街40号

开放时间 —— 周二至周日 9:00—14:30

网址 —— www.dlnm.org (维护中)

联系邮箱 —— homegcl@163.com

联系电话 —— 0411-84661108

微信公众号 —— 大连自然博物馆

一、科普基地基本信息

大连自然博物馆隶属于大连市公共文化服务中心,是一个集地质岩矿、古生物化石和现生动、植物自然标本收藏、研究、展览和教育为一体的综合性自然历史博物馆,是自然科学研究、普及和教育的重要基地。

新馆自1998年建成开放以来先后获得"2000年全国十大精展和新技术、新材料应用奖""2002年全国青少年科技教育基地""2005年中国科协全国科普教育基地""2005年大连市优秀科普教育基地""2005年全国野生动物保护科普教育基地""2011年大连市优秀科普基地""2012年辽宁省环境教育基地""2013年中国古生物学会全国科普教育基地""2018年大连市研学旅游基地"和"大连市生态保护奉献奖"等荣誉。

新馆位于辽宁省大连市沙河口区黑石礁西村街40号,为现代欧式建筑,坐落于黑石礁海滨、大连滨海国家地质公园沿线,为国家AAAA级旅游景点,是国内唯一拥有27万平方米海域的博物馆。

新馆建筑面积15 000平方米,陈列面积10 000平方米,另外老馆3 000平方米作为标本库房。

⊙ 博物馆老馆
馆舍外观

⊙ 博物馆新馆
馆舍外观(北门)

二、科普基地创建和发展简况

　　博物馆始建于1907年,前身为地质调查所。原馆舍位于大连市西岗区烟台街3号,为1898年沙皇俄国侵占大连时所建的市政厅。1914年,地质调查所对部分人员开放。1923年8月,地质调查所在大量收集东北地区的自然标本之后,增设了陈列室,主要展示岩矿标本和古生物标本。1926年1月,随着征集和展示标本的增多,更名为"满蒙物质参考馆",同年3月,更名为"满蒙资源馆",并对陈列进行改造,于同年11月正式对外开放。1945年8月,日本投降后,交由中长铁路接管。经过充实休整后,于1948年重新开馆,并将馆名改为"东北资源馆"。1949年10月1日,中华人民共和国成立之后,该馆划归大连市文化局,并沿用"东北资源馆"的名称。1959年,经上级批准,更名为"大连自然博物馆",并请时任中国科学院院长的郭沫若先生题写了馆名。1978年,经市委市政府批准,大连自然博物馆划归大连市科学技术委员会。1998年10月31日,新馆(黑石礁馆舍)建成并对外开放。老馆(烟台街馆舍)则作为大连自然博物馆的库房和标本制作室继续使用。新馆于2009年5月18日对外免费开放。2018年11月,大连自然博物馆改革为公共文化服务中心的一个分支机构。

三、科普活动主要场馆和展陈内容

博物馆展览定位为"中国精品—东北区域—大连特色"。展览以"自然与人"为主题,用序厅、地球科学、海洋生物和陆生生物4大主题单元11个常设主题展厅,从地球及地球生物的自然演化、生物与生物的关系、生物与环境的关系、自然与人的关系等多方面,向观众展示了一个完整的自然界面貌及自然演化规律。在基本陈列的展示设计上,大连自然博物馆是国内第一个(1998年)采用主题单元展示法布陈,与国际博物馆界最先进展示方式接轨的博物馆,注重揭示人类、生物、环境的相互依存关系,强调天人共泰、物我同舟的人与自然共生存的理念。

11个主题展厅分别是:地球科学主题单元3个展厅(地球厅、恐龙厅、大连地区第四纪古生物厅),海洋生物主题单元4个展厅(海兽厅、硬骨鱼厅、软骨鱼厅、海洋无脊椎动物与海藻厅),陆地生物主题单元4个展厅(湿地厅、东北森林厅、陆生动植物精品厅、肯尼斯·贝林厅)。为提高博物馆建筑的整体面积使用效果,缓解观众因攀行步梯而产生的劳顿,博物馆分别在展厅至电梯的走廊、各楼层步梯转弯处、卫生间门外等空闲场所增设了欧洲和美洲动物展、辽宁岫岩玉石动植物艺术品展、瓷板画植物展和陆生贝类展4个小型专题展览。

为了弥补基本陈列投资大、持续期间长、难以在短期内进行重新改造的缺点,博物馆还设有2个中型临时展厅、2个微型展厅,主要用于跟踪科学发展动态和国家生态战略,结合各种节日,举办形式多样、内容丰富多彩的临时展览。临时展览以博物馆原创或由博物馆牵头与国内其他单位合作共同开发的展览为主。

博物馆除了举办各种形式的展览外,还辅以多功能厅、综合教室、少儿图书自助借阅等科普设备设施和科普互动游戏。互动游戏包括：大自然平台（利用投影仪和红光感应摄像头将设定的场景和参与互动的人同时投影到墙上，开展互动活动）、与小鱼儿共舞（利用投影仪将设定的海底场景投影到地面，人们可以通过踩踏海景中的鱼儿，与之互动）、动物足迹（将不同的动物足迹投影到地面，人们通过踩踏动物足迹，认识动物，了解动物的叫声）。

⊙ 序厅

其序厅由各种海洋生物、陆地生物和人（寓意人与自然是不可分割的整体）组成的长20米、高4米的浮雕，配以3米高,5米长的非洲象"华美"，向观众展示了人与自然友好相处的和谐场面。在序厅入口处两侧分别用中文和英文向观众简单介绍了博物馆的发展历史、演变及整体展览主题。整个展览主要以主题展和专题展的形式陈展。

1. 主题展

（1）地球厅。展览主题是"地球与人"。展览从沧海明珠、大地沧桑、地下宝藏、人地和谐4个方面介绍了地球自形成以来所发生的变化、变化的原因、变化的产物以及人与地球的关系,意在提示观众：地球为我们的生存提供了宝贵的资源,我们要感谢地球养育了我们,并珍惜我们赖以生存的自然资源,树立人地和谐相处的理念。

⊙ 地球厅

（2）恐龙厅。展览主题是"走近恐龙"。下设4个单元，第一单元"恐龙是什么"，着重向观众介绍有关恐龙的基本知识；第二单元"恐龙大奇观"，讲述形形色色、形态各异的恐龙以及它们的生活习性和生殖方式；第三单元"恐龙的亲戚"，介绍恐龙时代非恐龙类的爬行动物；第四单元"灭绝之谜"，介绍造成恐龙灭绝的各种假说。采用开放式景观、大型恐龙化石骨架和珍稀中生代古生物化石相结合的手段，配以建设气龙捕食蜀龙、霸王龙与甲龙斗智斗勇的故事场景和古生物挖掘模拟现场，向观众系统地介绍了恐龙的相关知识，并在展览中增加了以馆内珍稀标本鹦鹉嘴龙为原型的

⊙ 恐龙厅

⊙ 恐龙厅恐龙骨架

动画,向观众展示了恐龙的育幼行为。

（3）大连地区第四纪古生物厅。展览主题是"古兽传奇"。利用在大连地区发现的新生代古生物化石,通过食肉的凶猛动物、食草的偶蹄动物、灭亡的奇蹄动物、大型长鼻动物和小型哺乳动物等5个板块分别展示了新生代大连地区的生物面貌和生态类型。

⊙ 第四纪古生物厅

⊙ 第四纪古生物厅化石骨架

（4）海兽厅。海兽是博物馆最具特色的展览,也是我国自然类博物馆中难得一见的主题展览。展厅中的大型剥制标本抹香鲸、灰鲸、长须鲸、北太平洋露脊鲸等大型海洋哺乳动物及其部分骨架标本在此集中展示,配以四周壁画和蓝色灯光,向观众呈现了一个逼真的海洋世界。

（5）软骨鱼厅。展览主题是"海中霸主——鲨鱼"。展览以各种鲨鱼标本为主,配以其他软骨鱼类标本,系统地介绍了海洋中软骨鱼类的分类、水中生活、演化以及鲨鱼与人类的关系,意在提示人们拒绝鱼翅,保护海洋,保护环境。

⊙ 海兽厅鲸鱼标本

（6）硬骨鱼厅。展览以黄渤海中各种鱼类标本为展品，以海洋景观箱为辅助展示手段，系统地介绍了各种硬骨鱼类在海中的地位（生物与生物的关系）、生活背景、生存技巧（生物与环境的关系）以及人类和硬骨鱼类之间的关系。

（7）海洋无脊椎动物与海藻厅。展览主题是"贝藻似锦"。展览通过海中采贝、百花争艳、千姿百态、万紫千红、海洋牧场、明日辉煌6个板块的内容，以众多的实物标本、丰富多彩的图片、逼真的生态景观和科学严谨的文字阐释等，为观众展现了一个多姿多彩的海底贝藻世界。

（8）东北森林厅。展览以针叶林、针叶阔叶混交林、阔叶林等仿真森林景观为主，配以相应森林生态中生存的各种动物标本，生动地再现了东北森林自然景观，使观众能够深刻感受并领略原始森林的风貌。

（9）湿地厅。湿地厅通过5个开放式景观（独特的红树林湿地、青藏高原湿地、鹤乡——扎龙湿地、红色海岸——双台河口湿地、鸟类迁徙的通道——老铁山）及有关湿地知识的介绍，向观众描绘了一幅奇妙的湿地自然生态环境图。意在提醒观众：湿地不应是人类独享的资源，湿地也不是取之不尽的资源，人类的生存和其他生物息息相关，只有人和植物、动物共存互利，湿地才会不断地发挥其功能。

（10）肯尼斯·贝林厅。也叫非洲厅，展览以肯尼斯·贝林先生捐赠的动物标本为主，采用开放式陈列，利用拥有自主知识产权的植物制作新技术，重塑了非洲的热带雨林、热带草原等生态景观，给观众以身临其境之感。

（11）陆生动植物精品厅。展览利用精心甄选出的与陆地环境息息相关的植物、昆虫、两栖、爬行类动物和鸟类标本，以对生命世界中神奇的生物和生命现象的解读作为切入点，向观众展示了一幅充满生机的生命画卷。

2. 专题展

（1）辽宁岫岩玉石艺术品展。展览以岫岩玉石为母基，以各类动植物为原型，将动植物的姿态雕刻得惟妙惟肖。

（2）瓷板画艺术品展。展览以瓷板画的形式再现了现生动物和植物的艺术之美，将自然与艺术紧密结合在一起。

（3）美洲和欧洲动物展。以贝林先生捐赠的美洲和欧洲动物标本为主,简单地介绍了美洲和欧洲动物的特点和知识,重在引导观众欣赏美洲和欧洲动物之美。

(4)陆生贝类精品展。展览主要从陆生贝类的"奇""特""珍""美"以及陆生贝类与人类的关系等方面为大家进行了详细的介绍,并配合活体蜗牛进行展示,意在加深我们对它们的了解,进而增强观众对陆生贝类栖息环境的保护意识。

四、重点展品介绍

大连自然博物馆是国内最早建设的自然博物馆之一,现有藏品20多万件,包括岩石矿物、古生物化石、现生动植物等各类自然类标本。其中,辽西中生代古生物化石标本、大连第四纪化石标本、巴西立体鱼化石以及千年古莲等都是重要的馆藏特色。

1. 东北巨龙

这是在辽西发现的首个巨龙类化石,正模标本,其特征是它有一个头尾伸长的喙部,而且末端呈正方形,位于腹侧前方,耻骨的髋臼边缘长且光滑,略微凸起。东北巨龙全长12米,代表了辽西热河生物群第一只早白垩

⊙ 东北巨龙

世的蜥脚类恐龙。

2. 双庙龙

草食性鸟臀目恐龙,生活于早白垩世,产自辽宁北票。正模标本仅为左前上颌骨、左上颌骨、泪骨与齿骨。博物馆双庙龙标本保存较完整,头骨、部分椎体及部分肢骨保存均完整,因此具有极高的收藏、展示价值,同时也具有较高的研究价值。

⊙ 双庙龙

3. 步氏克氏龙

中等大小的甲龙,体长约4米,下颌骨较低,外侧无骨甲覆盖。牙齿小,齿冠上有垂直向棱嵴和边缘的小齿,齿环发育不全。有愈合的颈甲板,膜质骨甲形态多样,尾后部的椎体相连,呈棒状,两侧有排列对称的甲板。

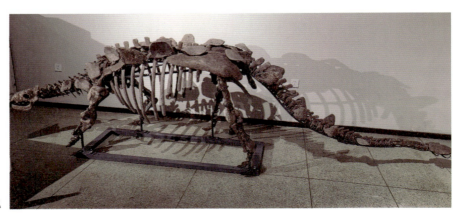

⊙ 步氏克氏龙

4. 朝阳会鸟

进步鸟类和原始鸟类之间的过渡型鸟类。特征是前颌及上颌具有锋利的牙齿,前肢与后肢的长度比例为3:2;叉骨坚实,尾椎相对缩短,末端的7块椎骨愈合形成尾棕骨;乌喙骨宽,呈梯形,无支撑结构,近端中部有一椭圆形孔。

5. 燕鸟

特征是吻端长,前颌骨前端尖锐,齿骨直,前端较钝,愈合荐椎包括9块荐椎,尾棕骨短,跗跖骨完全愈合,第一跖骨弯曲,第一趾短小。

⊙ 朝阳会鸟(左)
燕鸟(右)

6. 潘氏抓握鸟

模式标本。小型的反鸟类,喙部及下颌骨长,稍微弯曲,胸骨的侧后方有2个明显的分支和1个小的第三分支,乌喙骨侧缘凹陷,前肢没有爪骨,纤细的牙齿仅局限在齿骨的前端,后肢稍长于前肢。

7. 郭氏青龙翼龙

模式标本。特征是头骨相对较短,翼骨短,且末端膨胀为瘤状突起,前耻骨远端有相对细弱的刺,上颌骨具有短而宽的鼻刺。

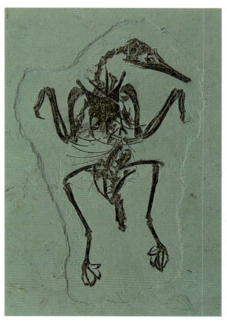

⊙ 潘氏抓握鸟

⊙ 青龙翼龙

8. 鹦鹉嘴龙

首次发现的35具恐龙个体埋藏在一起的化石标本。其科学意义是第一次以确凿的化石证据证明鸟臀目恐龙具有和鸟类一样的育幼行为。

9. 寐龙

属伤齿龙类,因骨架保存睡眠姿态,头蜷压在翅膀之下,类似一只卧睡在巢中的小鸟而得名。显示出伤齿龙类不仅骨骼形态与鸟类相似,而且在行为学上也与鸟类有着非常亲密的关系。

⊙ 鹦鹉嘴龙(左)
寐龙(右)

10. 大连马

从三门马演化而来的大型马类，是更新世晚期大连地区最具代表性的动物。特征是颊齿大小、结构构造均与现生的普氏野马相似，但其第三掌骨及第三蹠骨均较长。

⊙ 大连马

11. 中华古果

标本同时保存了两棵植株，二者呈上下颠倒状保存。正立者植株纤细，种子已经成熟。标本保存了从根部到荚果的所有植体，是迄今在辽西发现的最为完整的早期被子植物化石。

12. 孟氏丽昼蜓

模式标本。主要特征是后翅臀套较小，径增脉缺，后翅CuAa脉弯曲，带有5个明显的后分支，前翅MP脉短，终止于翅后缘近翅结处，翅痣下有一个明显的支脉。

⊙ 中华古果(左)
孟氏丽昼蜓(右)

五、开展的特色科普活动以及创新内容

大连自然博物馆常年开展各种科普活动，主要分为以下三类：

（1）在博物馆内开展的"走进博物馆、探索大自然"系列主题活动。这类活动内容丰富多彩，活动形式新颖多样，或是结合展品或藏品进行的，或是结合民俗文化、传统节日或自然节气进行的，或是科普人员独创的DIY

小制作活动等。

（2）科普进校园、进社区活动。这类活动多与展览下乡、科普文化进校园等联合开展，一般是在布展之后，先进行科普讲座，再组织学生开展各类动手活动或答题活动。

（3）在室外开展的"探索身边大自然"活动。该活动多是带领参加活动的中小学生到室外的公园、海边等地认识花、草、鱼、虫等。

除了日常活动外，博物馆还创新性地承接了3项地区性大型科普活动：针对中小学生的"环球自然日知识挑战赛辽宁赛区总决赛"，针对成年人的"大连市科普达人秀暨全国科普讲解大赛大连选拔赛"，以及针对大学生的"'博冠杯'大连市高校天文知识竞赛总决赛"。

博物馆在做好各项活动的同时，还进行了科普剧表演的探索与实践，编排了公益舞台剧《野鸟》、原创舞台剧《白鲸传奇》，开发了基于人脸识别技术的互动脱口秀恐龙小剧场等活动，充分激发了孩子们的好奇心和科学探索精神。

博物馆在充分利用馆内科普资源优势的同时，还积极整合社会资源，开展各类科普活动。博物馆200多名科普志愿者队伍中有大学教授、中小学教师、环保志愿者和生态保护者，他们有的承担展厅的讲解任务，有的举办专题讲座，有的开展专题科普活动。

博物馆除了利用纸媒外，还利用微信、网站等现代媒体平台开展科普活动，组织青年职工创作以"身边大自然"为主题的科普文章，在大连晚报、大连文化服务中心微信公众号和博物馆微信平台推出。目前已将部分科普文章重新编辑，并出版了《身边大自然》系列科普读物，该读物于2019年年初入选了"我的书屋我做主——选书过大年"大众喜爱的农家书屋、社区书屋图书名录。

系列科普活动的实施增强了博物馆的教育和传播功能，提升了公众特别是广大青少年的科学素养，推动了区域社会文化事业的发展。

National Geologic Park of Guanling, Guizhou

贵州关岭化石群国家地质公园

／贵州省安顺市关岭布依族苗族自治县
新铺镇卧龙村

开放时间 —— 周一至周日 9:00—17:00
联系电话 —— 0853-7224477
电子邮箱 —— 1084886280@qq.com

一、科普基地基本信息

贵州关岭化石群国家地质公园位于贵州省西南部的关岭县,规划面积86平方千米,含化石的地层分布面积达200平方千米。交通区位极其优越,G65高速公路、320国道贯通。东距国家AAAAA级风景名胜区黄果树瀑布30千米,南离国家级风景名胜区马岭河峡谷168千米。公园埋藏的化石群是距今2.2亿年的海生爬行动物(鱼龙、海龙、楯齿龙)、海百合,以及菊石、双壳类、腕足类、鹦鹉螺、鱼类和异地保存的陆生古植物的化石遗迹。公园的化石群埋藏之集中、门类之齐全、数量之丰富、保存之完好,在全球晚三叠世化石宝库中堪称独一无二,是探索2.2亿年前海洋生物的一个重要窗口,是研究生物多样性、集群死亡和生物超常规保存和埋藏的天然博物馆。以晚三叠世海生爬行动物和海百合等生物群埋藏遗址为依托,是集科普、科考、科研、教学实验、地质观光为一体的国家地质公园。

⊙ 地质公园主碑

| 中国古生物学会全国科普教育基地概览 |

公园内古生物化石极其丰富,绝大部分门类的化石都在野外露头上可见,有完整的个体和精美的形态,具有很高的观赏价值。此外,公园内随处可见地层剖面、沉积构造、地质地貌和地质灾害遗迹等地质景观。这些内容使得公园成为不可多得的进行地学旅游和科学教育的理想场所。

二、科普基地创建和发展简况

全球晚三叠世独一无二的古生物化石宝库关岭化石群国家地质公园的建立,凝聚了关岭布依族苗族自治县同胞和历届领导的心血。在公园的保护与开发的历程中,关岭县政府相继进行了高规格的规划和建设。各级部门和有关上级领导前来视察并指导工作,加快了公园的建设步伐:

1998年,关岭布依族苗族自治县县委、县政府建立了专门的管理工作机构,成立了古生物化石管理委员会。

1999年12月12日,经贵州省人民政府批准为"省级文物保护单位"。

2001年3月,关岭布依族苗族自治县县委、县政府对管委会成员做了充实和调整,成立了古生物化石管理中心,内设执法大队。

2002年12月25日,经贵州省国土资源厅批准为"贵州关岭生物群省级地质公园"。

2004年1月19日,经国土资源部批准为"贵州关岭化石群国家地质公园"。

2005年5月,经安顺市人民政府批准,设立贵州关岭化石群国家地质公园管理处。

2009年,被授牌为"中国古生物学会全国科普教育基地"。

2011年11月,在关岭召开了"中国古生物学会第26届学术年会",参会代表考察了地质公园。

三、科普活动主要场馆和展陈内容简介

　　园内古生物化石极其丰富，绝大部分门类的化石都在野外露头上可见，有完整的个体和精美的形态，具有很高的美学价值和观赏价值；加之园内随处可见的地层剖面、沉积构造、地质地貌和地质灾害遗迹等地质遗迹景观，是进行地学旅游和科学教育不可多得的理想场所。

　　目前对外开放的景点有：1—3号原位保护馆、博物馆、4D影院、盗掘遗址参观点、公园观景台、典型地层剖面等。

⊙ 博物馆序厅

⊙ 1号原位
保护馆

⊙ 2号原位
保护馆

⊙ 3号原位
保护馆

四、重点展品介绍

　　贵州关岭化石群保存在黑色泥岩和页岩之中,形成于距今2.2亿年(晚三叠世)的海湾或陆间残留盆地环境。含化石地层分布面积达200平方千米。主要化石门类包括:大量完善保存的海生爬行动物(鱼龙、海龙、楯齿龙、龟)、海百合以及菊石、双壳类、牙形石、鹦鹉螺、腕足类、鱼类、鲨鱼牙齿和来自附近陆地的古植物。如此丰富多样和完善保存的化石群在世界上极为罕见,堪称世界上独一无二的晚三叠世海生爬行动物和海百合化石库。该化石群不仅具有极高的观赏性和收藏价值,更重要的是它们对研究晚三叠世地层、古生物、古生态和古埋藏学,以及海生爬行动物和海百合的分类及演化等均具有特别重要的科学意义。

○ 关岭化石群的复原情景

1. 鱼龙

鱼龙的拉丁文原意就是鱼形蜥蜴，它也确有鱼一般的外形，不过它更像现代海洋中的另一类鱼形哺乳动物——海豚。它有肺并用肺呼吸，所以每隔一段时间鱼龙便要到水面上来换换气。更多的时候它在昏暗的深海中猎食、嬉戏。

最早的鱼龙在三叠纪早期便已出现，此后的1亿多年间，它们演化出一个庞大的家族，大的身长可达23米，体重数十吨，小的仅有1—2米。然而无论体形大小，它们都是当时海洋中最出色的猎手。与其他返回海洋中的爬行类动物相比，鱼龙已完全适应了海洋中的生活，它们纤弱的四肢再也不能将庞大的躯体驮上海岸，也就意味着它们必须让它们的卵在自己的体内孵化，并在海水中产下它们的小宝宝。

鱼龙是关岭生物群中数量最多和种类最丰富的一类。目前已发现了

○ 鱼龙化石

5种,其中有身长6米以上的大型鱼龙:邓氏贵州鱼龙、梁氏关岭龙、蔡胡氏典型鱼龙;也有身长1—2米的周氏鱼龙以及关岭混鱼龙等。

2. 海百合

距今2.2亿年的海洋棘皮动物海百合化石,身体由根、茎、冠三大部分组成。海百合的根像树根,起固定作用,直接与茎相连。茎由骨板叠置组成,有一定的柔软性。冠部是海百合的主体部分,其口和肛管连接于萼部,萼部连接冠部与茎部。海百合利用腕和羽枝的摆动获取水中的食物生存。海百合是关岭古生物化石群中保存最精美、数量最多、最具有观赏性的化石,骨骼细,非常完整地保存在岩石层中。海百合喜群居生活,多个单体组合,形态非常优美,像植物、像荷花,千姿百态。目前到公园来研究古生物化石的中外专家对海百合的评价是"世界上极为罕见""堪称世界独一无二""有极高的观赏性和收藏价值"。

⊙ 海百合展厅

⊙ 海百合化石

Henan
Geological
Museum

河南省地质博物馆

/河南省郑州市郑东新区金水东路18号

开放时间 —— 周二至周日09:00—16:30(下午15:30之后停止进馆),法定节假日正常开馆(团体预约至少提前一天)

网址 —— http://www.hngm.org.cn/

联系邮箱 —— kpyfb0371@126.com

联系电话 —— 0371-68108343

新浪微博 —— 河南省地质博物馆

微信公众号 —— 河南省地质博物馆;河南省地质博物馆科普号

一、科普基地基本信息

河南省地质博物馆隶属于河南省自然资源厅，属公益性一类事业单位。博物馆位于河南省郑州市郑东新区金水东路18号，建筑面积5 870平方米，布展面积4 100平方米。

博物馆承担地质博物的收藏与展示，负责土地、地质资料、档案管理等工作，开展全省古生物化石的调查评价、发掘研究工作，以及自然资源宣传教育工作。博物馆是一座以社会公众为主体，青少年和自然资源环境相关人士为侧重服务对象，注重科学研究的地学类博物馆，是河南省自然资源、环境、省情展示交流的窗口，自然资源知识普及与青少年科学文化素质教育的基地。2008年4月26日正式对外开放，年接待观众50余万人次。

2015年8月，被授牌为"中国古生物学会全国科普教育基地"。

◌ 博物馆外观

二、科普基地创建和发展简况

博物馆的创立与发展是与河南省地质事业的开端与发展同步的。其前身是成立于1956年并于1960年在郑州市金水路80号（原20号）建成的河南省地质博物馆，建筑面积1 400平方米。1960年5月，全国博物馆会议将河南省地质博物馆列为"全国七大省级地质博物馆之一"。

2001年5月，河南省机构编制委员会办公室（省委编办）批准，撤销河南省地矿技术经济研究室，将其所属的图书馆、资料馆、地质博物馆分离出来，组建新的河南省地质博物馆，使博物馆成为展馆、全省地质资料馆、国土资源厅档案馆、地学图书馆四馆合一的公益性事业单位。2002年，新成立的河南省国土资源厅立项建设河南省地质博物馆（即现在的园区）。2003年初，按照省国土资源厅党组要求，组织新馆建设调研，向厅党组提交了新馆建设方案和标本购置与陈列布展经费预算。2005年，整个园区建筑建设完成，展馆布展建设启动。经过近3年的艰苦奋斗，于2007年12月完成了新馆建设工作，经工程验收和前期开馆试运行准备后，2008年4月26日，河南省地质博物馆新馆正式对公众免费开放。2018年机构改革以后，由于国土资源部、省厅职能的变化及更名，河南省地质博物馆也拟更名为河南省自然博物馆，更名请示（《河南省自然资源厅关于所属事业单位机构编制调整的请示》，豫自然资文〔2019〕56号）已报省委编办。

博物馆是一个具有现代化、高科技、独具河南特色的全国省级一流的地质专业博物馆；是河南省资源、环境、省情展示交流的窗口，珍稀地质矿产标本收藏、研究中心；以古生物科普为核心的地学科普传播，发挥了显著的科普传播引领作用，取得了显著的社会效益和巨大的影响力。先后被河南省共青团、河南省委授予"河南省青少年教育基地"，被国土资源部授予全国第一批"国土资源科普基地""国家国土资源科普基地"等多个科普基地称号，是集科研、科普、观赏、休闲、娱乐、互动于一体的大众游览胜地和理想去处。

三、科普活动主要场馆和展陈内容

博物馆以河南自然资源特色为展示主题,以科普展览为主线,以收藏和发掘研究的标本为依托,以实物精品标本展出为主体,展示与地球及地质科学、生物演化、矿产资源及矿业经济、宝玉石及奇石、地质环境等自然资源相关的内容,显现自然历史类博物馆特征。以现代化声光电、仿生、多媒体、虚拟现实等陈列展示相结合为展示手段,注重互动,激发观众的多种感官效应,达到寓教于乐之效果。融知识性、趣味性于一体,也使地学知识普及工作中枯燥的科学内容富有生命力。

展馆内循环播放具有河南地域特色的16部原创三维动画影视、幻象;建立了18个多媒体查询系统,内容科学、通俗易懂、引人入胜;设置喀斯特地貌、冰川、碧水丹霞、溶洞、露天采矿、金矿洞等30余处仿真度很高的景观模型。

展馆内设有地球厅、恐龙厅(中生代厅)、生命演化厅、古象厅、矿产资源厅、地质环境厅、矿物厅、4D动感影院(多功能厅)和地震海啸感受剧场,展馆外设有矿石林、地质科普广场、恐龙雕塑等。

1. 主题展

(1)地球厅。地球厅向大家介绍奥妙无垠的宇宙和与地球有关的知识:太阳系的八大行星,地球的形成、演化和圈层结构;经地质作用形成的各种各样的岩石;古大陆的聚合、分裂与漂移;地震带来的震撼和灾境;风化、喀斯特地貌和冰川作用对人类的影响;黄河、黄土和黄河文化。

(2)恐龙厅。恐龙厅又称中生代厅,此厅向大家展示中生代陆地霸主恐龙、海洋霸主鱼龙、空中霸主翼龙的风采。以时代为主线展示了中国各时代具有代表性的恐龙动物群——云南禄丰龙动物群、四川蜀龙动物群、汝阳龙动物群、栾川动物群等的知名恐龙化石和骨架模型。

⊙ 地球厅（左）
  恐龙厅（右）

⊙ 生命演化厅

（3）生命演化厅。地球上的生命从无到有，从简单到复杂，从低级到高级，呈螺旋式发展演化，而生命的DNA也呈现双螺旋结构，生命演化厅的展示创意就依此而来。

（4）古象厅。象是大家非常熟悉的动物，也是现代陆地上最大的脊椎动物。虽然当今大象不多见，但在遥远的古代，它们遍布世界各地，黄河流域曾经是大象的王国。

（5）矿产资源厅。本厅主要展示了河南的主要矿产资源和矿业经济概况。

⊙ 古象厅（左）
  矿产资源厅（右）

（6）地质环境厅。在这里领略中原大地16.7万平方千米内丰富的地质遗迹、生态环境资源及地质环境保护等内容。

（7）矿物厅。本厅展示了数百种精美绝伦的矿物晶体、宝玉石等标本。

（8）4D动感影院（多功能厅）。兼作多功能学术报告厅，一次可容纳150人。

（9）地震海啸感受剧场。此剧场一次可容纳近30人。

（10）矿石林。布设以河南省矿物、化石为主，展示各种具有代表性的大型矿石、矿物和部分古生物化石标本50余件，展示了河南省的主要特色矿产。

（11）地质科普广场。地质科普广场位于馆外西侧，共有6组雕塑，分别为：宇宙大爆炸-太阳系，联合古大陆-洋中脊-大陆漂移与板块构造，地震带-火山带-海啸，滑坡-泥石流，河南地势，秦岭造山带剖面等。

（12）恐龙雕塑。为矗立在馆门前生动形象的汝阳黄河巨龙母子龙雕塑。

2. 专题展和特展

自2008年起，与美国、加拿大、法国、瑞典、日本、韩国、阿根廷等多个国家博物馆或研究机构开展了学术交流和合作研究，举办了专题展览和特展。合作办展或组织参加的活动先后有：2007"走进奥运"中国北京观赏石邀请展，常州中华恐龙园"来自家乡的问候——珍奇恐龙化石展"，上海四海恐龙博物馆恐龙化石邀请展，国土资源部、国家发改委、财政部联合在国家博物馆举办的"基础先行——国土资源调查评价成果展"，日本千叶、新潟"恐龙大陆"专题展，北美辛辛那提科技博物馆、夏威夷博物馆恐龙专题展；2012"韩国庆南固城恐龙世界博览会"，日本福井县立恐龙博物馆"翼龙的谜"特别展；2013中国香港科学馆"巨龙传奇"恐龙展、北京自然博物馆举行的"龙腾中原——'路易贝贝'及中原巨龙特展"；2017"来自冰河世纪的问候特展"，日本千叶"巨大恐龙展"；2018"第一届河南省国土资源科普基地联展（王屋山站、云台山站）""龙归故里——守护远古生命海外追缴化石特别展";2019"远古印记·与龙同行——2019新春中原恐龙展""第一届河南省国土资源科普基地联展(嵩山站)"等。

四、重点展品介绍

博物馆拥有17 000件古生物化石标本。已为400余件重要古生物化石标本建立了数据库,可实现互联网信息检索。馆内展示具有河南地域特色特别是恐龙的化石:收藏和展示有亚洲体腔最大的恐龙——汝阳黄河巨龙,世界上最大的恐龙——巨型汝阳龙,世界上最小的窃蛋龙——迷你豫龙,中国唯一有确凿证据的结节龙类甲龙——洛阳中原龙,中原地区发现的首例驰龙类——栾川盗龙,流落美国18年回归祖国的恐龙胚胎——路易贝贝,世界上最大的窝状恐龙蛋——西峡巨型长形蛋,数十件珍贵的早期哺乳动物和长羽毛的恐龙,世界上最早的银杏果,世界上最早的被子植物——中华古果等大批动植物化石标本。

⊙ 中华古果

| 中国古生物学会全国科普教育基地概览 |

1. 汝阳黄河巨龙

汝阳黄河巨龙发现于河南省汝阳县,是亚洲体腔最粗壮的恐龙,复原后长18米,背部高达6米,最长的肋骨长2.93米,推测重约60吨。

2. 巨型汝阳龙

巨型汝阳龙发现于河南省汝阳县,是世界上已知的复原装架最粗壮、最重、最大的恐龙,体长达到38.1米,推测其生前体重可达130吨。

⊙ 巨型汝阳龙装架

3. 迷你豫龙

迷你豫龙发现于河南省栾川县,体长不足0.5米,是目前世界上已知的个体最小的幼年窃蛋龙类。

⊙ 迷你豫龙

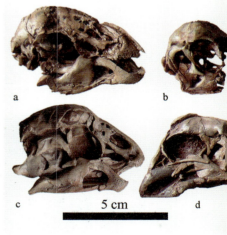

5 cm

⊙ 迷你豫龙头骨

4. 洛阳中原龙

洛阳中原龙发现于河南省汝阳县,是中国首例发现有确凿证据的结节龙类甲龙。

5. 栾川盗龙

栾川盗龙发现于河南省栾川县,是首例在远离中国东北部和戈壁沙漠地区的亚洲地区发现的驰龙类。

⊙ 洛阳中原龙骨架(左)栾川盗龙骨架(右)

6. 中华贝贝龙

中华贝贝龙(路易贝贝)是只窃蛋龙胚胎,属于窃蛋龙类恐龙,发现于河南省西峡县。有个小恐龙躺在几枚恐龙蛋上,体长118厘米,尾部缺失。它是目前世界上发现的最大的,也是保存最好的恐龙胚胎类化石。化石的名字来自为这窝恐龙蛋拍照的摄影师路易·皮斯霍斯。2017年由博物馆科研人员组成的研究团队将路易贝贝正式命名为中华贝贝龙。

7. 西峡长圆柱蛋

西峡长圆柱蛋是世界上已知的最大蛋径和窝径的原窝恐龙蛋化石,蛋长46—48厘米,窝径2.28米,局部呈多层叠状产出,有33枚清晰可见,是恐龙蛋中的稀有品种。

⊙ 中华贝贝龙(路易贝贝)(左)西峡长圆柱蛋(右)

五、开展的特色科普活动以及创新内容

博物馆在做好日常接待工作的同时,充分利用馆藏资源和专家优势,有效地组织开展了重大科普活动、专题科普活动和特色科普活动,取得了显著的社会效应。在"4.22世界地球日""5.18国际博物馆日"期间开展一系列普及地学知识、爱护地球、保护环境、热爱河南自然资源宣传活动。以"6.25全国土地日"主题活动为载体,通过专题展板、发放宣传资料等向观众系统宣传了土地国情、省情及政策措施,提高广大群众爱护土地、珍惜资源的意识。在"科技活动周""全国科普日"等重大科普宣传日活动中,进行科普进校园、科普进社区、科普下乡、科普扶贫扶智等活动。开展系列科普知识专题讲座,宣传河南省在古生物科研科普方面取得的成绩。加大社会化服务深度,年平均培训志愿者100余人。

近年来,每逢节假日会举办形式丰富、内容新颖、互动性强的活动:"我在地博修化石""小龙人集市""博物馆奇妙夜""我在博物馆做手工""制作恐龙浮雕"等互动活动;每月一期的"大咖科普讲堂";"馆长开讲""迷你课堂"等义务讲解活动。寒暑假期间针对中小学生观众,结合展馆内容,开展系列活动:有奖答题、摄影比赛、有奖博客征文比赛等活动;"节约资源、保护环境,做保护地球小主人"活动,激发少年儿童保护环境、爱护地球的热情;以"关爱自闭症儿童、保护环境"为主题的公益活动。

利用博物馆"两微一站"、APP等新媒体平台加大科普宣传力度,借助线上科普课、每周一题、微视频等配合多个微信粉丝群开展科普活动,进行了有效的科普宣传。编著出版了《河南省地质博物馆·建设、陈展篇》《河南省地质博物馆·古生物标本篇》《河南省地质博物馆·矿物标本篇》《触及河南省地质博物馆》《巨龙惊现——巨型汝阳龙纪实》《恐龙宝宝传奇——路易贝贝恐龙化石回家记》《河南古生物图鉴》《河南汝阳盆地的恐龙化石》等科普图书;在国际及国家级刊物上发表研究成果论文40余篇,其中25篇由SCI检索全文收录,14篇为国内核心期刊论文;获得河南省科技进步奖1项,国土资源部科技奖2项。

科普文创产品取得重大突破。具有自主知识产权的原创4D科普电影《巨龙王国》获得了"2017年中国古生物科普工作十大进展奖";研发的路易贝贝毛茸玩具、恐龙笔袋、恐龙铅笔、恐龙挂件、恐龙拼装等衍生品受到了观众的欢迎,获得了良好的社会反响和经济效益。

近年来,先后与郑州美盛喜来登酒店、熙地港购物中心、西西弗书店、广州国际灯光节组委会等合作,尝试跨领域开展科普活动,通过走出去、展出来、多样化、年轻化、创意化的"博物馆+"形式,让更多的公众感知博物馆的本质和内涵,使他们在探索自然中了解科学、传播科学,扩大博物馆在社会各界的影响力,激发大众对自然资源知识的兴趣,激发大众热爱大自然、珍惜生命、爱护我们共同美好家园的情感,同时也为更好地传播自然资源科普知识开辟新的渠道。

博物馆今后要更加积极地开拓思路,拓宽科普平台,主动走出去,强化自然资源科研成果的科普转化与推广,创新科普理念,提升科普能力,打造具有代表性和示范性的重大科普活动品牌,持续推动科技合作交流的深化。

Heyuan
Museum

河源市博物馆

／广东省河源市源城区滨江大道龟峰公园内

开放时间 —— 周二至周日 9:00—17:30[17:00 停止售 (领)
票 (节假日除外)]
网址 —— http://www.hyklbwg.com/
联系邮箱 —— hyklbwg@126.com
联系电话 —— 0762-3333596
新浪微博 —— 河源市博物馆
微信公众号 —— 河源市博物馆

一、科普基地基本信息

河源市博物馆是地方性综合博物馆,国家二级馆,河源市文化广电旅游体育局直属单位、公益性一类事业单位,位于广东省河源市源城区滨江大道龟峰公园内,设立于1993年5月,于1994年正式对外开放。现管理"两馆一塔一公园",即河源市博物馆新馆、河源恐龙博物馆(中国古动物馆恐龙蛋馆)、龟峰公园及全国重点文物保护单位龟峰塔。2015年被授牌为"中国古生物学会全国科普教育基地"。

其中,河源恐龙博物馆于2010年11月建成对外开放,2013年与中国科学院古脊椎动物与古人类研究所合作共建,挂牌"中国古动物馆恐龙蛋馆"。该馆占地面积3 100平方米,建筑面积8 300平方米,展览面积2 800平方米,以恐龙为主题,分恐龙产房、恐龙足迹、恐龙故乡3个展厅及多媒体3D影视厅,主要展出获得世界吉尼斯纪录证书的18 000多枚各种恐龙蛋、10多具恐龙骨骼及众多恐龙足迹模型,体现了河源市作为"中华恐龙之乡"丰富的恐龙化石资源。馆内建设有"与远古恐龙合影"等互动项目和"史前部落"恐龙主题儿童乐园。

河源市博物馆新馆于2016年12月建成并对外开放。其占地面积4 452平方米,建筑面积7 090平方米,是集历史展览、文博交流、文化普及于一体的公益性综合博物馆。该馆展厅面积2 200余平方米,分"河源历史文化"和"河源客家民俗"2个主题展览,展现了河源从新石器时代到近现代的5 000多年时光,生动地描绘了河源客家人的生活习俗、文化传统和精神生活画卷。

位于龟峰公园内龟峰山上的龟峰塔是全国重点文物保护单位,始建于南宋绍兴二年,是"河源八景"之首,有"东江第一塔"的美誉,也是广东省内仅有的绝对年份可考的南宋早期砖塔。此外,龟峰公园内还建有长338米、高4米多、总跨度800米的大型"恐龙梦幻世界"雕塑墙,以及高9米的恐龙主体雕塑和10组钢铁恐龙创意雕塑。

⊙ 博物馆外观

⊙ 两馆一塔
一公园

⊙ "梦幻恐龙
世界"雕塑墙

二、科普基地创建和发展简况

河源市博物馆的前身是 1982 年 12 月 21 日成立的河源县博物馆,1988 年 2 月河源撤县建市时,河源县博物馆改为河源市源城区博物馆,1993 年 5 月正式改名为河源市博物馆,于 1994 年正式对外开放。馆内展陈恐龙蛋等古生物化石以及河源市本地出土的历史民俗类文物。

2008 年 8 月 8 日,加挂在河源市博物馆下的河源恐龙博物馆奠基,总投资 7 000 多万元,并于 2010 年 11 月 26 日正式对外开放,2013 年与中国科学院古脊椎动物与古人类研究所合作共建,挂牌"中国古动物馆恐龙蛋馆"。

河源市博物馆新馆总投资 8 000 万元,于 2013 年 12 月 31 日奠基,2016 年 12 月 28 日对外开放。目前,河源市博物馆管理河源市博物馆新馆、河源恐龙博物馆、龟峰公园及全国重点文物保护单位龟峰塔,管理面积近 60 000 平方米。

河源市博物馆作为河源市重要的文化旅游休闲景点和城市名片,是展示河源恐龙文化和历史文化、客家文化的重要窗口,常年接待国内外重要嘉宾学者和考察团队,吸引了国内外尤其是港澳台、珠三角大量游客前来参观,是国家二级博物馆、全国科普教育基地、香港国际交流中心"学在中华"科普教育基地、广东省青少年科技教育基地,是科普宣传、化石研究、文化展示的重要场所,年入馆量达 30 多万人次。

三、科普活动主要场馆和展陈内容

河源市博物馆的古生物化石藏品主要在河源恐龙博物馆展出,以恐龙地质遗迹化石为主。其中,馆藏恐龙蛋 18 000 多枚,馆藏数量居世界之最,2004 年荣获吉尼斯世界纪录证书。这些恐龙蛋化石种类丰富,形状有长条形、棱柱形、椭圆形、扁形、圆形等,规格 1.5—23 厘米不等,极具科研价值。馆藏有9具窃蛋龙类黄氏河源龙化石骨架、1件霸王龙类牙齿化石、1具大型蜥脚类恐龙椎体化石骨架、1具蜥脚类恐龙肋骨化石骨架、1具蜥脚类恐龙肱骨化石骨架、1具鸟脚类恐龙趾骨化石骨架、1具完整的鹦鹉嘴龙化石骨架。其中黄氏河源龙是在南方发现的窃蛋龙类化石的新属新种，是研究鸟类起源的重要佐证。此外，馆藏有众多的恐龙足迹模型，展示了河源作为"中华恐龙之乡"三位一体的独特恐龙化石资源。

河源恐龙博物馆还藏有南雄龟头骨及龟板、菊石、新生代哺乳类动物牙齿、三叶虫等古生物化石。化石种类丰富，包含了不同时期、不同种类的化石，是研究地球演变和古地理、古气候、古生物的宝贵资源。

1. 博物馆大厅

该厅展出1具长20米、高8米的大型蜥脚类恐龙骨架，3具翼龙及活动声效仿真霸王龙等10具恐龙模型，辅以恐龙主题雕塑墙、"与远古恐龙合影"照相机等。

2. 恐龙产房厅

该厅主要展出馆藏恐龙蛋。其中，恐龙蛋化石堆场展区，集中展示了1万多枚河源市出土的恐龙蛋化石；独立展柜展出了晶体恐龙蛋、圆形恐龙蛋、伤齿龙恐龙蛋等馆藏恐龙蛋化石精品，并展出一批距今2亿年的海底无脊椎软体动物菊石化石。展板介绍了地球和生物的演变、恐龙蛋出土和发掘情况等科普知识。另设置有爬行动物的演化等模拟场景。

⊙ 恐龙产房厅

3. 恐龙足迹厅

该厅主要展出河源恐龙足迹化石拓模、国内外其他地区的代表性恐龙足迹拓模、虫迹化石等，以图文展板的形式介绍恐龙足迹科普知识。

⊙ 恐龙足迹厅

4. 恐龙故乡厅

该厅主要展出河源市本地出土的霸王龙牙齿、黄氏河源龙骨骼、大型蜥脚类恐龙椎体、蜥脚类恐龙肋骨、鸟脚类恐龙趾骨、鹦鹉嘴龙骨骼，南雄龟头骨及龟板，辽西地区出土的三叶虫、藻类、鱼类、爬行类、龟鳖类、哺乳类、无脊椎软体螺类，以及河源市上莞镇碧寿洞出土的一批距今10万年的新生代哺乳类动物牙齿，包括大熊猫、亚洲象、剑齿象、水陆犀牛、水牛及其

⊙ 恐龙故乡厅

他小型哺乳类动物牙齿等化石。展厅配以相关的图文展板介绍和模拟场景。

5. "史前部落"恐龙主题儿童乐园

该主题乐园建设有历险白垩纪（动感平台）、魔幻化石沙池、AR重返侏罗纪、奇妙恐龙涂鸦、史前生命画卷、恐龙猎食窗户、疯狂恐龙投掷和达尔文实验室等子项目，利用数字技术，虚实结合、寓教于乐地打造深受青少年喜爱的恐龙主题科普教育场所。

⊙"史前部落"恐龙主题儿童乐园

四、重点展品介绍

河源市博物馆下辖的河源恐龙博物馆馆藏恐龙蛋化石18 000多枚，恐龙骨骼化石15具，其他古生物化石1 500多件，包括许多特色藏品，如晶体恐龙蛋、黄氏河源龙骨骼（正模标本）、霸王龙牙齿、蜥脚类恐龙椎体、菊石、亚洲象牙齿等。

1. 晶体恐龙蛋

河源恐龙蛋化石最早发现于1971年。1996年3月后大规模涌现，目前馆藏恐龙蛋化石18 000多枚，为世界之最。这些恐龙蛋大多为圆形或扁圆形，还有长条形、棱柱形，规格从直径1.5厘米至23厘米不等，尤其珍贵的是晶体恐龙蛋化石，内含萤矿物质，晶莹剔透。

⊙ 晶体恐龙蛋
（左）
圆形恐龙蛋（右）

2. 黄氏河源龙骨骼

黄氏河源龙骨骼化石最早发现于1997年7月。中国地质科学院地质研究所吕君昌博士通过多年的修复和研究，于2002年12月在美国著名杂志《脊椎动物古生物学》（*JVP*）上发表的《记中国南方晚白垩世一新的窃蛋龙》一文中，正式将河源地区出土的9具恐龙化石命名为"黄氏河源龙"。黄氏河源龙为窃蛋龙科新属新种，骨骼化石的时代为距今6 600万年的白垩纪晚期，身长2—3米，体重约100千克，头颅骨缺乏牙齿，口鼻部短而高挺。它的手臂及手指很短，拇指已经退化，善于捕猎蜥蜴、小型哺乳动物。黄氏河源龙是一个既保留了小型兽脚类恐龙的一些特征，又

⊙ 黄氏河源
龙骨骼

具有鸟类的一些基本特征的新品种，是恐龙向鸟类演化的中间生物。它的发现不但进一步提供了窃蛋龙类发现于内蒙古戈壁滩之外的首次确凿证据，而且还为窃蛋龙的鸟类地位提供了标本证据。

3. 霸王龙类牙齿

霸王龙类牙齿化石发现于2007年。现保存的牙齿长约7.6厘米。牙齿齿尖、齿根及大部分边缘锯齿均缺失。牙齿保存部分稍弯曲，釉质非常薄，釉质脱落后暴露出的牙齿部分显示出明显的纵向条纹。牙本质具有明显的分层现象。霸王龙是一种凶猛的食肉恐龙，也是迄今已知最大的、已

灭绝的陆生食肉动物。其头骨笨重、粗大，有的长度超过1米；体长可达13米，体重可达6吨以上；牙齿锋利具有锯齿，长度可达18厘米；颈部短粗，身躯结实，后肢相对细长，前肢退化、细弱、特小，仅存二指；两足行走，以捕食植食性爬行动物为生。霸王龙类牙齿化石的发现，表明河源地区曾经有过大型肉食恐龙活动，为深入研究河源地区的古生物状况，特别是对探究恐

⊙ 霸王龙类牙齿

龙的习性、种类繁衍行为和方式、演化情况有着重要的科学价值。

4. 蜥脚类恐龙颈椎

蜥脚类恐龙颈椎化石发现于2004年2月。化石呈乳白色，长约65厘米，宽约50厘米，是蜥脚类恐龙中的巨龙类颈椎化石。从脊椎骨的大小推断，这只巨龙的体长为17—18米，体重达20—30吨。蜥脚类恐龙是所有陆生脊椎动物中最巨大的。其头部很小，颈部和尾部很长，四肢粗壮，以四足行走，以植物为食，主要生活于沼泽地带。它们繁盛于侏罗纪，至白垩纪中期灭绝。蜥脚类恐龙化石的发现表明，白垩纪，河源地区的气候十分适合恐龙生活，有种类丰富的恐龙在这里繁衍生息。

⊙ 蜥脚类恐龙颈椎

5. 菊石

菊石是距今约2亿年的三叠纪的一种生活在海底的无脊椎动物，其外形酷似盛开的优雅菊花，旋转的内纹犹如小石磨。河源地区的菊石化石最

早发现于1997年,河源恐龙博物馆馆藏菊石化石143件,直径最大的有38厘米,最小的只有指甲那么大。它们是地质年代最准确的实物依据之一。由此可以推断,在恐龙出现前,河源是一片汪洋大海,浩瀚的海洋中孕育着无数生命。然而经过一次又一次的造山运动,河源地区渐渐脱海成陆,如菊石一样的小生灵被"搁浅",在沧海桑田的转变中成了精美的化石。

6. 亚洲象牙齿

2000年初夏,在河源市东源县上莞镇一个叫碧寿洞的溶洞里,考古专家发现了20多种动物化石,绝大部分是古动物的牙齿化石,也有一些古动物的枕骨、颚骨、腿骨等骨骼化石的碎片。其中可见大熊猫、豪猪、亚洲象的身影,也能觅得早已灭绝的东方剑齿象、中国犀牛和巨貘的踪迹。这在东江流域属首次发现如此众多的哺乳动物化石。

⊙ 菊石

⊙ 亚洲象牙齿

五、开展的特色科普活动以及创新内容

作为河源市恐龙文化宣传展示的主要窗口，河源市博物馆充分利用馆藏资源和平台，通过形式创新和品牌项目带动，成为科普教育的重要阵地：一是举办"背着房子去旅行——贝类动物的世界""南国恐龙故乡——河源出土恐龙化石科普巡回展"等科普专题展览；二是举办"恐龙时代的空中霸主——翼龙""中国的恐龙蛋"等主题科普讲座；三是开展"小小考古学家""我与恐龙有个约会"等科普教育项目；四是利用探索工坊，开设"五谷杂粮恐龙画"等主题科普手工课堂等。

河源市博物馆还通过自主研发和合作的方式，开发"与远古恐龙合影照相机""APP自动导览系统"等互动项目；建设运营"史前部落"恐龙主题儿童乐园等，多渠道地拓宽科普教育平台。

同时，积极利用官方网站、微博、微信公众号等新媒体平台，以及"518国际博物馆日""3.6河源市恐龙地质遗迹保护宣传日"等活动，宣传推介河源市恐龙文化资源。先后与央视、省级和市级电视台合作拍摄制作了《恐龙出世》《河源恐龙》《窃蛋谜案》《远方的家——江河万里行》《岭南家园》《东江行——恐龙博物馆篇》《东江行——源南恐龙遗址公园篇》《广东绿谷——万绿河源之恐龙文化篇》等多个恐龙文化专题片，协助有关传媒公司拍摄了与恐龙文化关联的《盗蛋奇途》《绿丝带》等微电影，引起了社会各界对河源恐龙化石资源保护、恐龙文化产业发展的广泛关注，极大地提高了河源"中华恐龙之乡"的美誉度。

博物馆工作人员在国内外重要学术刊物上发表了恐龙化石学术论文十多篇，还主编出版了《河源恐龙》《客家古邑恐龙之乡》等刊物。同时，与中国科学院古脊椎动物与古人类研究所共建"中国古动物馆恐龙蛋馆"，与中国地质科学院、中山大学等科研机构和高校进行业务合作，设立科研教学基地，加大双方在科学研究、人才教育、化石修理与科普等方面的合作力度，并启动了"河源恐龙蛋种属研究""河源恐龙化石地质遗迹专项调查与评价"等科研项目。

此外，博物馆还开发了恐龙文化衫、书签、邮册等一系列恐龙文创产品。

Geological Museum of Jilin University

吉林大学地质博物馆

〈长春市西民主大街938号
（文化广场北侧地质宫内）

开放时间 —— 周二至周五 8:30—11:30，13:30—16:00

联系电话 —— 0431-88502476

网址 —— http://museum.jlu.edu.cn

微信公众号 —— 天地之说

一、科普基地基本信息

吉林大学地质博物馆始建于1952年,隶属于吉林大学,坐落于长春市文化广场地质宫内,陈列面积2 000平方米,以藏品丰富、精品荟萃、特色鲜明享誉中外,是我国乃至亚洲著名的地质博物馆。

博物馆自1998年面向公众开放以来,赢得了社会各界的一致好评。1999年,博物馆被中国科协授牌为"全国科普教育基地",同年被中国科技部、中宣部、教育部、中国科协联合授牌为"全国青少年科技教育基地";2002年博物馆被科技部、中宣部和中国科协联合授予"全国科普工作先进集体"称号;2002年被授牌为"长春市爱国主义教育基地";2006年被授牌为"吉林省爱国主义教育基地";2009年被授牌为"首批国土资源科普基地";2018年被授牌为"全国中小学生研学教育基地"。

经过半个世纪的发展,吉林大学地质博物馆的综合实力已跻身我国高校博物馆和吉林省博物馆的前列,在科研、科普、社会服务等方面发挥着越来越重要的作用,现已成为长春市文化旅游、科普教育的极佳场所,被人们誉为"春城的一颗璀璨的明珠"。

⊙ 博物馆外观

二、科普基地创建和发展简况

吉林大学地质博物馆历史悠久,始建于1952年,成立之初,博物馆位于东北地质学院(今为吉林大学)的一间陈列室,是当时吉林省内唯一一家地质陈列室。东北地质学院建院后,历代教师和学生都把自己在野外作业时挖掘到的化石、岩石等标本,无偿捐献给博物馆,以丰富馆藏。经过历代地质学家的努力,馆藏日渐丰富,珍贵化石越来越多。

1998年吉林大学地质博物馆正式面向公众开放。2010年地质博物馆扩建改造,经过两年的修葺完善,对科普展区进行了全新的设计,从内容到形式更加贴近社会、贴近生活、贴近观众。新馆集教学、科研、科普、娱乐于一体,缩短了博物馆与观众的距离,突显了博物馆科普教育基地的功能,真正起到了传播科学、弘扬科学、普及科学、倡导科学的作用。2018年博物馆创建了达尔文工作室,2019年博物馆增设达尔文厅,为古生物学的普及增加了窗口和渠道。

三、科普活动主要场馆和展陈内容

博物馆设有:地球奥秘厅,生命起源与进化厅,矿产资源厅,奇石、宝玉石厅,恐龙厅,达尔文厅,教学、科研开放实验室和达尔文工作室。其中生命起源与进化厅、恐龙厅、达尔文厅和达尔文工作室,均以古生物学为主要内容。博物馆古生物化石门类齐全,种类繁多,展品精美。

展区设计突破了传统的以标本及说明牌为主的展示方式,在陈列设计中增加了多处景观模型及声、光、电等在内的多媒体展示手段。馆内设有电子触摸屏,在陈列设计中还采用了大量手绘的油画生态复原图,配以精炼、通俗易懂的科普性文字说明,如奥陶纪海洋生态景观复原图、热河生物群彩绘图、哺乳动物彩绘图、大幅油画恐龙生态复原图等。

1. 生命起源与进化厅

生命起源与进化厅以生命的起源和进化为主线，通过生物大爆发和大灭绝事件展示生命由低级到高级的演化历程。

（1）前言。地球至今已有46亿年的历史。距今38亿年时地球上出现了生命，生物界开始了由简单到复杂、由低级到高级的演化历程。化石是保存在地层中各地史时期的生物遗体、遗迹和遗物。

（2）生命起源。原始地球不断遭受彗星的轰击、陨石的撞击及频繁的火山侵蚀等，地表温度极高，如同一个具有多能源的巨大反应炉。火山喷发和陨石降落带来和产生了水并构成生物体所需的有机物，为生命的出现打下了基础。

⊙ 生命起源与进化厅

距今35亿年时，地球上出现了最古老的生命，但在距今38亿—5.42亿年的长达32亿多年的时间里，生命的演化极其缓慢。海洋中仅有一种以蓝藻（菌）等组成的种类单一、简单低等的生物群落。

（3）寒武纪生命大爆发。在距今5.42亿年也就是地质学家称为寒武纪早期的时代，几乎所有的现生的和已经灭绝的海洋生物的祖先几乎"同时"地"突然"出现在同一条进化的起跑线上，这就是寒武纪生命大爆发。

寒武纪生命大爆发的典型代表是产于云南省澄江县帽天山地区的澄江生物群。澄江生物群生活在距今5.2亿年时，是地球上最古老、最原始的现代生命记录。该动物群包括腔肠、蠕虫、软体、节肢、腕足等无脊椎动物或脊椎动物，具有重大科学价值，被誉为"21世纪最惊人的科学发现之一"。早期古生代无脊椎动物门类多、数量大、分布广，占据了当时的海洋世界。

（4）三叶虫化石。最早的节肢动物，它出现于距今5.7亿年的寒武纪，灭绝于距今2亿年的二叠纪末。三叶虫壳体为卵圆形，纵分为三叶——中央的轴叶和两侧的肋叶，由此得名三叶虫。三叶虫贝壳从上到下也可分为三部分：头部、胸部和尾部。三叶虫种类繁多，如蝙蝠虫、蝴蝶虫等。蝙蝠虫因酷似蝙蝠而得名，而蝴蝶虫则因酷似蝴蝶而得名。

（5）奥陶纪海洋生物复原景观。奥陶纪气候温和，浅海广布，世界许多地方（包括中国大部分地方）都被浅海海水淹没。海生生物空前发展。在奥陶纪广阔的海洋中，丰富的营养和充足的氧气使海生无脊椎动物空前繁荣，这就是地史上著名的奥陶纪生物大辐射。

笔石常以炭质薄膜保存在岩石上，如同书写的痕迹，故名笔石。

角石、菊石属于头足类。从角石上我们可以看到其头部有触手，这些触手用于运动和捕捉食物。

腕足动物有两个大小不等、左右对称的壳，壳内有一对腕来捕捉食物，因而称腕足动物，如石燕、贝壳等。而双壳类动物则由两个大小相等而左右不对称的壳组成。

（6）植物登陆。植物登陆经历了水生—半水生—占领近水域的陆地环境—占领远离水域的陆地环境，直到最后占领不同的生态环境的过程，包括山区生态环境。这是一个漫长而又艰辛的演化过程，植物从距今5.2亿年到距今3.5亿年不断地演化，最终完成了占领陆地的旅程。随着植物进一步地演化发展，蕨类植物进一步繁盛，裸子植物也逐步出现，在距今3亿年时形成了地球历史上最繁盛的植被。

鳞木属于乔木类，其茎干高大粗壮。保存下来的鳞木化石均为茎干表皮脱落后显示出的叶座。叶座呈菱形，其上有叶痕。轮叶是一种已灭绝的芦木枝叶，其特点是叶轮与末级枝几乎在同一平面上。展出的轮叶化石如同4朵盛开的菊花，极为罕见。

（7）泥盆纪——鱼类时代。距今4.4亿—4.0亿年的志留纪—泥盆纪鱼类达到了演化的鼎盛时期，因此该时期被称为鱼类时代。

目前已知的世界上出现的第一条鱼是生活在距今5亿多年的前寒武纪早期的海口鱼。它发现于云南省昆明市的海口镇抚仙湖。海口鱼非常顽强，只有三四厘米的身躯，在危机四伏的海洋中，依靠坚韧的内骨骼、灵活的身体生存下来。

（8）关岭生物群。主要分布于贵州关岭及其周边地区的中国晚三叠世（距今2亿年）地层中。以海百合和鱼龙类化石为主。

海百合是一种棘皮动物,壳体的骨板是由中胚层产生的内骨骼,不同于其他无脊椎动物的外骨骼,在其骨板外面均有棘刺或突瘤。海百合的外形如盛开的百合花。博物馆陈列的海百合化石产于贵州关岭晚三叠世地层中,时代为距今2亿多年。

（9）热河生物群。1928年,美国著名的古生物学家葛利普首先提出热河生物群这一概念,其代表生物是在辽西晚侏罗世—早白垩世地层中发现的叶肢介、狼鳍鱼及三尾拟蜉蝣。广义的热河生物群还包括鱼类、两栖类、爬行类、鸟类、哺乳类及植物等。

鸟类起源于小型兽脚类恐龙。在辽西早白垩世地层中发现了世界上最丰富的原始鸟类化石群。由于羽毛很难保存下来,过去没有发现长羽毛的恐龙化石。目前,几乎所有的带羽毛的恐龙标本都发现在我国,我国为鸟类起源于恐龙这个假说提供了非常重要的、珍贵的化石证据。

（10）迄今世界上最早的花。一个多世纪以来,古生物学界一直存在有关被子植物起源时间和地域问题的争论,著名生物学家达尔文将此称为"讨厌之谜"。中国古果科植物的发现成为打开这个曾经困扰达尔文的问题的金钥匙。

1992年,我国古植物学家孙革教授带领课题组在辽西首次发现了迄今已知的世界最早的被子植物化石——辽宁古果、中华古果以及十字里海果等,它们分别被誉为迄今发现的"第一朵花""第二朵花"和"第三朵花"。现在已经发现了"第五朵花",这些发现对推动全球被子植物起源与演化研究发挥了重要作用。

（11）哺乳类动物。出现在距今2亿年的三叠纪晚期,是似哺乳爬行动物的后代。早期的哺乳动物很小,生活在茂盛的热带森林中,在长达1.35亿年时间内十分原始。直到距今0.65亿年中生代结束、新生代开始时,哺乳动物爆发式地发展起来,达到了生物界的全盛时期。

（12）山旺生物群。以"万卷书"闻名国内外的山旺生物群产于山东省临朐县东部中新世早期(距今1800万年)的硅藻土地层中。地层内保存了各种精美的动植物化石,包括硅藻、孢粉、植物大化石、介形虫、昆虫、蜘蛛、鱼类、两栖类、爬行类、鸟类和哺乳类等。被誉为"化石宝库"。

博物馆展有一组精美的两栖类动物化石——蝌蚪、变态蛙及成体蛙。虽然它们的皮肤和软组织都很难形成化石,但这一系列精品化石却保存得十分完好,可让我们一睹两栖动物从水生到陆生的生活周期。

（13）冰原动物群。猛犸象-披毛犀动物群是公认的典型的冰原动物群。根据在西伯利亚冻土中发现的猛犸象和披毛犀尸体得知,它们身上长着0.3—0.5米的长毛,皮下脂肪很厚,猛犸象背上还有贮藏脂肪的"驼峰",这都是它们适应寒冷气候的表现。二者相较,披毛犀的适应性更广一些。动物群中还有一些喜冷的种类,如蒙古野马,现见于我国准噶尔盆地及国外蒙古等地;普氏羚羊产于甘肃北部、新疆、青海和内蒙古等荒原地带;驼鹿现生于大兴安岭北部。此外,象赤鹿、原始牛等也都是喜冷动物。但它们的适应范围较广,几乎遍及秦岭-淮河线以北。虽然它们生活的环境没有东北冷,但比现代华北还是要冷的,同样是冰期的气候标志。

（14）人类时代。撒海尔人是最早的人类,距今大约700万年,生活在非洲乍得,目前只发现了一个头盖骨化石。但是它已经展现了人类的一个重要特征,那就是能够直立行走。

人类的起源是脊椎动物演化历史中一次非常重要的事件,人类的演化经历了南方古猿、能人、直立人、早期智人等阶段。其特征是脑容量逐渐增大,颌缩短,直立行走,能制造工具进行劳动等。

2. 恐龙厅

恐龙厅有多件恐龙骨架、恐龙蛋、恐龙牙齿、恐龙脚印等化石。有东北

⊙ 恐龙厅

地区最完整的嘉荫卡龙(母子龙)骨架化石、吉林省出土的第一具恐龙化石骨架长春龙、我国境内发现的最早的恐龙骨架(模型)禄丰龙。此外还展有吉林、辽宁、河南和江西等多个省区出土的恐龙蛋化石,其中一窝产自河南省西峡县白垩纪地层中的圆形蛋包括了12枚蛋化石;一窝产自江西省南部白垩纪地层中的长形蛋包括了22枚蛋化石。恐龙厅展有大幅恐龙生态复原手绘油画图板,再现了恐龙时代的生态环境。

3. 达尔文厅

达尔文厅展有多具马、猫、狗、猴等哺乳动物骨骼及人类的骨骼模型,并设置了创客空间,观众们可以在这里修复化石标本、检测矿物岩石等。

⊙达尔文厅

4. 达尔文工作室

达尔文工作室以展板形式介绍了古生物化石的基本知识,野外发掘化石和室内修复化石所使用的工具等内容。工作室配有丰富的古生物化石和化石挖掘修复工具,让观众近距离观察触摸化石,体验化石的挖掘与修复,为古生物科普提供了专业的平台,深受观众喜爱。

⊙ 达尔文工作室

四、重点展品介绍

博物馆特色化石展品有澄江生物群化石、热河生物群化石、山旺生物群化石、关岭生物群化石、恐龙骨架化石等。精品化石有蜻蜓、嘉荫卡龙、长春龙、辽宁古果、中华古果、十字里海果及冰原动物群的东北野牛和披毛犀等。

1. 嘉荫卡龙

是博物馆于1990年在黑龙江省嘉荫县发掘的。大龙骨架高6米，长11米，真骨含量达70%左右，属珍贵文物。小龙高约2米，长5米，真骨含量达40%，两具恐龙骨架合称为"母子龙"。黑龙江嘉荫卡龙生活在距今6 500万年的白垩纪末期，属鸟臀

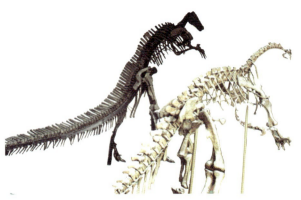

⊙ 嘉荫卡龙

目鸟脚亚目鸭嘴龙科。

2．娇小长春龙

是吉林省出土的首件恐龙骨架化石，它是博物馆专家以吉林省省会长春命名的新属新种恐龙。骨架高55厘米，长95厘米，属珍贵文物。属鸟臀目，是一种原始的小型鸟脚类恐龙，两足行走，体态轻盈，善于奔跑，以植物为食。娇小长春龙的发现对于研究鸟脚类的演化、角龙类的起源，以及深入了解松辽盆地白垩纪的古生态、古环境等具有重要意义。

⊙ 朝阳中国蜓

⊙ 娇小长春龙

3．朝阳中国蜓

由吉林大学张川波教授于1958年在野外作业时偶然发现。该化石形成于距今1.4亿年时，化石形态完整，栩栩如生，其头部、胸部、尾部特别是翅膀上的脉络极为清晰。

4．辽宁古果、中华古果、十字里海果

展示了1992年我国古植物学家孙革教授带领课题组在辽西首次发现的迄今已知的世界最早的被子植物化石——辽宁古果、中华古果以及十字里海果等，它们分别被誉为迄今发现的"第一朵花""第二朵花"和"第三朵花"，对推动全球被子植物起源与演化的研究发挥了重要作用。

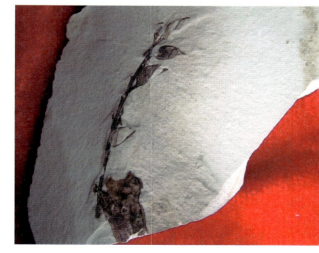

⊙ 辽宁古果

⊙ 中华古果

⊙ 十字里海果

5. 冰原动物群的东北野牛、披毛犀

更新世中期至晚期(距今180万—1万年),东北、华北地区活跃着一群性喜冷、食植性的冰原动物群,比如猛犸象、披毛犀、野牛等哺乳动物。东北野牛以东北地区的种类和数量最多。披毛犀有两只扁平的角,可以用来推开雪吃草,它亦有厚厚的毛皮及脂肪,用来在寒冷的环境中保持温暖。

⊙ 东北野牛、
披毛犀

五、开展的特色科普活动以及创新内容

博物馆注重发挥已有的特色和优势，始终把科普工作放在重要位置，在校内外开展丰富多彩的科普活动及有特色的研学实践教育活动，并取得了显著成效。

（1）主题日科普活动。在世界地球日、科技活动周等重大主题活动日，博物馆都举办大型主题宣传活动。现已推广的精品科普活动有"地球卫士""化石猎人"等，已成功举办十几期。"地球卫士"育人活动项目，在各中小学校中及社会上树立了良好的口碑，2013年本项目荣获全国高校博物馆优秀育人项目二等奖，2016年荣获中国科协优秀活动项目。

（2）大型专题科普展览有"澄江生物群化石展""向雾霾宣战""保护水资源""火山岩探索""以身许国，叩开地球之门——纪念黄大年"。

（3）2018年，博物馆被教育部授牌为"全国中小学生研学教育基地"，以此为契机开发了达尔文工作室系列课程，开设达尔文厅，同时开发了"创客空间"课程，由吉林大学研学专家授课，让中小学生有机会走进课堂，学习专业知识。

（4）将博物馆办成流动博物馆。博物馆现已进入田野、乡村、山区，实现了高校博物馆文化精准服务乡村，服务少数民族，让更多从来没有走出家门的农村孩子感受大自然之美，感受民族大爱，以培养他们爱国、爱家乡、爱学校、爱同学的高尚品德。

（5）博物馆承担省内大学生古生物专业实习课、新生入学教育，以及夏令营、冬令营等活动。

The Shenzhou
Dinosaur
Museum of
Jiayin

嘉荫神州恐龙博物馆

／黑龙江省伊春市嘉荫县红光乡北3千米处

开放时间 —— 全年 8:00—17:00
联系邮箱 —— dy201077@126.com
联系方式 —— 0458-2661622

一、科普基地基本信息

嘉荫恐龙国家地质公园位于嘉荫县城西11千米处，黑龙江的南岸，总面积为38.44平方千米。嘉荫神州恐龙博物馆坐落在嘉荫恐龙国家地质公园内，属地质遗迹类博物馆。中国最早有科学记录的恐龙化石发掘地嘉荫县恐龙山被世人称为"中国第一龙乡"。1902年，此地的化石由俄罗斯军官马纳金发现，至今陈列在俄罗斯圣彼得堡地质博物馆内。新中国成立以来，嘉荫县恐龙山先后出土了10余具恐龙化石骨架，这些化石的发掘不仅填补了我国化石史上的空白，同时也激励我们更加热爱化石、热爱祖国、热爱我们的地球母亲。

⊙ 博物馆外观

⊙ 博物馆远观

二、科普基地创建和发展简况

2001年12月10日,国土资源部批准以嘉荫县恐龙山为依托建立国家地质公园,它是继黑龙江五大连池火山国家地质公园以后,黑龙江第二个获此殊荣的地质公园。2002年9月28日,嘉荫恐龙国家地质公园如期举行了揭碑开园仪式,这是地质公园的建设、管理、保护进入一个新时期的里程碑。

博物馆坐落于地质公园内,建筑面积4 650平方米。馆内设探索地球宇宙、鸭嘴龙家族、白垩纪嘉荫恐龙、植物化石和K-Pg界线等几大展区。近年来,博物馆先后被授牌为"全国科普教育基地""国土资源科普基地""青少年儿童体验教育基地""中国古生物学会全国科普教育基地""中国地质博物馆嘉荫恐龙馆""吉林大学古生物研究中心科研基地"及"沈阳师范大学古生物学院教学实习基地"。博物馆与沈阳师范大学等合作开展的科普活动入选"2017年度中国地质古生物科普十大进展或新闻"。

三、科普活动主要场馆和展陈内容

博物馆主展区展示了嘉荫特有的黑龙江满洲龙,属鸭嘴龙类,是博物馆的镇馆之宝。鸭嘴龙类是恐龙家族中的一个庞大分支,繁盛于白垩纪中晚期,是距今6 600万年时在地球上生存的最后一批恐龙。

中国最早经科学命名的恐龙化石发掘于嘉荫县恐龙山,然而其模式标本并非收藏于中国。为了让参观者一睹它的风采,博物馆精心复原了它的骨架模型。展厅一侧展示的正是中国第一龙的发掘场景,此事件揭开了华夏大地恐龙研究的序幕。可以说恐龙从这里走向中国,中国的恐龙从这里走向世界,被世人了解。

1. 鸭嘴龙家族展区

在恐龙山挖掘出的代表化石是平头鸭嘴龙。展区内设有鸭嘴龙的专题影像,向观众详细介绍了鸭嘴龙的种类和生活习性。其中一件被誉为"母子二龙"的平头鸭嘴龙标本是博物馆的镇馆之宝。

鸭嘴龙是恐龙家族中的晚辈,生活在白垩纪晚期,是一类植食类恐龙。它那两条巨大的后腿与长长的尾巴构成一个类似于三脚架的结构,足以支撑其笨重的躯体。它们前肢短小,自由地悬在身体上部,可以用来抓取树上的枝叶。它那高昂的头上长着一张扁平的鸭子似的嘴,嘴里长着数百颗小牙齿。这些牙齿呈棱柱形,牙根细长,一层层地镶嵌排列着。当上层牙齿磨蚀殆尽时,下层的牙齿就长上来补充。因此,鸭嘴龙的牙齿有自我修复和更新功能。这也许正是它们特别适应于白垩纪晚期的生态环境的原因。

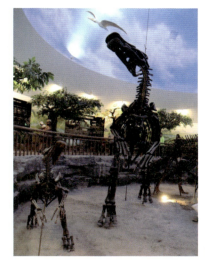

⊙ 母子鸭嘴龙

2. 白垩纪嘉荫恐龙展区

嘉荫县盛产中生代最晚期及新生代最早期的植物化石(距今8 600万—5 600万年)。这些植物化石反映了嘉荫地区在恐龙灭绝前后的植物界及环境的演变,为地质找矿、古气候及古环境研究等提供了宝贵的依据。

⊙ 白垩纪嘉荫展区

3. 植物化石和K-Pg界线展区

晚白垩世中晚期(距今8 600万—6 600万年),嘉荫地区气候温暖潮湿,总体上属于暖温带(类似现今湖北等地的低矮山区地带),河流、湖泊遍布,植物繁盛,森林中出现了悬铃木、水杉、银杏等喜温植物,水面出现荷花(莲)等水生被子植物。这些植物为当时生活在嘉荫地区的植食类恐龙(如鸭嘴龙等)提供了充足的食物,使恐龙这些庞然大物在嘉荫地区得以繁盛。

经历了中-新生代之交(K-Pg界线,距今6 600万年)全球性生物大灭绝(恐龙等70%灭绝),至新生代最早期(古近纪早期的古新世,距今6 600万—5 600万年),嘉荫地区总体上已属于温带或温带-暖温带的气候,植被也发生了新的变化:虽然仍存在水杉、银杏等暖温带植物,但森林中已出现椴树、桦树、榆树等现今北温带常见植物。当时,这些植物形成茂密的森林,为在嘉荫地区形成大型煤层提供了丰富的造煤植物资源。

⊙ K-Pg界线展区

四、重点展品介绍

嘉荫是我国最早有科学记录的恐龙化石发掘地,曾是恐龙生活的乐园。距今6 600万年时的嘉荫,气候温暖湿润、植被繁茂、雨量充沛,密布的河湖和沼泽镶嵌在低缓的丘陵之中。这里的恐龙种类繁多,有满洲龙、乌拉嘎龙、黑龙、卡龙、阿穆尔龙、克伯龙以及霸王龙等。这里的植被以银杏类、松柏类、蕨类以及被子植物为主,高大的水杉、银杏及蕨类等装点着茂密的森林,葛赫叶、卡波叶、莲等被子植物为鸭嘴龙类恐龙的生活提供了丰富的水生食物来源。

1. 大天鹅龙

是俄罗斯昆都尔地区占绝对优势的恐龙分类群,其模式标本是一件保存近完整的骨骼化石,是在俄罗斯发现的最完整的恐龙骨骼化石,也是在北美以外地区发现的最完整的赖氏龙化石。其头骨发育明显与其他赖氏龙形态不同的头冠。

2. 暴龙类

在嘉荫县恐龙山发现了多颗暴龙类牙齿化石。馆藏的暴龙牙齿最长可达18厘米,牙齿前后边缘都有小的锯齿,有利于撕咬猎物。

⊙ 暴龙类头骨化石

⊙ 暴龙类牙齿

3. 驰龙

一类中小体型的肉食性恐龙,体长最短为0.7米,最长可达6米。生存于侏罗纪中期至白垩纪末期。它们两足行走,可迅速奔跑。与其他肉食类恐龙较相似,牙齿边缘发育有小锯齿。可能所有的驰龙类身体都披有羽毛,有些类群还具有飞行的能力,但它们在白垩纪末期全部灭绝。

4. 董氏乌拉嘎龙

发现于嘉荫县乌拉嘎镇上白垩统渔亮子组中,属平头类鸭嘴龙。齿骨纤细,侧面不发育营养孔;肱骨三角尖嵴向前弯转。系统发育分析显示,董氏乌拉嘎龙是鸭嘴龙亚科恐龙中最原始的类群,与短冠龙和慈母龙共同构成了鸭嘴龙亚科的一个基干支系。该支系可能起源于桑托期的亚洲,在中坎潘期之前发生分异并通过白令陆桥向北美地区迁徙。

5. 鄂伦春黑龙

发现于嘉荫县乌拉嘎镇上白垩统渔亮子组中,属有头冠的赖氏龙亚科,在乌拉嘎镇发现的上千块恐龙化石中超过90%的化石都归属于鄂伦春黑龙。它与在俄罗斯发现的阿穆尔龙亲缘关系最为接近。生活在大约6 700万年前,体长可达10米,是鸭嘴龙类中最著名的恐龙。头上有一个鸡冠般的头冠,中空,与鼻孔相通。据说头冠内有发达的嗅觉细胞,嗅觉很灵敏。

6. 棘龙

一类大型的肉食类恐龙,它的头骨特别细长,体长最长可达15米,体重可达23吨。在电影《侏罗纪公园》中打败霸王龙的就是棘龙。最新的研究显示棘龙可能生活于水中,以巨鲨和古鳄等为食。在嘉荫发现了棘龙类

⊙ 棘龙

的牙齿化石。

7. 嘉荫卡龙

发现于嘉荫龙骨山,生存时代为晚白垩世。其最主要的特点是头骨发育特别长的头冠,与北美的副栉龙较为相似。嘉荫卡龙由比利时皇家自然科学研究所与吉林大学博物馆的古生物学者于2000年合作研究命名。模式标本保存于吉林大学地质博物馆,为一具近完整的化石骨架。

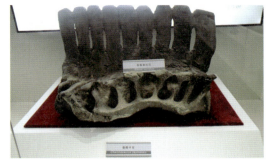
⊙ 嘉荫卡龙

8. 甲龙

拉丁文意为"坚固的蜥蜴"。甲龙背后的硬甲实质为硬化皮肤,具有较强的防御能力,甲龙类的主要特征在于其重装甲的身躯及巨型的尾巴棒槌。它的尾巴非常脆弱,连接处只有5厘米宽。甲龙类不是当时的优势物种,数量相对于角龙类、鸭嘴龙类少很多。嘉荫地区甲龙类的化石也非常罕见。

9. 马氏克伯龙

是一类无头冠的鸭嘴龙亚科恐龙,首见于俄罗斯布拉格维申斯克,化石发现数量少。其骨骼特征与埃德蒙顿龙及栉龙较为相似。

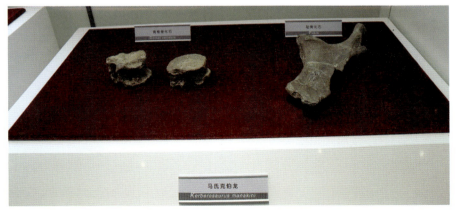
⊙ 马氏克伯龙

10. 黑龙江满洲龙

为1902年俄罗斯军官马纳金首次报道的嘉荫县恐龙山恐龙化石。1914年,俄罗斯古生物学家克里斯托弗维奇等在嘉荫县进一步采集。

1930年,由里亚宾宁命名为黑龙江满洲龙,这是最早在中国发现及命名的恐龙,称为"中国第一龙"。

11. 那氏昆都尔龙

发现于黑龙江对岸距嘉荫约30千米的俄罗斯昆都尔,属鸭嘴龙亚科,与克伯龙的亲缘关系较近。鸭嘴龙类主要分为两大类群:一类是头顶较平、无头饰的鸭嘴龙亚科;另一类是有不同棘状头冠的赖氏龙亚科。那氏昆都尔龙是在俄罗斯发现的唯一平头类鸭嘴龙,译名中的"那氏"誉名给该化石发现者、俄罗斯远东矿产勘察所的那戈尼(V. A. Nagorny)教授。

⊙ 那氏昆都尔龙

12. 鲨齿龙

是迄今发现的体型最大的肉食类恐龙之一,体长可达13米,有相对较短的前肢,较窄的吻部,巨大的头骨。它们的头巨大,最长可达1.95米,牙齿锋利。生存于白垩纪中、晚期。馆藏为鲨齿龙牙化石。

⊙ 鲨齿龙牙齿

13. 里氏阿穆尔龙

其头颅骨有很多的独有特征,如正面或侧面呈"S"形的尺骨。其他已知的赖氏龙亚科的头颅骨顶都有着空冠,2006年,阿穆尔龙被重新研究,分支系统学研究表明,它是赖氏龙亚科的原始类群,但比青岛龙及牙克煞龙更进步。

⊙ 里氏阿穆尔龙

14. K-Pg 界线

是距今约6 600万年的白垩纪(Cretaceous,缩写为"K")与古近纪(Paleogene,缩写为"Pg")地层之间的一条地质界线(也称K-T界线)。由于该界线以下(白垩纪末),地球上以恐龙、菊石等为代表的生物75%以上灭绝;而界线之后迎来了新生代生物大复苏。因此,科学界认为K-Pg界线时期地球上曾发生了重大的地质/生物事件。

⊙ K-Pg界线岩芯

15. 嘉荫莲

水生被子植物莲,又称"荷花"或"莲花",是我国现今十大名花之一。

世界最早的莲化石产自美国及葡萄牙早白垩世阿尔布期,我国以往最早的莲化石产自海南岛、黑龙江依兰及辽宁抚顺等始新世地层(距今约5 000万年)。由此,嘉荫莲的发现将我国莲化石记录至少提前了3 000万年。因此,嘉荫莲可被誉为"中国第一莲"。

⊙ 嘉荫莲

五、开展的特色科普活动以及创新内容

为了展现嘉荫县作为"中国第一龙乡"所承载的深厚文化底蕴,博物馆利用现有资源,进行宣传教育。

(1)举办科普性、趣味性、娱乐性于一体的主题教育系列活动。利用暑假与县一、二小学继续联合举办"我是小小讲解员"活动。选拔表述能力强、喜爱恐龙知识的小学生到博物馆实地讲解。

(2)先后组织恐龙知识进社区、进校园、进军营、小龙人训练营等活动。活动收到了预期效果,取得了圆满成功,极大地发挥了博物馆作为科普基地的作用,同时也满足了公众对恐龙知识的求知欲望。

(3)博物馆与沈阳师范大学和吉林大学联合在博物馆建立"沈阳师范大学古生物学院教学实习基地"和"吉林大学古生物学与地层学研究中心"并举行授牌-揭牌仪式,此次活动极大地提升了博物馆的知名度,同时也提升了博物馆在古生物领域的影响力。

(4)为达到宣传嘉荫、宣传博物馆的目的,协助中央电视台《发现之旅》拍摄博物馆专题纪录片,充分展现得天独厚的自然景观、丰富多彩的恐龙文化和独具特色的旅游环境。

(5)成功举办"中国恐龙发现115周年纪念大会暨嘉荫首届化石保护论坛",进一步宣传了嘉荫恐龙"一早一晚"的科学特色和嘉荫晚白垩世生物群研究的重要意义,促进了对嘉荫化石的深入研究、保护和利用,推动了

嘉荫地学游、科普游等文化旅游活动的大力开展。此次活动吸引了中央电视台、黑龙江卫视、伊春电视台等多家电视媒体，新华网、新浪网、凤凰网等多家网络媒体，以及《黑龙江日报》《伊春日报》等报刊媒体。

其间，提出了将原来比较宽泛的嘉荫"恐龙之乡"的叫法，重新定位为具有特指和影响力的"中国第一龙乡"，经过与会的孙革、董枝明、徐星、王原等中国著名古生物化石专家的集体研究决定，同意将嘉荫定位为"中国第一龙乡"。在县委、县政府的高度重视下，经过多方努力和积极争取，取得了中国古生物学会的认可并授牌为"中国第一龙乡"。

⊙ 中国恐龙发现115周年纪念大会留影

⊙ 中国恐龙发现115周年纪念学术研讨会暨嘉荫首届化石保护论坛

Paleontological Museum of Liaoning

辽宁古生物博物馆

〈沈阳市皇姑区黄河北大街253号
（沈阳师范大学主校门北侧）

开放时间 —— 全年周二、三、五、六、日 9:30—16:00，接待
　　　　预约团体（预约请至少提前一周）

网址 —— www.pmol.org.cn

联系邮箱 —— 69757618@qq.com

联系电话 —— 024-86579833

微信公众号 —— 辽宁古生物博物馆 V

一、科普基地基本信息

辽宁古生物博物馆是目前国内最大的古生物专题博物馆之一，集展示、收藏、科研、科普及教学于一体，是自然科学普及和古生物化石保护的重要基地，以科学性为主，兼具教育性和趣味性。

博物馆坐落于沈阳师范大学主校门北侧，西临黄河北大街，占地面积19 000平方米，总建筑面积15 000平方米，建筑设计别具一格，融古生物与地质构造模拟及现代美学表达于一体，蔚为壮观。

博物馆于2015年被授牌为"中国古生物学会全国科普教育基地"。

⊙ 博物馆外观

二、科普基地创建和发展简况

为合理利用和保护辽宁特有的化石资源,2006年经辽宁省政府批准,由辽宁省自然资源厅与沈阳师范大学合作建设辽宁古生物博物馆。沈阳师范大学古生物研究所的古生物陈列馆是辽宁古生物博物馆开馆前对外展示的一个窗口,在博物馆正式开放前对外展览。它展示了当时所取得的科研成果,为公众了解古生物学领域的知识发挥了重要的作用。

陈列馆设有辽宁古生物博物馆建设简介,鱼类、恐龙、鸟类、两栖类、离龙类、昆虫及蜘蛛类,以及植物化石等展台。对收藏的具有较高学术价值的化石进行突出展示。展示内容定期更新,不断提高陈列馆的可参观性。陈列馆先后接待了各类参观者1 000余人次,包括中央及省市领导,省内外各高校领导,国内外专家学者、博物馆工作人员以及研究生等。为宣传陈列馆及国内外古生物学成果、古生物学科学普及等做出了积极贡献。

2007年6月6日辽宁古生物博物馆正式动工,2009年7月基本完成总体建筑外部施工。坐落在沈阳师范大学校门北侧的辽宁古生物博物馆外形就犹如精美的艺术品:庞大的地质体(主体)和一只巨型恐龙体(侧体)巧妙地融合。2009年9月博物馆开始内部装潢与布展。历时近4年,辽宁古生物博物馆于2011年5月21日正式对外免费开放。

博物馆占地面积19 000平方米,建筑面积15 000平方米,馆内共设有8个展厅16个展区,整个展览以生命演化主线贯穿,以介绍30亿年来辽宁十大古生物群为重点,突出展示热河生物群、燕辽生物群、辽南早期生命及辽宁古人类等四大亮点,展示、收藏、科研、科普及教学功能五位一体,以科学性为主,以"科学面向大众、服务大众"为理念,已成为我国古生物科研、科普和教学的中心之一。

三、科普活动主要场馆和展陈内容

博物馆以科学性为主,以展示地史时期生命起源与演化为主线,以介绍30亿年来辽宁十大古生物群为亮点,具有鲜明的国际化特色。化石包含古脊椎动物、古植物、无脊椎动物多个门类,尤以热河生物群、燕辽生物群的化石标本最为珍贵。

博物馆共设8个展厅16个展区:辽宁古生物博物馆简介、地球及其生命的起源与早期演化、寒武纪生命大爆发、辽宁地质历史概况、辽宁的十大古生物群、热河生物群、恐龙王国、古鸟世界、迄今最早的花、伴生生物、古生物学发展史、世界各地古生物化石、恐龙灭绝与K-Pg界线、国际古生物学交流与合作在辽宁、珍品化石、辽宁的大型恐龙。

这些展览包括种类繁多的珍稀标本、精美展板、复原图片、仿真模型、模拟实验、景观复原和地层沉积模型,并采用多媒体等现代技术手段,充分展现了化石的奥秘和古生物的多样性,再现了生物进化及其与环境协同演化的历史,揭示了生物进化过程中的重大事件,展示了国内外古生物学的重大发现和研究成果,激发了公众对自然历史的兴趣,增进了他们的认识。整个展览引人入胜,精彩生动,寓教于乐。

此外博物馆还辅以各种科普设施,包括大型多功能报告厅、达尔文课堂、3D影院、9D体验、与恐龙赛跑、恐龙下蛋、临展区等展览教育场所。其中3D影院可容纳40余人同时观影,播放带羽毛恐龙等视频内容;达尔文课堂包括化石修复区、显微镜观察实验区、科普图书阅览区和手工互动区;临时展区时常举办不同类型的专题展,包括植物展、人类起源、鸟类起源等主题各异的专题展,展示不同物种的起源与演化进程。

1. 第1厅

博物馆序厅,包括辽宁古生物化石分布、辽宁古生物化石保护、四大明星化石、在辽宁工作过的主要古生物专家等展览内容。另外有长达几十米的地质长廊(长廊两侧是距今约30亿年的辽宁地层剖面和当时的生态环境复原图)、博物馆外形设计建筑模型等。

⊙ 地质长廊

2. 第2厅

介绍自46亿年前地球诞生以来,早期生命出现及其漫长和艰辛的演化历程。其中包括地球形成初期生命在海洋中诞生、原始生命在长达近30亿年的演化过程中出现早期后生动物(包括埃迪卡拉生物群等)的曲折进程、寒武纪生命大爆发时期的三个代表生物群(云南澄江生物群、加拿大布尔吉斯生物群和贵州凯里生物群)等内容。

3. 第3厅

重点介绍了辽宁地质历史概况和30亿年来的辽宁"十大古生物群",包括太古代鞍山群早期生命、早古生代寒武纪-奥陶纪海生生物群、晚古生代本溪生物群、中三叠世林家生物群、晚三叠世羊草沟生物群、侏罗纪燕辽生物群、早白垩世热河生物群、早白垩世阜新生物群、始新世抚顺生物群、辽宁的古人类及第四纪哺乳动物群等。

4. 第4厅

重点介绍了世界著名的热河生物群,以"恐龙王国""古鸟世界""花的摇篮"和"伴生生物"等4个板块为主,详细展示了热河生物群的面貌及其在生物演化研究中的意义。

5. 第5厅

国际古生物学与世界各地化石展厅,主要展出了来自德、英、俄、美、澳、日、印、泰、阿富汗及爱沙尼亚等10多个国家赠送的古生物化石标本，其中德国森肯堡自然博物馆赠送的多件始祖鸟化石复制品及24件麦索化石复制品成为本厅的亮点。此外，产自我国甘肃地区的刘家峡黄河巨龙的模型和来自华南地区的精美海洋生物化石也同样精彩。

6. 第6厅

博物馆科普互动厅，提供了包括"恐龙下蛋""与恐龙拍照""恐龙剧场""3D影院"等互动项目，以提升观众参与度。

7. 第7厅

珍品化石厅，展示了博物馆多项重大科研成果和极为珍贵的化石标本，其中赫氏近鸟龙、巨齿兽、微小柱齿兽、辽宁古果、中华古果、十字里海果、赵氏翔龙、沈师鸟、孔子鸟、39只幼年个体在一起的小鹦鹉嘴龙幼儿园以及海外回归的孙氏丝鸟龙等世界级的化石珍品可谓"镇馆之宝"，让观众一饱眼福并惊赞它们的科学意义。

8. 第8厅

辽宁大型恐龙展厅，集中展示了以辽宁巨龙、东北巨龙、朝阳禽龙、喀左暴龙、意外北票龙等为代表的产于辽宁地区的8件大型恐龙。

⊙ 辽宁的恐龙厅

四、重点展品介绍

　　博物馆收藏和展示了许多世界级的化石珍品,包括赫氏近鸟龙、建昌辽龟、棘鼻大平房鸟、哺乳形巨齿兽、赵氏翔龙、圣贤孔子鸟、顾氏小盗龙、辽宁古果、中华古果、十字里海果等。

1. 赫氏近鸟龙

　　生活在距今约1.6亿年的侏罗纪晚期,代表着迄今最早的带羽毛物种和带羽毛恐龙。它的前肢和后肢上都长有长长的用于飞行的羽毛——飞羽。这些飞羽羽轴纤细,羽轴两侧的羽片对称,科学家认为其代表了飞羽演化的初级阶段。赫氏近鸟龙生存年代比已知最早的鸟类——德国始祖鸟还要早约1 000万年,它的发现被科学界誉为"搭起了恐龙向鸟类进化的桥梁",为飞羽的演化提供了珍贵的证据。1868年,英国科学家托马斯·亨利·赫胥黎在比较了多种原始爬行动物化石之后,发现始祖鸟和与其同时代的美颌龙具有形态特征的相似性,因此认为始祖鸟是兽脚类恐龙向鸟类过渡的中间环节,历史上首次提出了"鸟类恐龙起源"假说。20世纪90年代以来,辽西地区大量带羽毛恐龙和原始鸟类化石的发现为鸟类恐龙起源假说提供了前所未有的有力证据。

⊙ 赫氏近鸟龙

2. 建昌辽龟

　　发现于距今1.2亿年的辽西地区白垩纪早期热河生物群的一种水生龟类,属于隐颈龟类中的大贝氏龟科。辽龟背甲近椭圆形,头部较大,尾巴细长,均无法缩入壳中。从辽龟的四肢比例、加长的脚掌和细长的尾巴来看,古生物学家推测其属于水生龟类,大部分时间都生活在水里,以小鱼和无脊椎动物为食,与现在的鳄龟科和鳖类相似。它与同在热河生物群中发现的满洲龟和鄂尔多斯龟有较近的亲缘关系,但比这两者更为进步,这些早期的龟类为研究隐颈龟类的演化、分异和生态习性提供了重要依据。

3. 沈师鸟

一种生活在距今1.25亿年的辽西地区热河生物群的基干鸟类。原始沈师鸟是由博物馆胡东宇教授等于2010年发表命名的一个古鸟类新属种,属于鸟类早期演化中的一个特殊类群——会鸟类,以超长的翅膀、尾综骨发育为特征,是热河生物群中迄今已知个体最大的具尾综骨的鸟类。它头骨显得比较原始:前部高而粗壮,呈现出比始祖鸟更为原始的非流线型双孔头骨,证明了在鸟类演化过程中可动性头骨的出现较为滞后。沈师鸟可能是一种具有长翅膀、可以在开阔地域自由地滑翔的树栖鸟类。将这一古鸟类命名为"沈师鸟",寓意着沈阳师范大学的事业展翅高飞。

⊙ 原始沈师鸟

4. 棘鼻大平房鸟

发现于距今1.21亿年的辽西早白垩世地层中的一种反鸟类,全长21.6厘米,大小与现今的雨燕相似。棘鼻大平房鸟得名于其鼻骨有一明显的棘突,它的头部细长,嘴里长有间距较大的细小牙齿。太平房鸟的化石上保

⊙ 棘鼻大平房鸟

存了头部的羽冠、小翼羽和两只很长的尾羽以及部分体羽。从尾羽看,这是一只雄性个体。另外,在大平房鸟趾脚下发现许多鱼类和小型爬行动物的零散骨骼,其颌骨保持了多枚牙齿和具强壮的趾爪可以证明它是一种中小型食肉性鸟类。

5. 哺乳形巨齿兽

发现于内蒙古地区距今约1.65亿年的侏罗纪中晚期地层中的一种原始形哺乳动物,属于原始的小贼兽支系,体长约30厘米,体重约250克,跟一只豚鼠差不多。巨齿兽得名于下颌前臼齿发育一个大而弯曲的齿尖,并且它的臼齿已高度特化,具有愈合的高冠型齿根并且和上下牙齿颌精确咬合。这些特征表明原始形哺乳动物已有十分进步的齿形分异,显现了杂食性和植食性。其化石骨架周围多处保存有毛发印痕,腹部保存有裸露的皮肤褶皱,据此推测巨齿兽很有可能具有一个裸露的腹部。

⊙ 哺乳形巨齿兽

6. 赵氏翔龙

生活在距今约1.25亿年的辽西热河生物群的一种会滑翔的蜥蜴。它的形体小巧,体长约15厘米,身体两侧有8根加长的肋骨以支撑皮肤翼膜,既能在树林中攀爬,也能在空中滑行。是迄今发现的唯一的早白垩世会滑翔的蜥蜴化石。它与生活在东南亚和我国南方的飞蜥非常相似。赵氏翔龙的发现,填补了滑翔行为在蜥蜴演化史上的空白,对热河生物群的热带或亚热带气候环境有很好的指示作用。

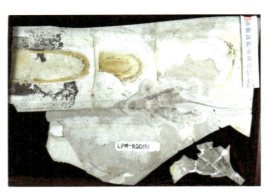

⊙ 赵氏翔龙

7. 圣贤孔子鸟

生活在距今1.3亿—1.2亿年的辽西热河生物群的一种著名基干鸟类。它同时也是鸟由恐龙演化而来的化石证据。它没有牙齿,取而代之的是粗壮的角质喙;为了方便飞行,其尾椎愈合形成尾综骨以附着飞羽。孔子鸟是目前世界上已发现的最早具有这两种特征的古鸟类。

鸟类的羽毛分为对称和不对称两种:对称型的羽毛不适用于飞行或无法飞行,只适用于滑翔;而不对称的羽毛才真正适用于飞行。圣贤孔子鸟的翅膀上长有不对称的初级飞羽和次级飞羽,这样的身体构造表明其应具有一定的飞行能力。孔子鸟是在热河生物群中发现的数量较多的鸟类,它的名字来源非常有趣:其命名人侯连海教授是山东人,因崇尚故乡儒家文化而以我国古代著名的思想家、教育家孔子命名这种古鸟类。

8. 顾氏小盗龙

为距今约1.25亿年的辽西热河生物群中的一种小型驰龙类肉食性恐龙。因前后肢都发育有长长的不对称的飞羽,小盗龙又被誉为"四翼恐龙"。前后肢不对称飞羽的出现,表明了羽毛在非鸟兽脚类恐龙中已经演化出非常复杂的结构,而且这些飞羽已具有了一定的适用于飞行的特征,它就是靠张开像两对翅膀一样的四肢在树林之间滑翔的;同时,也首次显示了在早期鸟类飞行的起源演化过程中,曾经历了一个"四翼阶段"。此外,它的第二趾位置低且所有趾爪钩的曲度较大,揭示了小盗龙可能是树栖生活,为飞行的"树栖起源"假说提供了证据。小盗龙的尾巴末端是菱形的尾扇,上面长有尾羽,有可能用于在飞行过程中保持平衡。它的后肢上长长的羽毛有碍于奔跑行走,因此小盗龙更加适宜树栖生活。

⊙ 小盗龙

9. 辽宁古果

生活在距今约1.3亿年辽西地区的水生草本被子植物,是迄今已知最早的被子植物,被誉为"第一朵花"。其生殖枝上螺旋状着生数十枚蓇葖果,由心皮对折闭合而成,其内包藏着2—5粒种子(胚珠),柱头未完全分

化;雄蕊大多成对状着生,具单沟状花粉。上述特征明显显示了它们在早期被子植物中的原始性。古果属只见雄蕊和雌蕊,未见花瓣和花萼,这或许是水生的反映。辽宁古果的发现为全球被子植物起源与早期演

⊙ 辽宁古果

化研究做出了突出贡献。

10. 中华古果

水生草本被子植物,是继辽宁古果之后发现的另一种早期被子植物,被誉为"第二朵花"。其生殖枝上螺旋状着生数十枚果,由心皮对着闭合而成,其内包裹着8—12粒种子(胚珠),它的茎枝细弱,叶子细而深裂,根不发育,也反映了水生性质。中华古果的发现暗示了被子植物不排除有水生起源的可能性,这一重大发现是被子植物起源与早期演化研究的重要突破。

⊙ 中华古果

11. 十字里海果

茎枝细弱,具节,节部着生极薄的叶鞘膜,生殖枝上顶生着3—4枚长

卵形的果实,为聚合果,果实下部或中下部彼此融合,每枚果实含10—20粒种子,叶子近长卵形或披针形,根部不发育,也反映了水生草本性质。该化石的发现进一步丰富了我国辽西早期水生被子植物的研究内容,并反映了热河生物群的早期被子植物已具有一定的分异。

⊙ 十字里海果

五、开展的特色科普活动以及创新内容

作为古生物学专业博物馆,自开馆以来开展了丰富多彩的科普活动。科普工作以文化推广工程为主体,利用博物馆省部级重点实验室的强大资源,以科学技术性更强、学科交叉特色明显的仪器实验与野外科考相结合,全面拓展科普新思路,创新传播形式,科普成效显著。

(1)创新活动载体。通过讲座、流动展览、普法宣传、交流互动、野外考察、科学实验等多种形式开展科普活动,实现科普方式多样化。充分发挥受众群体的主导作用,由"被科普"转为"求科普",校本课结合实践操作,达到自主学习、自主体验、自我领悟的全新科普学习形式,促进新型科普教育的发展进程。

(2)突出科普惠民。通过科普活动进校园、进社区、进乡村、进实验室等方式开展科普活动,并逐渐课程化、专业化,实现科普惠民范围扩大化。科普工作实施范围涵盖了社会多个领域,参与人群由学龄前儿童到耄耋老人,科普受众不仅限于沈阳市内,更辐射偏远乡村,以及残障特殊群体,真正实现全民科普的工作目标。

(3)注重互动体验。策划了科普游戏、博物馆奇妙夜、化石采掘、专家咨询、科普论坛、专题讲座、动手实验等互动体验活动,实现了科普传播的双向性。将高科技电镜实验仪器、化石复原技术引入实际科普工作中,实实在在地增强了科普中的科技成分,引领科普创新工作新趋势,驱动科普科技型转化,为培养科技人才打造基础,协同创新,整合有效资源,切实提高了科普文化推广对科技快速发展的影响力。

(4)体现科普活动的公益性。从博物馆的免费开放到植物特展、古人类特展、马化石特展等临时展览,再到流动博物馆的巡展、科普书籍的发放都充分体现了博物馆的公益性。

(5)开发文创产品。博物馆开发了多样化的古生物文创产品,如3D微视频、设计款古生物模型和化石工艺品。

除此之外,博物馆利用官网、微信等网络平台,配合上述科普活动、科普产品、文创产品等,进行了有效的科普宣传。博物馆编著出版的系列科普图书、编辑的系列古生物科学视频课程、开展的系列科普活动都受到了大众的欢迎,取得了良好的效果。

现在,博物馆累计接待观众量已超过250万人次,业已成为我国东北地区最为重要的古生物学科普教育基地之一。

Dragon Fossil Museum

龙化石博物馆

/武汉市东湖新技术开发区光谷大道69号

开放时间 —— 周一至周五 9:00—17:00，全年接待预约
　　　　团体(预约请至少提前一天)
网址 —— http://www.whcgs.cn/dxkp/lhs/index.htm
联系邮箱 —— 526788112@qq.com
联系电话 —— 027-81388016

一、科普基地基本信息

龙化石博物馆是中国地质调查局武汉地质地调中心（中南地质科技创新中心）（简称"武汉地调中心"）通过广泛科技合作和不断创新发展建立起来的集科学研究和科学普及为一体的特色展览馆，于2002年9月在湖北省宜昌市正式对外开放，2012年由湖北省宜昌市搬迁至武汉市，先后被授牌为"全国青少年德育基地""青少年科普教育基地""湖北省科普教育基地"，以及"国土资源科普基地"（全国首批）、"第一批甲级古生物化石收藏单位"等。2001年5月被授牌为"中国古生物学会全国科普教育基地"。

武汉地调中心原名为地质部宜昌地质矿产研究所，1962年成立于湖南省长沙市，1966年迁至湖北省宜昌市，1999年划归中国地质调查局，2009年9月中心主体搬迁到湖北省武汉市，2009年11月更名为"中国地质调查局武汉地质调查中心"（武汉地质矿产研究所），2017年5月更名为"中国地质调查局武汉地质调查中心"（中南地质科技创新中心）。武汉地调中心是中国地质调查局六大区域地质调查中心之一，为自然资源部专业地质调查与科研机构中心，其地层古生物学、同位素地质学、花岗岩地质学等方

⊙ 博物馆外观

面在国内外享有较高的声誉。

博物馆位于武汉地调中心院内,交通便利,北临三环线,南邻金融港,展览面积约1 000平方米。

二、科普基地创建和发展简况

博物馆的前身为地质部宜昌地质矿产研究所陈列馆,成立于1980年,主要展出研究所用于科学研究的地质矿产标本。成立之初设有长江三峡地质陈列室和南岭矿床陈列室2个专门陈列室,陈列室面积近400平方米。长江三峡地质陈列室,采用生物地层学和岩石地层学相结合的方法,陈列三峡地质剖面各时代的岩石和各门类的化石标本,展示了南华纪至古近纪的地质历史、生物演化和矿产资源的标本;南岭矿床陈列室,重点反映著名的南岭成矿带中以有色、稀有金属为特色的部分典型矿床的区域地质、矿床特征的岩矿标本。陈列馆对研究古生物化石、岩石学、矿床学及华南地区大地构造演化及开展科普教育都起到了重要作用。

2002年9月,武汉地调中心在原陈列馆的基础上,依托50多年来所采集、发掘和研究的世界上罕见的海生爬行动物群(关岭生物群、兴义生物群、盘县-罗平生物群、南漳-远安生物群),以及作为全球地质时代对比标志的宜昌黄花场金钉子剖面等研究成果所积累的科学研究标本,在湖北省宜昌市建立了龙化石博物馆。博物馆总面积1 200平方米,分为鱼龙世界厅、地球演化历史厅、三峡地区地质灾害及治理厅、矿物岩石厅5个展厅,馆藏各种矿物、岩石和古生物化石标本达3 000多件。

2012年7月,博物馆一部分随单位整体搬迁至武汉,经历代古生物学专家的不断深入研究,馆内新增了一批珍贵的古生物化石,原有的展馆条件已远不能满足科学研究和科学普及工作的需求。2018年7月,武汉地调中心启动新馆建设项目,新馆展厅面积约1 000平方米,主要展示距今2.50亿—2.20亿年的三叠纪期间,在华南海洋里生活的各种鱼龙、海龙、鳍龙、湖北鳄等珍稀化石,以及与之共生的海百合、鱼类和多门类无脊椎动物化石。此外还展示有反映三峡地区地史演化和变迁的各个地质时代的脊椎动物、无脊椎动物和古植物化石。

新馆以普及地学文化、传播地质和环境生态、提高大众对自然资源和环境保护的认识为宗旨，通过图文、标本、模型、多媒体和视频等，从地球起源与生命演化、海生爬行动物、岩石与矿物、侏罗纪公园、光辉岁月5个板块，描绘了地球生命38亿年的演化历史长廊，探索距今2亿年时的海洋生物世界的奥秘，揭示常见岩石与矿物所蕴含的地球演化信息，告诉人们有关龙化石的故事。"光辉岁月"板块记录了武汉地调中心的变迁史及不同阶段的主要成果，以历史和地质文化的传承，激励新一代武汉地调人不忘初心、继往开来、砥砺前行。

博物馆自开放以来，接待来自全国各地大、中、小学生参观，世界各国学者学术交流、领导访问，成为向公众传播和普及地学知识的重要窗口。

三、科普活动主要场馆和展陈内容

博物馆以与爬行动物密切相关的史前古生物化石为主题，重点展示华南三叠纪海相地层中产出的保存精美的海生爬行动物（俗称"海恐龙"）化石，绝大多数为国家一级保护古生物化石。另外，博物馆展示的无脊椎动物和热河生物群化石也极为珍贵。

博物馆以地史时间和生命演化历程为轴，讲述地球和生命演化历程，重点讲述三叠纪海恐龙和侏罗纪恐龙的故事。主题展厅分为序厅、地球起源与生命演化厅、海生爬行动物厅、侏罗纪公园厅和矿物岩石厅。其中海生爬行动物厅所展示的内容占据了整个博物馆的80%左右，为博物馆的核心内容，也是博物馆最大的特色。海生爬行动物厅展出鱼龙类、湖北鳄类、海龙类、鳍龙类、特殊海生爬行动物类和与之共生的其他海洋生物化石。

这些展览以种类繁多的珍稀标本、精美图片、仿真模型和景观复原为主，结合多媒体等现代技术手段，充分展现了海生爬行动物的奥秘和多样性，再现了海生爬行动物的特征及演化历史，激发了公众对自然历史的兴趣，增强了公众对自然历史的认识。整个展览引人入胜，精彩生动，寓教于乐。

⊙ 龙化石博物馆
主题墙

1. 序厅

主要介绍博物馆的主要展示内容,并以浮雕的形式展示博物馆主题标志。序厅背景还原了海生爬行动物的生活面貌。

2. 地球起源与生命演化厅

利用图片、珍贵陨石标本和视频展示太阳系的组成和地球的形成过程。通过地球模型形象地展示地球各圈层的结构和特征。通过图文并茂的形式展示地球演化历史中生命与环境的协同演化过程,让人们对地球上的生命进行初步了解。另外,结合"金钉子"的故事,展示中国获得的11枚"金钉子"情况,尤其是武汉地调中心研究团队取得的中－下奥陶统大坪阶底界"金钉子"研究成果。在这之后,采用中生代之前各时代典型生物化石标本、动物模型和生态复原图像,让人们进一步深入了解在爬行动物出现之前,生活在地球上的生物与环境的协同演化过程。

⊙ 地球起源与
生命演化厅

⊙ 南漳－远安
动物群厅

⊙ 岩石与矿物厅

3. 海生爬行动物厅

首先通过系列展板组成优雅的弧形展墙，介绍爬行动物的定义及海生爬行动物在四足动物中的分类位置。紧接着进入该板块的主题内容：

首先映入眼帘的是鱼龙类。鱼龙类是一类高度水生适应特化的海生爬行动物，一直从早三叠世演化至白垩纪晚期消失。三叠纪是鱼龙类起源与繁盛的关键时期，华南三叠纪的鱼龙类化石最为丰富。该主题展厅不仅展示了大量从早三叠世至晚三叠世保存精美的鱼龙类化石，而且还展览了盘江龙的骨架模型。另外，以展板的形式系统展示了鱼龙类的生态特征。

接着是与鱼龙类具有较近亲缘关系的湖北鳄类。湖北鳄类是一类神秘的海生爬行动物，仅出现在湖北省早三叠世南漳－远安动物群中。海龙类是三叠纪另一类主要海生爬行动物。该板块展示了个体大小不一的新铺龙和安顺龙化石标本。

⊙ 关岭生物群
三叠纪海生爬
行动物厅

　　另一大板块展示了三叠纪形形色色的鳍龙类。除了中生代后期的蛇颈龙,绝大部分鳍龙类主要生活在三叠纪。该板块展示了华南早三叠世至晚三叠世的代表性鳍龙类,充分展示了鳍龙类的演化特征。

　　除了上述三叠纪四大海生爬行动物类型外,还展示有华南三叠纪地层中一些较为特殊的海生爬行动物类型,比如滤齿龙和原龙类。

4. 恐龙世界

　　中生代的恐龙类是大家所熟知的史前动物。该主题展主要采用恐龙类三维模型和展墙的形式,还原了中生代恐龙生活场景。恐龙模型包括霸王龙、剑龙和马门溪龙。

⊙ 侏罗纪公园

四、重点展品介绍

博物馆以武汉地调中心采集的古生物化石为依托,拥有数千件化石标本,展品以三叠纪海生爬行动物化石为特色,另外还展览了许多特色展品。精品化石有完整的张家湾巢湖龙、盘江龙、萨斯特鱼龙、体内含有胚胎的黔鱼龙、盘江龙和萨斯特鱼龙立体头骨、属种齐全的湖北鳄类、最早的幻龙、完整的旋齿鲨等。

1. 张家湾巢湖龙

是南漳－远安动物群游泳能力最强的海生爬行动物,体长1米,头骨略扁平,眼眶不规则,躯干部分椎体横突发育,2节荐椎,肱骨前缘发育,肢杆略长,7块硬骨化腕骨,尾弯明显。张家湾巢湖龙是南漳－远安动物群中唯一的鱼龙类,证实了南漳－远安动物群与安徽巢湖龙动物群存在紧密的联系。

⊙ 张家湾巢湖龙

2. 美丽盘江龙

是关岭生物群中到大型鱼龙。吻部粗壮,长约为头骨全长的65%,外鼻孔由前上颌骨和上颌骨围成。泪骨和眶后骨非常发达。眼眶近椭圆形,由泪骨、前额骨、后额骨、后眶骨和轭骨围成,直径为头骨全长的16.9%。颊部短,占头骨全长的9.3%。牙齿锥状,单列,槽生。上颌骨牙齿排列不及前上颌骨紧密,下颌的牙齿只分布于齿骨的前半部分。颈椎6节,背椎63节,尾椎129节。荐前椎椎体双凹型,高约为长的2倍。肋骨单头型。背部神经棘中等高度。锁骨细长,间锁骨"T"形,乌喙骨近端扇形,中部边缘平直。肱骨近端直,向远端略扩展。桡骨大于尺骨。桡骨、桡侧腕骨和远端腕骨外边缘具凹槽。坐骨长大于宽，耻骨扇形，内缘具有窄、深且近封闭的凹槽。前肢较后肢粗壮，前肢4指，后肢具3趾。指（趾）骨圆盘状。美丽盘江龙是关岭生物群中最凶猛的动物，处于食物链的最顶端，可以比喻为关岭生物群中的霸王龙。

⊙ 美丽盘江龙

3. 梁氏萨斯特鱼龙

是关岭生物群中最大的鱼龙类，体长最长超过10米。但是其头骨极小，仅为身体全长的1/10。头骨宽而短，吻部由前上颌骨和上颌骨形成。鼻骨和隔骨均向前延伸到达吻端。吻部不发育牙齿。荐前椎86节，尾椎约110节。泪骨发育数个营养孔。上颞骨超过顶骨。四肢的肢柱和肢杆短而粗壮。梁氏萨斯特鱼龙营吸食性捕食。

⊙ 梁氏萨斯特鱼龙

4. 周氏黔鱼龙

是关岭生物群中个体较小的鱼龙类，最长约3米，尾弯极度明显。博物馆展示的周氏黔鱼龙为一雌性个体，体内含有13个保存完整的胚胎，是鱼龙类胎生的直接证据。

5. 乌莎安顺龙

海龙类是贵州西南部主要的海生爬行动物类型。安顺龙是海龙类中颈椎较长的类型，属于Askeptosauroidea超科。乌莎安顺龙是继在关岭生物群中发现的黄果树安顺龙和短吻贫齿龙之外，在中三叠纪兴义

⊙ 乌莎安顺龙

动物群中首次发现的长颈型海龙类。博物馆展出的乌莎安顺龙极为完整，化石保存形态独特，反映了该动物的埋藏学信息。

6. 南漳湖北鳄

湖北鳄类是一类神秘的海生爬行动物，只在早三叠世南漳－远安动物群中出现，在地质历史中仿佛昙花一现。虽然鱼龙类属种多样，在中生代海洋中广泛分布，但是作为其姊妹群的湖北鳄类多样性相对较差。南漳湖北鳄是湖北鳄类的一个种，是南漳－远安动物群中最为常见的海生爬行动物。南漳湖北鳄吻部细长，不发育牙齿，颈椎9节，背椎28节，荐椎2节。躯干部分的神经棘极高，顶部发育3层骨板。南漳湖北鳄与现生的布氏鲸和鹈鹕类似营兜网式捕食。其背部骨骼究竟起到什么功能，仍是一个谜。

⊙ 短颈始湖北鳄

7. 卡洛董氏扇桨龙

是一种非常奇特的湖北鳄类。其头骨结构与现生的鸭嘴兽动物极为相似，头骨极小，吻端呈叉状，两侧平行，吻端间隙中发育一孤立的骨板。颈椎10节，背椎30节，荐椎2节。躯干部分的神经棘远低于南漳湖北鳄。背肋远端增宽，前一背肋叠伏在后一背肋之上。手掌和脚掌呈扇形。由于该类动物的正模标本缺少了头骨，所以根据手掌和脚掌类似扇形桨命名为扇桨龙。扇桨龙的捕食方式与鸭嘴兽类似，依靠嘴壳探测，在傍晚觅食。该觅食方式的发现，将爬行动物盲感应的捕食方式提前到了早三叠世晚期（距今约2.8亿年）。

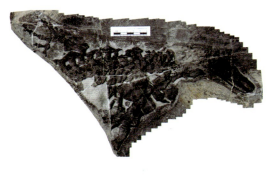

⊙ 卡洛董氏扇桨龙

8. 奇特滤齿龙

是中三叠世罗平－盘县动物群中特有的海生爬行动物类型。全长约

3米。头骨极小,是身体全长的1/23。头骨颞区结构与鳍龙类较为相似。吻端由弯曲的前上颌骨和上颌骨形成,向两侧延伸,形成一宽平的嘴巴。侧生牙齿呈栅栏状或梳状,每侧上颌和下颌分别有175枚和190枚纤细的牙齿,齿骨远端呈针状,基部呈片

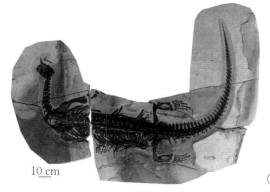

10 cm

⊙ 奇特滤齿龙

状。冠状突向后位移,靠近上下颌关节处。厚实的反关节突,其背缘发育深凹槽。36节荐前椎,2节荐椎,47节尾椎。宽扁的肩胛骨,前缘明显外凸,后缘明显凹入。锁骨发育后侧突。宽扁的乌喙骨呈卵圆形,前中部发育弯曲的脊突。坐骨前缘发育较深的凹槽。耻骨不发育闭孔。肱骨远大于股骨,但是手小于脚。具2个腕骨和2个跗骨。最远端指节呈马蹄状。奇特滤齿龙属于草食性海生爬行动物。

五、开展的特色科普活动以及创新内容

博物馆自开馆以来,充分发挥科普基地公共平台的作用,以立足服务、提升全民科学素质为重点,以发挥基地的科普教育功能为宗旨,积极宣传和普及地学知识,为公众参观、学习提供场所。把推进重点人群的科普教育宣传作为工作中的重中之重,以点带面延伸辐射,扩大影响。

博物馆的科普活动分为以下四大类:

(1)以馆藏资源为依托,发挥科普教育基地作用,开展免费参观活动,激励青少年学习地学知识的热情,使他们从小树立生态环保的理念,让博物馆成为学校的"第二课堂"。

(2)发挥专业优势,以科普讲座的形式展示地质调查成果,建立科学传播团队,广泛开展科学传播,不断打造科普品牌。

(3)开展地学科普课堂、科普征文、野外考察、知识问答等拓展式科普

教育活动。

（4）馆校共建，推动教育与文化的有机融合，包括开展科普进校园、开放重点实验室、举办小小科普讲解员赛等活动。

此外，博物馆建立了专门网站。结合武汉地调中心重点工作和计划、工程、项目实施所取得的重大地质成果，编著并出版了《鄱阳湖的前世今生》等科普图书，制作了《地质灾害系列宣传片》《南漳－远安动物群》等科普视频，在地学刊物上发表了大量的科普文章。

Lufeng Dinosaur Exhibition and Education Museum

禄丰恐龙化石科普展示教育基地

／云南省楚雄州禄丰县金山镇入城广场北侧

开放时间 —— 周三至周日 8:30—17:00，免票入场

联系邮箱 —— 2625297725@qq.com

联系电话 —— 0878－4122218，18987809611

一、科普基地基本信息

禄丰恐龙化石科普展示教育基地隶属于禄丰县自然资源局，是一个集展览、收藏、研究和教育为一体的地质博物馆，是自然科学普及和教育的重要基地，具有科学性、知识性、观赏性和趣味性。2017年10月26日正式对外开放。

基地陈列室于2018年9月被授牌为"中国古生物学会中国古生物学会全国科普教育基地"，2018年10月举行了授牌仪式。

基地坐落于云南省禄丰县入城广场北侧，建筑设计新颖，气势恢宏，风格明快。总建筑面积为14 354.65平方米，展览区面积为5 661.85平方米。

⊙ 基地外观

二、科普基地创建和发展简况

2013年7月30日,根据《国土资源部办公厅财政部办公厅关于报送国家级地质遗迹保护项目实施方案的通知》,禄丰县国土资源局报县人民政府批准,委托云南省地质环境监测院编制了《云南禄丰恐龙化石保护项目实施方案》,省国土资源厅和财政厅于2013年8月29日组织专家初审后上报至国土资源部和财政部。2013年12月27日,国土资源部和财政部办公厅下发《关于下达2013年度国家级地质遗迹保护项目预算审查意见的通知》。禄丰县国土资源局按审查通知的要求,于2014年5月16日将修改完善后的方案上报省国土资源厅和财政厅评审复核。禄丰县国土资源局将复核后的方案于2014年5月23日上报至国土资源部和财政部备案。经上报审查后的《云南禄丰恐龙化石保护项目实施方案》预算总投资7 111万元,其中中央资金3 056万元、地方配套4 055万元。该项目由地质遗迹调查、保护工程、科普宣传、化石标本收集展示、地质公园规划修编共5个子项目组成。禄丰恐龙化石科普展示教育基地被列入禄丰恐龙化石产地保护项目中的保护工程范围,由此基地的建设拉开了序幕。

基地于2016年5月13日开工,2017年5月30日完成土建。建筑形体以恐龙头为原形,坐落于禄丰县金山镇入城广场北侧,毗邻南河,成为一道独特的亮丽景观。

2017年6月基地启动布展施工工程。经过展品征集和布展,最终顺利完成了基地的整体建设,于2017年10月26日完成揭牌仪式并正式对外开放。

基地是禄丰县面向社会展示有关禄丰恐龙化石非凡成就的窗口。作为向公众介绍古生物学知识和生物进化思想的平台,基地使科学家有机会、有途径与公众面对面地沟通和交流。基地的建成和开放,对促进科学普及、提高公众科学素养起到了很大的作用。

三、科普活动主要场馆和展陈内容

禄丰恐龙化石科普教育基地展陈内容以古生物化石为主,是全国科普教育基地之一。化石以禄丰恐龙、禄丰古猿为主,藏品丰富,展品精美,其中尤以包括许氏禄丰龙在内的禄丰蜥龙动物群化石最为珍贵,堪称国宝级化石精品。

基地展览以讲述地球和生命演化历史故事为线索,包括2个主题展和7个专题展。主题展以门厅、序厅为主。专题展分别为地球厅、地质历史厅、恐龙厅、哺乳动物厅、禄丰矿产厅、测绘厅、今日禄丰厅。

这些展览以种类繁多的珍稀标本、精美图片、仿真模型和景观复原形式展出,并采用多媒体等现代技术手段充分展现化石的奥秘和古生物的多样性,再现了生物进化及其与环境协同演化的历史,揭示了生物进化过程中的重大事件,展示了中国古生物学的重大发现和研究成果,激发了公众对自然历史的兴趣,增进了公众的认识。整个展览引人入胜,精彩生动,寓教于乐。

基地除了主题展和专题展外,还辅以各种科普设施,包括库房、儿童互动体验区、3D影院、多功能报告厅等。其中3D影院有70座,具5米宽的屏,专门用于播放古生物影片。

⊙ 门厅

1. 主题展

(1)门厅。以距今1.6亿年的川街龙和内墙恐龙浮雕引出展览主题"禄丰恐龙化石的发现、种类"。另外还有基地简介、展览内容布局和参观路线示意图等辅助宣传区。

（2）序厅。利用墙体壁画介绍禄丰恐龙化石科普展示教育基地、恐龙谷景区、大洼五台山景区、植物化石群等，让观众对禄丰恐龙化石知识有了直观的了解。云南禄丰恐龙国家地质公园位于禄丰县境内，地处滇中高原金沙江、红河两大水系分水岭地带的构造侵蚀、溶蚀、剥蚀中山地貌区，面积101.44平方千米，是以保护禄丰恐龙、古猿等地质遗迹为主，其他地质遗迹为辅的国家地质公园。公园内地质遗迹景观丰富多彩，集古生物遗迹、典型地层剖面、丹霞地貌景观、水体景观、古采矿遗迹景观和泥石流防治工程景观等六大景观类型于一体。特别是禄丰恐龙、古猿等古生物遗迹蕴藏丰富完整，极具科学价值和美学价值，对研究早期爬行动物尤其是恐龙的起源、演化、灭绝，原始哺乳动物的出现、演化，人类的起源，以及地史研究、地层对比等都具有重要的科学意义，为具世界级意义的地质遗迹地。

地质公园区文化历史悠久、人文景观资源丰富，禄丰恐龙-古猿地质博物馆、禄丰恐龙文化节和禄丰少数民族风情等具有浓郁、独特的地方特色，并与地质公园的保护、开发融合在一起，将禄丰从远古至现代的漫长历史浓缩在观众面前，形成了具有极高科学价值和美学价值、与中华民族精神和文化生活紧密相连的国家级地质公园。

2. 专题展

（1）地球厅。介绍地球的起源、地壳的形成、化石形成过程、地质年代的划分、地质构造等内容。

⊙ 地球厅

（2）地球历史厅。介绍前寒武纪生命起源到第四纪人类出现各时期的有关内容。

⊙ 地球历史厅

（3）恐龙厅。主要介绍了什么是恐龙、恐龙的起源、恐龙的发现历史、禄丰恐龙的发现研究历史、禄丰恐龙的地质背景、禄丰盆地中的恐龙、禄丰恐龙在恐龙演化中的位置、恐龙化石的形成和埋藏过程、中国其他地区的恐龙化石分布图、禄丰恐龙脚印化石等。

（4）哺乳动物厅。介绍哺乳动物的起源、哺乳动物的辐射演化、禄丰的哺乳动物（禄丰早期哺乳动物、禄丰石灰坝哺乳动物群）、禄丰古猿等。

（5）禄丰矿产厅。介绍矿物知识（什么是矿物、矿物的形成、矿物的硬度、矿物的晶体结构、矿物的分类）、禄丰的矿产资源种类等。

（6）测绘厅。介绍测绘的发展历史，以各个时期的仪器进行展示。

（7）今日禄丰厅。介绍禄丰的历史文化，包括恐龙文化节、历史文化民村、人文地理、禄丰恐龙走向世界等内容。

四、重点展品介绍

基地拥有417件恐龙化石。精品化石有恐龙大遗址剖面、许氏禄丰龙、巨型禄丰龙、中国双脊龙、阿纳川街龙、程氏星宿龙、盘古盗龙等。

1. 恐龙大遗址剖面

1995年,村民种地的锄头挖开了世界恐龙谷的大门。时至2006年,长达十余年的恐龙"大坟场""大墓地"的开挖、发掘、科研探索由此展开。经过国内外著名古生物、地层和恐龙专家的研究,查明坑中有地史时期中生代中侏罗世早期(距今1.58亿年)的恐龙化石2属2种20余件和10余件与恐龙共生的爬行动物蛇颈龟化石,富含鱼鳞、裸珠蚌等化石。还有介形虫等水生动物及植物化石。化石沿地层呈层状分布,地层产状走向北西76度,倾向南西25度。赋存恐龙化石的地层岩性为紫红色厚层粉砂质泥岩,底部含扁豆状、不规则状钙质团块。顶部为一层厚约1米的灰白、灰绿色的生物碎屑泥灰岩。

2. 许氏禄丰龙

1939年出土于云南省禄丰县沙湾东山坡,是中国人自己发掘、研究、装架的第一只恐龙,被称为"中国第一龙"。属于原蜥脚类,长约6米。

3. 巨型禄丰龙

属原蜥脚类恐龙,生存于距今1.8亿年的早侏罗世,具有细小的头颅和相当长的颈,前肢短小,后肢粗壮,能以两腿直立行走,尾巴粗大,可于奔跑时起平衡作用。它是植食性恐龙,牙齿小而扁平,外缘有粗锯齿,能把树叶切碎,锐利的指爪可将树叶抓下或用来防御敌人。长7.8米,高2.2米。

4. 中国双脊龙

距今1.8亿年。1990年和1994年,在云南的晋宁县和禄丰县相继出土了两件双崎龙化石。双脊龙是禄丰龙的天敌,在禄丰蜥龙动物群中居食物链的顶端。

5. 阿纳川街龙

距今1.58亿年。名字来自地名禄丰县川街乡阿纳村。阿纳川街龙身长达27米,高6.5米,是世界已知的最长最大的恐龙之一。

6. 程氏星宿龙

保存有4个荐椎,显示出与蜥脚类相似的特征。程氏星宿龙的耻骨板相对延长,肩胛骨十分粗壮,这些特征也都和基干蜥脚型类中的进步类群乃至蜥脚类接近。

7. 盘古盗龙

2014年10月发现于云南省禄丰县的早侏罗世地层中,是腔骨龙科化石在亚洲的首次发现,对研究该类恐龙乃至早期兽脚类恐龙的演化和分布具有重要意义,也反映出其与早侏罗世盘古大陆上的恐龙具有密切关系。唯一的盘古盗龙化石标本保存了很完整的头部和身体骨骼,并且显示,盘古盗龙的体长约2米,臀高约0.5米,全高0.7米,体重60千克,这个个体很可能接近成年个体。

五、开展的特色科普活动以及创新内容

基地自对外开放以来,开展了丰富多彩的科普活动。这些科普活动分为三大类:基于展品开展的科普教育活动,以化石标本为展品,进行科普展览;拓展性科普教育活动,包括科普讲座、科学课程、野外考察和化石采集等;综合性科普教育活动,包括中国科学院科技英才冬令营和夏令营等。

开发了多样化的古生物文创产品,如印刷禄丰恐龙科普展示教育基地宣传手册和管理手册。

另外,基地还为兄弟科普场馆的建设提供专业知识咨询和支持,几乎每年都有恐龙化石保护、利用的交流活动,由此积累了大量经验。

现在,基地已成为影响力日益增强的重要科普教育基地,禄丰的知名度也因此不断提升。

Nanjing Museum of Paleontology

南京古生物博物馆

江苏省南京市玄武区北京东路39号
（市政府、鸡鸣寺旁）

开放时间 —— 周末及节假日 9:00—17:00，16:00 停止售
票，全年接待预约团体（预约请至少提前一天）

网址 —— www.nmp.ac.cn

联系邮箱 —— wmfeng@nigpas.ac.cn

联系电话 —— 025-83282253

新浪微博 —— 南京古生物博物馆官博

微信公众号 —— 南京古生物博物馆

一、科普基地基本信息

南京古生物博物馆隶属于中国科学院南京地质古生物研究所,由中国科学院和江苏省人民政府共建,是一个集展览、收藏、研究和教育为一体的现代化博物馆,是自然科学普及和教育的重要基地,具有科学性、知识性、观赏性和趣味性。2005年12月31日正式对外开放。

博物馆坐落于江苏省南京市中心的鸡鸣寺风景区旁,建筑设计新颖,气势恢宏,风格明快。总建筑面积8 500平方米,其中展览区面积近4 200平方米。

博物馆已成为中国科学院南京地质古生物研究所的重要科普阵地,是研究所对社会公众进行科学传播的窗口,已成为国内特别是华东地区久负盛名的专业性自然类博物馆。

⊙ 博 物 馆 外 观

二、科普基地创建和发展简况

中国科学院南京地质古生物研究所(南古所)于20世纪70年代在研究大楼一楼筹建了名为"史前生物展"的小型古生物陈列室,展出近3 000件化石精品。1999年,南古所被中国科学技术协会授牌为首批"全国科普教育基地",史前生物展随之成为对外开展古生物科学传播的基地。

至20世纪90年代,原有的小型古生物陈列室已远不能反映当时古生物学研究的成果,也无法全面系统地展示地球演变过程中的生命进化史。南京市乃至江苏省长期以来也一直缺乏有关生命进化的自然科学类博物馆。

1998年,正逢中国科学院知识创新工程启动,提出了创新文化的重要内容。作为创新文化重要组成部分的博物馆建设得到了院领导的重视,并成为中国科学院和江苏省政府的院省合作项目。

博物馆于2002年5月破土,2004年4月完成土建,建筑形体以恐龙为原形,坐落于南古所大院内。2005年12月底完成全部布展工程,并成功对外开放,并被授牌为"中国古生物学会全国科普教育基地",是中国古生物学会科普工作委员会依托单位、中国自然博物馆协会团体会员单位、江苏省科普教育基地、南京市科普教育示范基地,同时也是江苏省科普场馆协会、江苏省科普作家协会、江苏省地质协会副理事长单位。

三、科普活动主要场馆和展陈内容

博物馆以古生物化石为本,是目前世界上最大的古生物专业博物馆之一。化石以古无脊椎动物、古植物和微体古生物为主,藏品丰富,展品精美,尤以澄江生物群和包括中华龙鸟在内的热河生物群化石最为珍贵,堪称国宝级的化石精品。

博物馆展览以讲述地球和生命演化历史故事为线索,内容包括1个

"生物进化史"主题展和16个专题展。主题展以门厅、上山之路、化石奥秘、前寒武纪、古生代、中生代、新生代为轴线。专题展分别为澄江生物群、恐龙天地、微观世界、菊石展台、生物登陆、无脊椎动物大观展墙、二叠纪生物大灭绝、古植物园、海百合幕墙、恐龙时代的海洋、热河生物群、鸟类的起源和早期演化、山旺生物群、南京地史演变、南京直立人和"我从哪里来"。

博物馆除了生物进化史主题和专题展外，还辅以各种科普设施，包括能容纳255人的大型多功能报告厅、南古所所史展、2个临展区、3D影院、达尔文实验站、9米长的大型互动屏、澄江生物群多点触摸互动区、澄江生物群混合现实展示台、澄江生物群涂鸦互动区、与恐龙合影设备和恐龙多点触摸屏等。其中3D影院有63个座，具5米宽的屏，专门用于播放古生物影片。

1. 主题展

（1）门厅。以大型"生命进化史"浮雕和大型地球仪引出展览主题"进化中的生命、演变中的地球"。同时展示侏罗纪的大型硅化木化石。

（2）上山之路。利用楼道48个台阶两侧，展示南京地区震旦纪—侏罗纪地层的仿真岩层剖面。这些按比例浓缩的"地层"跨时5亿年，述说海陆变迁的演化历史。

（3）化石奥秘。通过系列展板组成优雅的弧形展墙，介绍化石定义、化石类型、化石形成、化石作用和达尔文进化论。展墙之间布以动植物化石包括一些大型古生物化石的展示介绍基础古生物学知识，为进入生命进化主题展做铺垫。

（4）前寒武纪。作为生命进化史主题展第一个阶段，占据整个地球85％的历史。它由一系列专题展组成，化石与展板及短视频为这一展区的主要展示形式。

（5）古生代。这是生命史上极为波澜壮阔的时期，从寒武纪生命大爆发到生物登陆，直至发生最大的生物大灭绝事件。展览以展墙和展台为主，辅以大量化石、模型景观和短视频等。

（6）中生代。恐龙时代，也是爬行动物时代。陆地霸主恐龙、海洋霸主鱼龙和空中霸主翼龙，它们都属于爬行动物，而海洋中数量最丰富的当属菊石。展区由展墙和展台以及海百合墙组成，还有6米长的鱼龙等大型化石点缀。

（7）新生代。哺乳动物大发展时代，更是灵长类动物大发展并最终演化出我们人类的时代。这个展区由古近纪、新近纪、第四纪和第四纪气候展墙、展台和大型绘画,以及大型骨架化石组成。

2. 专题展

(1)澄江生物群。展示形式多样,化石标本丰富,展示了包括主题墙"澄江生物群——揭示寒武纪大爆发的独特窗口"、澄江生物群大型地层剖面、澄江生物群景观复原图《寒武纪早期海洋生物世界》、奇虾等模型、海底景观隧道等。共展出澄江生物群代表性化石12个大类,80多个种,约240块标本。

⊙ 澄江生物群

⊙ 澄江生物群景观橱窗、寒武纪大爆发展墙、寒武纪展墙展台

(2)恐龙天地。拥有大型岩石地台、知识展台、恐龙景观箱、侏罗纪和白垩纪恐龙生态模拟岩石,并展示了以马门溪龙、沱江龙、单脊龙和翼龙构成的群体造型。

⊙ 恐龙天地

⊙ 侏罗纪、白垩纪展墙和展台

（3）微观世界。直径6米仿颗石藻（一种仅几微米大小的形态精致的藻类）的圆形展厅，内设显微镜4台、投影仪1台，供观众通过显微镜和投影仪观看微体化石。

（4）菊石展台。外形如菊石切面，呈螺旋形变化，其外围形成了弧形展台，展示震旦纪—第四纪的代表性化石。

（5）生物登陆。由一组早期维管植物及伴生动物模型组成，用于展示动植物早期登陆的场景：生物登陆由植物开启，而早期登陆的植物是一批缺少根、茎、叶分化，但出现了与根、茎和叶相似的器官，特别是出现了具维管组织的裸蕨类。

（6）无脊椎动物大观展墙。通过大量化石标本，展示三叶虫、珊瑚、双壳类、菊石等11个门类的化石，显示早古生代海洋是无脊椎动物竞相发展的时代。

（7）二叠纪末生物大灭绝。由模型景观、大型喷绘画与展台、展墙组成，展示地球生命史上最大的生物灭绝事件。

（8）古植物园。由古植物陈列区展墙、展橱，互动型古植物标本柜和水杉园组成。古植物陈列区以时间为线索，用图文并茂的展墙配合各时代的代表性植物化石，介绍了植物的演化史。

（9）海百合幕墙。展示28件大型海百合化石。海百合在三叠纪海洋组成了"海底花园"，化石非常精致美丽。

（10）恐龙时代的海洋（关岭生物群）。由大型喷绘画、大型模型景观及多个知识展台组成，展示中国西南贵州三叠纪鱼龙等海生爬行动物的生态场景。

（11）热河生物群。是中生代陆地河湖相环境的生物群,生物群中含大量有重要演化意义的动植物类型,如带羽毛恐龙、早期哺乳动物、最早期的被子植物、翼龙以及大量无脊椎动物化石。由知识展墙和展台、热河生物群生态场景大型绘画和大型景观展台组成。

（12）鸟类的起源和早期演化。一直是科学界关注的热点,大量带羽毛恐龙的发现,证实了鸟类是小型兽脚类带羽毛恐龙的后裔。展区由模型景观和展台组成,展示鸟由带羽毛恐龙演化而来的证据。

（13）山旺生物群。是我国早期发现的含丰富动植物化石的生物群。展区由大型山旺生物群背景油画、来自山旺本地的硅藻岩构成的展台和知识展板组成,展示山旺丰富多彩的生物面貌。

（14）南京地史演变。南京地区是中国地质研究的经典地区,拥有比较完整的前寒武纪末到现代的地层剖面。主要由南京地区地层表、南京地区数字地质图的展墙和大型南京地形模型组成。

（15）南京直立人。主体为一个大型溶洞,辅以展板、南京直立人头骨模型和其他古人类头骨模型,展示了南京直立人的发现历程和它在人类演化历史中的地位等。

（16）我从哪里来。通过大型喷绘展墙和影像,展示地球生命史的一系列重要事件和生命故事,让人一目了然地了解整个地球的生命史。

四、重点展品介绍

博物馆依托南古所标本馆,拥有46万件化石标本,展览了许多特色展品,如澄江生物群、热河生物群、山旺生物群、关岭生物群化石等。精品化石有中华龙鸟、辽宁古果、鱼龙等。

1. 灰姑娘虫

体长2.5厘米,由头和躯干两部分组成。头部像戴着一个半圆形的"头盔"(头甲)。"头盔"很大,躯干前端的5个体节都能一并得到保护。"头盔"的后部形成了一个漂亮的"W"形弯曲。在头部前端即口的两侧前缘的地方长有一对细长的触须。在腹前长着带柄的大眼睛。滤食性,游泳型。

⊙ 灰姑娘虫（左）
奇虾（右）

2. 奇虾

寒武纪海洋的大型掠食者，位于食物链金字塔的顶端。奇虾是一类体型巨大、身体造型奇特的节肢动物，具有大而精细的复眼、特化的捕食前附肢、口锥和游泳桨状肢，体长最长可达2米，被认为是显生宙海洋生态系统中最早的顶级捕食者，也是寒武纪大爆发最具代表性的明星动物之一。

3. 裸蕨植物

最古老的陆生维管植物，顾名思义，它是一种植物体裸露、无叶子覆盖的早期蕨类植物。与后来出现的高等植物和现代植物相比，裸蕨植物的形态特征和组织器官显得十分简单和原始。其中库克逊蕨为地球上最早出现的陆生维管植物，高约10厘米，没有枝叶，也没有根系，只有一种简单的分叉结构，主茎顶上有孢子囊，孢子囊中生有孢子，孢子随风飘到其他地方后继续繁殖。

⊙ 云南工蕨

4. 鱼龙

鱼龙的祖先来自陆地，在中生代重返海洋后成为了海洋霸主，是一大批返回海洋生活的爬行动物中的佼佼者。鱼龙一般分布于古西特提斯海域的挪威、德国和阿尔卑斯山地区，以及古东特提斯海域的印度、泰国、日本和我国（西藏、四川、贵州、湖北、广西、安徽等地），以及东太平洋的加拿大、美国。

古脊椎动物－鱼龙

5.4m

⊙ 鱼龙

5. 中华龙鸟

　　生存于距今1.4亿年的早白垩世,1996年发现于辽西北票热河生物群。开始以为它是一种原始鸟类,所以将其定名为中华龙鸟,后经科学家证实为一种小型肉食性恐龙。属于兽脚亚目美颌龙科中华龙鸟属。骨架长为1米左右,前肢粗短,爪钩锐利,后腿较长,适宜奔跑,全身披覆着原始羽毛。

6. 辽宁古果

　　一种早期被子植物,其植株纤细,主侧枝呈"Y"字形,在貌似蕨类植物的枝条上,螺旋状排列着四十几枚类似豆荚的果实,每个果实中都包藏着2—4粒米粒般大小的种子。这些特征显示了它们在早期被子植物中的原始性。另外,其茎枝细弱,叶子细而深裂,根部发育,只具有几个简单的侧根,显示出水生性质。

⊙ 中华龙鸟(左)
　 辽宁古果(右)

五、开展的特色科普活动以及创新内容

博物馆自开馆以来,开展了丰富多彩的科普活动。这些科普活动分为三大类:基于展品开展的科普教育活动,以化石标本为展品,推出科普展览和化石鉴赏会;拓展性科普教育活动,包括高端科普论坛、达尔文大讲堂、科普讲座、科学课程、古生物绘画与征文大赛、古生物奇妙夜、手工模型制作、野外考察和化石采集、知识竞答等;综合性科普教育活动,包括科学冬令营和夏令营、科技英才走进科研院所等。

博物馆还研发了一批有学科特色的科普产品,包括以澄江生物群为主题的几项大型互动体验系统,如大型数字弧幕互动"寒武纪乐园""澄江生物群多点触摸"互动系统、"澄江生物群混合现实"互动系统、"澄江生物群涂鸦"交互系统。

此外,博物馆开发了多样化的古生物文创产品,如3D微视频和古生物宣传片、古生物模型和化石工艺品、智能手机智慧导览、地图语音导览、微信语音导览和宣传手册。

博物馆利用官网、中国科技馆二级子站网、微信平台和新浪博客线上无形阵地,配合上述科普活动、科普产品、文创产品等有形阵地,进行了有效的科普宣传。

博物馆编著出版了系列科普图书,在国家级刊物上发表了大量科普文章,编辑了系列古生物科学课程,开展了"每周进学校讲一课"活动,开发了以"泥小谭品牌制作活动"为代表的手工制作活动,都受到了大众的欢迎,取得了良好的效果。

另外,博物馆还为兄弟科普场馆的建设提供专业知识咨询和支持,每年都主办或承办一些全国、地方或行业科普会议,由此积累了大量经验。

现在,博物馆已成为影响力日益增强的重要科普教育基地,连续十年荣获"江苏省全民科学素质工作先进集体"称号,总计获得四十多项荣誉。

Inner
Mongolia
Museum of
Natural History

内蒙古自然博物馆

＼内蒙古自治区呼和浩特市赛罕区南二环路13号

开放时间 —— 周一闭馆，其余日期开放时间 9:00—17:00
（16:00 停止取票），开放日均接待预约团体（预约请至
少提前一天）
网址 —— immnh.org.cn
联系邮箱 —— 371021070@qq.com
联系电话 —— 0471–4216410
微信公众号 —— 内蒙古自然博物馆

一、科普基地基本信息

内蒙古自然博物馆为内蒙古自治区自然资源厅所属全额拨款、正处级公益性一类事业单位。位于呼和浩特市赛罕区兴安南路和南二环快速路的交叉口,建筑面积48 759平方米,展陈面积21 795平方米,室外矿石公园面积13 000平方米。整个展区采取开放式布局,以馆园结合的方式供游客参观。为国内具有鲜明泛北极圈自然资源特色和一流的收藏及展示功能的自然博物馆。是自然科学普及和教育的重要基地,具有科学性、知识性、观赏性和趣味性。2018年11月10日正式对外开放。

博物馆先后被中国自然资源学会、内蒙古自然资源学会、中华人民共和国濒危物种进出口管理办公室、内蒙古自治区教育厅、内蒙古大学、内蒙古师范大学和内蒙古农业大学等授牌为"科普教育基地""濒危物种保护宣传教育基地""社会实践基地"与"实践教学基地",目前正在申报创建中国古生物学会全国科普教育基地。

⊙ 博物馆外观

二、科普基地创建和发展简况

博物馆大自然探索中心位于博物馆B座（西区）三楼，于2019年1月15日开始运营。中心活动项目主要包括科普活动和科普专题活动的研发、推广、组织实施，以及科普教育成果的转化。大自然探索中心总面积1 050平方米，教室面积460平方米。共设有科普教室8间：主题教室3间、实验教室2间、古生物修复教室1间、沙漠主题教室1间、阶梯教室1间。购置和研发了各类科普教具、实验器具、动植物模型、标本等1 300余件（套）。目前科普团队还完成了"自然档案""沙漠探险记""自然探索号""自然情报局""博物馆奇妙夜""生命进化科考站""科普剧场"等主题活动的研发。此外，正在筹备组织学生赴区内较有特色的鄂尔多斯、巴彦淖尔、二连浩特、宁城等国家地质公园开展研学之旅、博物馆夏令营等活动。

大自然探索中心科普活动依托博物馆内丰富的藏品，面向公众常年举办普及科学技术知识、倡导科学方法、传播科学思想、弘扬科学精神的活动，以趣味生动和亲近自然的方式向少年儿童传播自然科学知识。中心活动紧扣少年儿童兴趣特点，采用"理论＋实践"的模式，让少年儿童了解科普知识，从而让少年儿童更真切地感受到自然之美。

三、科普活动主要场馆和展陈内容

博物馆涉及的古生物展厅分为远古内蒙古展厅和恐龙的故乡展厅。其中远古内蒙古展厅由序、地球记忆、古生代、中生代和新生代等部分组成，恐龙的故乡展厅由序厅、特殊的爬行动物——恐龙、恐龙大地、恐龙生活全记录和中生代的天空等部分组成。在展览形式上主要以时间顺序、地域类型为依据，采用场景复原、多媒体投影、纪录影片、图文展示、实物及模型展示等方式，综合利用多种数字化手段，向观众展示内蒙古丰富的古生物资源。同时在景观的布置和上展标本的选择上遵循典型性、地方性和多样性原则,进行严格的把关,确保其准确性、真实性与完整性,在辅助展品的数量与篇幅上也进行了调整与平衡。

1. 远古内蒙古展厅

(1)序厅。序厅的地质浮雕展示墙以时间为主线,为观众叙述生物从无到有,从简单到复杂,从物种单一逐步向多样性演化的漫长的进化过程。

(2)地球记忆。通过系列展板组成优雅的弧形展墙,介绍宇宙起源、银河系与太阳系的构成、地球结构和大陆漂移与板块学说的相关知识。同时通过三大类岩石标本、火山素模投影、地震互动台和影像介绍了地球的动力作用和内蒙古高原的形成过程。

(3)古生代。通过系列展板组成优雅的弧形展柜,介绍了生命的诞生和古生代的6个划分地层。这是生命史上极为波澜壮阔的时期,从寒武纪生命大爆发到生物登陆,直至发生最大的生物大灭绝事件,生物界呈现出与前寒武纪截然不同的面貌,生物界从此扩展到地球的海陆空,开始了全新的演化阶段,奠定了延续至今的生物圈变化。在此还设置了鱼类演化和动植物登陆的展墙,并放置了叠层石、菊石和鹗头贝等化石。

⊙ 弧形展柜

(4)中生代。这是公众比较熟悉的时代,因为它是恐龙时代,也是爬行动物时代。陆地霸主恐龙、海洋霸主鱼龙和空中霸主翼龙,它们都属于爬行动物。此部分由如下复原场景组成:关岭生物群、肯氏兽化石、内蒙古宁城道虎沟生物群、热河生物群、白垩纪复原场景、中生代白垩纪鸟类展柜、道虎沟生物群昆虫展柜、中生代植物场景和特暴龙化石。场景逼真，展品丰富。

⊙ 关岭生物群

（5）新生代。这是哺乳动物大发展时代，更是灵长类动物大发展最终演化出我们人类的时代。这 极具内蒙古特色，按照时间顺序由脑木根、巴彦乌拉、乌兰戈楚、山旺、通古尔、三趾马、和政、扎赉诺尔、萨拉乌苏等动物群，从猿到人展柜与河套人狩猎大角鹿场景组成。放置了大量的具内蒙古特色的化石标本。

⊙ 扎赉诺尔动物群与萨拉乌苏动物群

2. 恐龙的故乡展厅

（1）序厅。展厅入口处，一只奥氏独龙冲破地层，这一层层的地层记载着内蒙古远古时代的环境变迁。独龙脚下，一条安氏原角龙身体蜷曲，似在瑟瑟发抖。在暴龙对面是一只傲慢的禽龙，它凭借尖锐的大拇指与凶猛的肉食性恐龙抗衡，这只禽龙的原型为产自乌拉特后旗的完美巴彦淖尔龙。

（2）特殊的爬行动物——恐龙。通过文字介绍说明了恐龙是一种特殊的爬行动物，同时展示了恐龙的分布范围与分类依据。此外在展区中放置了代表着中国恐龙研究开端的许氏禄丰龙。

（3）恐龙大地。此部分展示了发掘自内蒙古的各种类的恐龙骨架与化石。如骨骼完整度达97%以上的完美巴彦淖尔龙，身长15米的兴和龙等。内蒙古的恐龙化石大多来自白垩纪地层，既有镰刀龙类、原角龙类、似鸟龙类、巨型窃蛋龙、单趾临河爪龙等具有浓郁地方色彩的恐龙，又有暴龙类、覆盾甲龙类、蜥脚类、鸟脚类、其他兽脚类等世界上常见的恐龙，为世界范围的对比提供了丰富的材料。

（4）恐龙生活全记录。这一部分通过展现窃蛋龙、姜氏巴克龙、鹦鹉嘴龙的生活场景，说明了恐龙并非行动迟缓的冷血动物，而是群居的并可能具有社会行为的生物。通过展示恐龙蛋来说明恐龙的繁衍方式。展区的后半部分展现了恐龙的足迹场景与足迹化石,展示了植食性恐龙、肉食性恐龙和鸟脚类恐龙足迹的区别。

（5）中生代的天空。这一部分通过展示中生代和恐龙生活在同一时期的翼龙、远古翔兽及鸟类,复原了中生代空中动物的生活场景。同时通过小盗龙等带羽毛恐龙化石的展示说明了鸟类是从恐龙演化而来这一学说。在展区的结尾处,通过图文展示墙"科考大事记",展现了我国与他国科学家经过艰辛的努力为观众呈现出眼前的恐龙世界的经过。

四、重点展品介绍

博物馆化石类型齐全,数量众多,包括许多极具科研价值的稀有化石。

（1）孟氏中生鳗。产自内蒙古自治区宁城县下白垩统义县组的孟氏中生鳗化石保存完整（模式标本）。孟氏中生鳗的身体结构和比例接近于现代七鳃鳗,这说明在长达1亿多年的演化过程中,七鳃鳗的进化速度非常缓慢,具有进化史上罕见的"演化停滞现象"。同时,孟氏中生鳗化石的发现代表了七鳃鳗类向淡水生活环境进化的最早记录,具有十分重要的研究价值。

⊙ 孟氏中生鳗

（2）二连巨盗龙。属窃蛋龙类,是一种生活在距今8 000万年的晚白垩世的超大型且十分罕见的窃蛋龙类,为体长近8米、身高3.5米、体重约4吨的大型兽脚类恐龙个体。以前一直认为窃蛋龙类是一类较小的兽脚类恐龙,但巨盗龙的发现彻底地改变了这一观念。

⊙ 兴和龙化
石模型

⊙ 完美巴彦
淖尔龙

⊙ 精美临河
盗龙

（3）兴和龙。是目前内蒙古地区最大的蜥脚类恐龙化石之一，体长25米。从化石的保存特征来看其应属于巨龙类，与华北龙比较接近，含化石地层为上白垩统岑家沟组。

（4）完美巴彦淖尔龙。为模式标本，化石骨骼占比大于90%。2013年在乌拉特后旗楚鲁庙一带下白垩统巴音戈壁组（K_1b）地层中发现了一件完整的禽龙化石，经中国科学院古脊椎动物与古人类研究所徐星研究员鉴定后命名为完美巴彦淖尔龙。

（5）精美临河盗龙。属驰龙类。身长2.5米，体重25千克。精美临河盗龙化石是2008年中国科学院古脊椎动物与古人类研究所和内蒙古龙昊地质古生物研究所联合在巴音满都呼晚白垩世地层中发现的，化石保存完整，十分精美。

（6）原角龙。产地为内蒙古自治区阿拉善右旗树贵地区，时代为晚白垩世。

（7）苏式巧龙。产地为内蒙古自治区额济纳旗，时代为侏罗纪。

⊙ 原角龙化石包

⊙ 苏式巧龙

（8）恐龙足迹。产地为鄂尔多斯。

（9）恐龙蛋。长形蛋,时代为晚白垩世,含胚胎。

⊙ 恐龙足迹

⊙ 恐龙蛋

（10）美国研究标本。董氏中国似鸟龙化石。

（11）模式标本。计尔摩龙化石包。

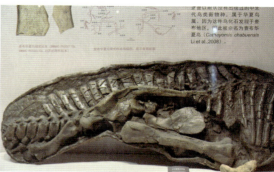

⊙ 董氏中国似鸟龙化石

⊙ 计尔摩龙化石包

五、开展的特色科普活动以及创新内容

博物馆自开馆以来,开展了丰富多彩的科普活动。主要面向人群为全区中小学生。

1. 常规活动

包括自然讲堂、自然创想屋和化石挖掘者3个系列。常规活动旨在让少年儿童直观并全面地认识大自然,在积极有趣的互动中学习自然科学知识。

(1)自然讲堂。以授课为主,下设20多个主题,精品课程100余节。涉及动物、植物、矿物、古生物等领域。

(2)自然创想屋。以"自然+艺术"的方式引导少年儿童制作手工艺术品,完成具有特色与充满想象力的创作。

(3)化石挖掘者。化石产生的时代虽然很遥远,但是这些形态各异的化石,还是令人不禁惊叹于这些大自然铸就的天然雕塑。那么,化石是如何被挖掘出来的,又隐藏着什么秘密呢?博物馆的化石挖掘活动可以让观众跟着科普讲师一起动手挖掘化石并将其复原,一起了解化石中隐藏的秘密。

2. 特色活动

大自然探索中心依托馆内得天独厚的地理环境,将活动内容与馆内藏品相结合,开设小小讲解员、自然档案、自然情报局等特色活动。

3. 品牌活动

(1)沙漠探险记。沙漠里的动植物如何生存,它们的生存武器是什么,为何生生不息?沙漠探险活动依托沙漠教室的场地和教具,通过模拟真实场景还原沙漠景观。让少年儿童身临其境,在寓教于乐中走进沙漠,探寻沙漠的神奇之处。

(2)生命进化科考站。以馆内展品为基础,结合古生物化石标本、古生物模型、挖掘套装等教具,追溯生命进化历程,探索人类从何而来。走进生命进化科考站,可聆听一系列关于发现和探索的故事,寻找人类在自然

界中所处的位置。

（3）关山峻岭地质史书。岩石和矿物是大自然无私的馈赠，也为人类社会的发展提供了不竭动力。在"关山峻岭地质史书"活动中，科普老师引导儿童运用各类实验仪器，分析、归类矿物的特点和类型。让儿童在与岩石、矿物亲密接触的过程中，进行一场别开生面的"寻宝、鉴宝"之旅，掌握简单的"鉴宝"能力。

Ningxia
Geological
Museum

宁夏地质博物馆

/宁夏回族自治区银川市金凤区人民广场东路301号

开放时间 —— 周二到周日 9:30—16:30(16:00停止入场),
　　　　　　周一闭馆(国家法定日节假日正常开放)
联系邮箱 —— 455011213@qq.com
联系电话 —— 0951-5692261,0951-5692002
微信公众号 —— 宁夏地质博物馆

一、科普基地基本信息

宁夏地质博物馆隶属于宁夏地质局,是一座反映宁夏自然历史的专题博物馆。主要展示宁夏特色的地质矿产资源、古生物、地质环境、地质构造等内容,是宁夏回族自治区珍稀地质矿产标本收藏中心,是地球科学知识普及与青少年科学文化素质教育的学习基地,是大众游览、观赏、休闲、娱乐的理想场所。

宁夏地质博物馆座落于宁夏回族自治区银川市金凤区人民广场东路301号,总占地面积7 940平方米,总建筑面积6 451平方米,陈展面积3 600平方米。主体为四层建筑,总高度23.45米,坡屋顶最高28.45米。建筑新颖别致,独具风格。整体建筑造型寓意从沙漠中拔地而起且错落有致的巨型岩石,一颗璀璨的宝石镶嵌其中。倾斜的断层面上的阶步由地面拾级而上通达楼顶,层层推进,展示了地质部门开拓创新、昂扬向上的精神风貌;斜面直插入地,寓意地质工作者不断探索地球奥秘、寻找地下宝藏的雄心壮志;双体斜屋面喻示贺兰山、六盘山巍峨耸立,黄河从中穿越而过的宏伟气势;开放式观景楼顶,拓展了展示空间,给观众以登高、猎奇的感受。

⊙ 博物馆外观

二、科普基地的创建和发展简况

宁夏地质局成立于1958年,2008年恰逢宁夏地质局建局50周年,宁夏地质事业取得了丰硕的成果,积累了一批重要的古生物、岩石、矿产标本,涌现了一批践行"三光荣传统、三特别精神"的楷模。为了普及地球科学知识,加强对这批标本的保护、研究力度,弘扬甘于奉献的地质精神,宁夏地质局集全局之力建设了宁夏地质博物馆。

自2008年4月25日宁夏回族自治区政府批准实施项目后,宁夏地质局团结带领博物馆广大干部职工,攻坚克难,历经科学决策、基础建设、布展内容设计、布展形式设计、布展方案编制、布展施工6大阶段,组织召开30多次各种大小会议,在三年半内完成建设,于2011年11月竣工验收,同年12月31日正式开馆运行。

建成后的博物馆实现了"两个突出",即建筑造型突出、展厅特色突出,以"宁夏品牌、西北一流、全国知名"为建馆目标,获得了"小而特、小而精、小而美"的专题博物馆美誉。2016年后经过机构调整,宁夏地质勘查装备博物馆和宁夏数据中心划归宁夏地质博物馆统一管理,自此形成了完备的地学科普体系。

自成立以来,博物馆通过不懈努力获得了"全国科普教育基地""国土资源科普基地""国家国土资源科普基地""宁夏回族自治区科普教育基地"等荣誉称号,对地球科学知识普及、提高公众科学素养、传播宁夏地质知识起到了重要作用。与此同时也获得了多项奖励。2013年被宁夏回族自治区科技厅、自治区党委宣传部、自治区科协评为"2012年度自治区优秀科普基地";2015年被中国科协评为"2014年度全国优秀科普教育基地";2016年被中国科协评为"2015年度全国科普教育基地科普信息化工作优秀基地"。目前正在创建申报中国古生物学会全国科普教育基地。

三、科普活动主要场馆和展陈内容

博物馆内设有序厅、地球科学厅、生命演化厅、地质环境厅、矿产资源厅、地质工作厅及宝玉石展区,另有4D影院、VR体验区、标本贮藏区、接待服务区、机动展厅;馆外是具有时光通道、恐龙乐园及地质工作者雕塑的地质广场。

目前馆内收藏了省内外各种标本16 000多件。含距今约1.74亿年的中侏罗纪大型蜥脚类恐龙宁夏灵武恐龙,宁夏各种古生物、矿石、岩石标本,以及来自各省的精美矿物晶体和观赏石标本。展厅内播放反映宁夏地质特色和区域特色的多媒体宣传片,4D影院播放由博物馆制作的《沧桑贺兰》4D影片,机器恐龙、恐龙下蛋等项目寓教于乐,还有互动项目及仿真度较高的景观模型。

1. 序厅

主要以导览服务、休闲购物、儿童娱乐功能为主,同时展陈有鸮头贝化石墙、黄河金岸长卷浮雕、贺兰石龙砚、巨型太西煤等展示内容。从这里开始,进入时光隧道,可尽览宁夏山川地质风貌,了解地球亿万年的沧海桑田以及宁夏地质人的奋斗历程。

⊙ 序厅

2. 地球科学厅

主要介绍奥妙无穷的宇宙和地球的相关知识,包括:太阳系的八大行星;地球的形成、演化和圈层结构;地球内部和外部运动对人类生存的影响;"大陆漂移"互动展项(真实再现地质地貌及环境变化);"地震"体验平台(介绍地震相关的丰富知识);地壳演化展墙及多媒体介绍宁夏地质构造、地壳运动等。

⊙ 地球科学厅

3. 生命演化厅

漫步史前世纪长廊,再现原始环境的真实感,以时间为主线,介绍地球生命变迁,从无到有、从简单到复杂、从低级到高级的进化历程。一是集中展示宁夏地区特色的古生物化石,包括笔石、珊瑚、腕足、头足、泥盆纪鱼类、侏罗纪恐龙、新生代哺乳动物(包括铲齿象、库班猪、大唇犀等)、植物化石以及我国化石瑰宝澄江生物群(部分)。二是以多媒体形式直观介绍了生命的起源、化石的形成、寒武纪生命大爆发等重要地质事件。三是以火山喷发、闪电等科技手段模拟了生命诞生的场景,利用模型展示了发现于宁夏的四足动物潘氏中国螈登陆的场景,用甲龙类、鸟脚类恐龙以及巨大的恐龙骨架复原模型,生动地表现了曾经的霸主们的力量与辉煌。重点介绍了发现于侏罗纪地层中的大型蜥脚类恐龙神奇灵武龙,模拟制作了化石挖掘现场。

4. 地质环境厅

　　以"一河两山四土沙"等大型景观为展示主线,重点介绍了气势磅礴的黄河、久经沧桑的贺兰山、风景如画的六盘山、广阔无垠的沙土地,揭开了宁夏地质地貌的神秘面纱。通过互动触媒,可查询、了解宁夏地质环境知识以及目前存在的环境问题,激发游客保护环境、珍爱家园的情感。

5. 矿产资源厅

介绍宁夏矿产资源赋存和开发利用现状以及矿业经济概况等内容,展示宁夏及各省区的矿物、矿石标本。通过地下采煤大型幻影成像真实再现煤炭从挖掘、运输到利用的全过程。

⊙ 矿产资源厅

6. 地质工作厅

介绍宁夏地质工作的发展历程,从古代矿业到现代矿业,从中央直属管理到属地化管理,从艰苦创业到实现找矿新突破跨越式发展的辉煌历程;展示宁夏几代地质人继承和发扬"三光荣传统、三特别精神",为宁夏国

⊙ 地质工作厅

民经济建设做出突出贡献的历程;介绍以"亘古第一井""总理井""生命工程第一井"为代表的宁夏南部山区扶贫找水工程等丰硕的地质成果;展示党和国家领导以及省部级领导对宁夏地质事业的关怀与重视。

展厅内的"冰立方"节约水资源模型、工程钻探互动实景模型等寓教于乐,另有供大家参与的互动项目,还有"一天对话亿万年"反映出不同时期的地质工作场景。

7. 宝玉石展区

介绍宝玉石、观赏石以及矿物的化学性质、物理性质、宝玉石真伪辨别的相关知识。展示绚丽多彩、珍贵精美的矿物晶体和观赏石标本。

⊙ 宝玉石、观赏石展区

8. VR体验区

以先进的科技手段为游客展示地质方面的相关内容,直击人的感官系统。同时作为流动博物馆的重要展示项目走出馆外,走进校园,特别是到一些偏远地区,让更多的孩子体验科技的力量。

⊙ VR体验区

四、重点展品介绍

博物馆收藏地质标本16 000余件,其中化石标本3 000余件。展示了许多特色展品,如宁夏灵武恐龙、六盘山恐龙足迹群、中卫鱼群、同心哺乳动物群以及宁夏无脊椎动物、植物化石等。精品化石有鸮头贝、海百合、宁夏恐龙、宁夏恐龙足迹、同心铲齿象、库班猪、彩斑菊石、木化石等。

1. 鸮头贝化石墙

以化石墙展出。鸮头贝为生存于泥盆纪(距今4.16亿—3.59亿年)的海洋古无脊椎动物,属腕足动物门。底栖于海底,附着于其他物体上或在潮汐带营穴居生活,单体群居。壳瓣大而隆凸,近圆形,壳面平滑,无饰纹。腹壳的壳喙弯曲如钩,形似鸮喙,故名鸮头贝。鸮头贝化石墙高4米,宽2米,整个墙体由近千个完整的鸮头贝化石天然堆积而成,远看密布如珠,近观栩栩如生,实属罕见之珍品。

2. 海百合

同样以化石墙展出的海百合是一种始见于早寒武世的棘皮动物,生活于海里,具多条腕足,身体呈花状,表面有石灰质的壳,因其形酷似百合植物而得名。化石墙高4.05米,宽2.66米,面积10.77平方米,化石保存完整,根、茎、冠俱全,具有较高的观赏价值和收藏价值。

○ 鸮头贝(左)
海百合(右)

3. 灵武龙

灵武恐龙属梁龙超科鞭尾类叉龙科,它为亚洲发现的第一个梁龙超科新物种,也是目前发现的蜥脚类恐龙类群中年代最早的物种,研究者将这一新的恐龙物种命名为神奇灵武龙,寓意灵武恐龙带来的惊喜。

神奇灵武龙比其他地区的梁龙要早将近1 500万年,因此成为梁龙类最早的代表物种。过去,大家认为梁龙类和其他蜥脚类是在中、晚侏罗世过渡期的一个较短的时期里快速演化而成并占领陆地生态系统主导地位的物种。而此发现于1.74亿年前的梁龙类意味着,其在侏罗纪早期就已经出现,它们经历了漫长的演化过程,在侏罗纪晚期繁盛起来,而不是之前认识的那样"迅速演化而来"。

⊙ 灵武龙

4. 恐龙足迹

宁夏恐龙足迹发现于宁夏六盘山地区。共计5个化石点,分别位于宁夏六盘山地区固原市隆德县和泾源县,赋存地层为下白垩统六盘山群和尚铺组、李洼峡组和马东山组,包括蜥脚类和鸟脚类恐龙足迹化石,其中以蜥脚类为主。

5. 铲齿象

铲齿象生活在距今1 000多万年的中新世。它的下颌极度拉长,其前端并排长着一对扁平的下门齿,形状恰似一个大铲子,故得名铲齿象。在宁夏同心新生代地层中发现了丰富的哺乳动物化石,曾出土了世界上第一件完整的铲齿象骨架化石。

⊙ 恐龙足迹(左)

铲齿象(右)

6. 库班猪

库班猪是大型长角的猪,生存于中新世的欧亚大陆,最早出现于非洲。其下最大的物种是巨库斑猪,肩高达1米,重500千克。它们的眼睛上有细小的角,雄性的前额有较大的角,在中新世末灭绝,在我国主要发现于宁夏、甘肃、青海。

7. 笔石

笔石是半索动物门的一个纲,已灭绝,是一种海生小个体群体动物。化石常因升馏作用而保存为碳质薄膜,在岩层上似象形文字,故称笔石。笔石全为海生,多营漂浮生活,也有营固着底栖者,分布极广,演化迅速,最早出现于中寒武世,奥陶纪及志留纪最盛,石炭纪后期灭绝。宁夏笔石化石丰富,主要分布在青龙山、米钵山奥陶纪地层中。

⊙ 库班猪(左)
笔石(右)

8. 彩斑菊石

彩斑菊石是一种具有晕彩效应的有机宝石,主要来源为加拿大具有彩虹晕彩的螺状糕菊石属(亦称"平盘菊石属")的化石壳。菊石是一种已灭绝的海洋软体无脊椎动物,整体形状多为壳体包围的螺状旋转形,因表面常具有类似菊花的线纹而得名。菊石生存于泥盆纪—白垩纪。糕菊石属具有独特的生态位置,其后的成岩作用保留了菊石壳的钙质外壳,使得糕菊石显示出与众不同的色彩和光泽。

⊙ 彩斑菊石
(加拿大)

9. 木化石

此木化石产于印度尼西亚。其保留了树木的木质结构、纹理及构造特

点，具有极高的收藏、观赏及
经济价值，对于古地理、古环
境有重要的科研价值。广场
上有两根硅化木，一根长为
25.5米，被分为13节，分散竖
立在广场上。另一根平放于
主建筑前，长34米，在国内也
属少见。

⊙ 木化石

五、开展的特色科普活动及创新内容

博物馆自筹建以来，开展了丰富多彩的科普活动，取得了良好的社会
效应。

（1）主题科普活动。以世界地球日、科技活动周、全国科普日为契机，
根据自然资源部、科技部、宁夏科技厅下达的通知，每年有计划、有组织地
开展主题科普活动。以科普进校园、科普进社区、科普进广场、科普进工厂
等常规科普活动为主，先后前往学校、社区、广场、工厂等地，通过悬挂横
幅、展板宣传、发放资料等向社会公众普及地学科普知识。博物馆的科普
工作人员通过不断摸索，打破常规的宣传思路，在活动形式上力求推陈出
新，提升公众的参与度，先后尝试了专题科普讲座、科普小实验、科普小故
事、科普征文、科普知识竞赛、主题班会、创意礼物征集等多种活动形式，使
得公众的参与度显著提高，获得了公众的一致好评。

（2）特色科普活动。博物馆先后开展了小小讲解员、宝玉石奇石观赏
节、博物馆奇妙夜、化石小猎人研学游、地学科普夏令营、流动博物馆、科普
大讲堂等独具特色的科普活动，坚持以互动性、趣味性较强的科普活动为
引导，将丰富的地质资源和地学科普知识传播到各个地方，努力打造博物
馆地学科普品牌，形成大众参与、独具特色的良好风气，使公众的科学素质

实现跨越式提升。

（3）4D电影及系列科普图书。博物馆通过积极申请财政专项资金，投入400余万元制作了25分钟的《沧桑贺兰》4D影片，这是国内首部反映宁夏地壳演化史的4D特效电影。《沧桑贺兰》是一部涉及地球科学综合知识的科普影片，通过塑造"贺兰老人"的形象，记录了宁夏近25亿年来漫长的地质演化历史，引领观众了解宁夏山河之沧海桑田巨变、生命之诞生演变、文明之孕育发源等。本片充分利用现代技术手段，发挥博物馆4D影院优势，以独特的方式讲述了宁夏山川大地的故事，在寓教于乐中向大众普及地学知识，增强人们热爱家园、珍惜资源、保护地球环境的意识。

（4）图书出版。博物馆自成立以来一直重视科普图书的创作工作，先后出版了《朔方科普夕拾》《时光切片——宁夏地质演化简史》《生命的轨迹——宁夏生物演化简史》《沧桑贺兰——宁夏地质史话》4部科普图书，均被评选为自然资源优秀科普图书，取得了很好的社会效应。

National
Geopark of
Shanwang,
Shandong

山东山旺国家地质公园

／山东省潍坊市临朐县山旺镇解家河村

开放时间 —— 全年开放：夏季8:20—17:00，冬季8:20—16:00
联系邮箱 —— sw3421036@163.com
联系电话 —— 0536-3421036

一、科普基地基本信息

山东山旺国家地质公园由临朐县人民政府建设，是一个集展览、收藏、研究和教育为一体的现代化地质公园，是自然科学普及教育的重要基地。山旺国家地质公园坐落于山东省潍坊市临朐县城东22千米处的山旺镇，隶属于山东临朐山旺国家地质公园管护中心。

在公园建筑面积有3600平方米的古生物化石博物馆布设了综合厅、陆生厅、水生厅和3D影院放映厅，展出化石220余件。公园内修整成形地层剖面一处，跨度160米，高度22米左右。山旺地层剖面已成为国际上中新世生物建阶的重要依据。山旺组硅藻土地层沉积由于层薄如纸，稍加风化即层层翘起，宛若书页，因此被形象地比喻为"万卷书"。硅藻土中赋存的山旺化石形成于距今1800万年的新近纪中新世，已发现并命名的就达12个门类，含700多个属种，被誉为"世界化石宝库"；新生代时期形成的古火山星罗棋布，也具有很高的科研、科普价值。

⊙ 公园外观

二、科普基地创建和发展简况

公园的前身为1980年由国务院批准设立的山旺国家级重点自然保护区,面积1.2平方千米。1999年10月,保护区被国土资源部、国家环境保护总局确定为国家地质遗迹保护区。2001年12月,国土资源部批准设立山东山旺国家地质公园,面积13平方千米。

2000年5月,中国古生物学会授予山旺国家地质遗迹保护区"中国古生物学会全国科普教育基地"称号;山东山旺国家地质公园博物馆落成后,因袭授牌。2015年5月,中国科学技术协会授予山东山旺国家地质公园2015—2019年"全国科普教育基地"称号。2016年12月,被山东省科协授予"山东省三星科普教育基地"称号,2017年提升为"山东省四星科普教育基地"。

三、科普活动主要场馆和展陈内容

公园是在山旺化石遗址剖面的基础上建立的。其核心区为山旺地层层型一号剖面,在此可以看到被称为"万卷书"的山旺组典型硅藻土沉积层型,这里也是公园内古生物化石的主要埋藏地,为距今1800万年的古玛珥

⊙ 公园地质剖面一号

湖的一个旧址。

山旺地层层型剖面呈东南—西北走向，总长度160米，高22米，水面以下5米左右，目前专家将其划分为22层，每一层都含有大量的古生物化石。大哺乳动物化石主要集中在第4,7—9层，目前剖面原位保存的有第4层出露的犀牛化石，第7层出露的柄杯鹿化石。昆虫化石主要集中在第4,8层之中。种子果实化石主要发现于剖面顶部3米厚的地层中，叶化石在整个剖面中都可见。这些沉积层由明暗相间的纹层组成：夏、秋季有机质供应充分，硅藻繁育茂盛，形成的纹层以暗色层为主；冬、春季有机质供应较少，硅藻繁育较慢，形成的纹层颜色较浅。

山旺地层剖面产出的化石在国家地质公园博物馆展出和馆藏。有世界罕见的保存完整、门类齐全、具有不可替代性和重要科学价值的古生物遗迹。博物馆展出化石220余件。其中植物化石有真菌、苔藓、蕨类、裸子、被子及藻类，以枝叶最多，花、果实和种子也保存得非常完美。动物化石有昆虫、鱼、两栖、爬行、鸟及哺乳动物。

动物化石中，鹿类化石非常有特色，山旺也因此成为20世纪末世界上发现鹿类化石最多、保存最好的化石产地。昆虫化石翅脉

⊙ 综合厅

⊙ 陆生厅

⊙ 3D影视厅

清晰,保存完整,有的还保留着绚丽的色彩,精美至极。

山旺是我国迄今发现完整鸟类化石最丰富的产地。特别是山旺山东鸟、齐鲁泰山鸟等鸟类化石的发现,填补了中新世时期之空白。

三角原古鹿化石和东方祖熊化石是世界上中新世时期化石保存最完整的标本。在古生态、古气候、动植物演化等研究方面,它们在世界上有着重要的地位。

古生物化石产地是我国少有的几个硅藻土产地之一,独具"万卷书"之称,具有很高的研究和观赏价值。古生物化石产地周边的火山地质、火山喷发地貌亦为公园重要的地质遗迹,对于追溯地质历史具有重大的科研价值。

四、重点展品介绍

1. 近无角犀:怀胎母犀

怀胎待产的母犀,肚子里的小犀牛清晰可见:前腿曲,后腿蹬,头已转到临盆位置。母犀孕期15—18月,每次只产1个仔。这具怀胎母犀的化石实属罕见,为稀世珍品。

⊙ 近无角犀

2. 山旺山东鸟

山旺山东鸟的个体中等大小。头大,嘴峰短粗有力,前段略下弯,但不呈钩状。前肢发达,腿部细长,但跗跖骨的长度大于胫骨长度的一半。不等趾足,四趾,趾粗壮,第一趾较其他趾短,位置略高。山旺山东鸟是我国首次发现的中新世鸟类,也是我国最早发现的完整鸟化石之一。

⊙ 山旺山东鸟

3. 柯氏柄杯鹿

柯氏柄杯鹿是山旺发现的最多的大型脊椎动物,现已灭绝。雄性长角柄,末端有掌状分叉,有大的上犬齿。雌性既无角,也无大的犬齿。雄雌个体的前后肢均具较发育的侧趾,表明柄杯鹿为构造原始的鹿类。

4. 中华河鸭

中华河鸭是我国已知鸭科甚至雁形目中保存最完整、时代最早的化石代表。它的骨骼构造和现生绿头鸭相似,与现生家鸭的祖先有一定的亲缘关系。

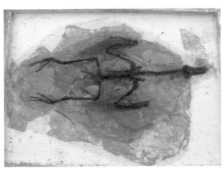

⊙ 柯氏柄杯鹿(左)
中华河鸭(右)

五、开展的特色科普活动以及创新内容

(1)广泛开展科普教育研学活动。每年"4·22世界地球日""6·25全国土地日""博物馆日""旅游日"都会组织科普讲座,观看3D宣传片、悬挂科普标语,与中小学校联合组织丰富多彩的科普实践活动。

(2)强化科研基地建设。与中国科学院古脊椎动物与古人类研究所、地质所及中国地质大学等单位建立合作关系,并成为中国地质大学、中国石油大学、山东科技大学等院校实践基地。研究成果不断增多,已有相关论文、专著、科教电影、电视片130余篇/部。

Shandong Tianyu Museum of Nature

山东省天宇自然博物馆

／山东省平邑县莲花山路西段

开放时间 —— 夏季(5—10月)8:00—17:30(16:30停止售票)，
　　　　　冬季(11—4月)8:30—17:00(16:00停止售票)

网址 —— www.tynhm.com

联系邮箱 —— ty4291666@163.com

联系电话 —— 0539-4291666

微信公众号 —— 天宇自然博物馆

一、科普基地基本信息

山东省天宇自然博物馆于2004年9月建成开放,是集收藏、展览、科普、科研于一体的大型自然科学类博物馆。博物馆坐落于山东省第二高峰蒙山主峰龟蒙顶脚下,平邑县莲花山路西段。北临327国道,兖石铁路,南靠日东高速,鲁南高铁,交通十分便捷,地理位置优越。博物馆建筑面积3.2万平方米,陈列面积2.8万平方米。馆内设科研馆1处,3D动感影院1处,展厅28个,馆藏展品39万余件。总投资4亿元。

博物馆自建成以来便以丰富的馆藏引起了社会各界的广泛关注。先后获得了"国家AAAA级旅游景区""全国科普教育基地""全国国土资源科普教育基地""中国古生物学会全国科普教育基地""山东省文化产业示范基地""省级研学实践教育基地"等荣誉称号,并于2010年7月被吉尼斯世界纪录认证为"世界上收藏恐龙和其他史前动物化石最多的博物馆"。迄今,博物馆已成功申报6项吉尼斯世界纪录,成为世界上最重要的古生物地学博物馆之一。

2007年1月28日,"中国古生物学会九届三次理事会"在山东省天宇自然博物馆召开,博物馆被授牌为"中国古生物学会全国科普教育基地"并

⊙ 博物馆主楼
外观

举行了隆重的授牌仪式。同日,中国科学院南京地质古生物研究所在博物馆设立工作站。次年10月,中国科学院古脊椎动物与古人类研究所也在博物馆设立工作站。

二、科普基地创建和发展简况

博物馆由原平邑县归来庄金矿投资创建。为了创建百年矿山,实现可持续发展的目标,归来庄金矿于2001年制定了"以金为主、多业并举"的经营战略。博物馆就是该金矿的第一个金外产业项目。工程项目于2003年7月立项,经山东省工商局审核,正式挂名为"山东省天宇自然博物馆",并且办理了各种执照手续。

博物馆建设分两期进行。一期工程于2003年8月21日破土,2004年4月主体工程即告完成,包括主楼7层,高39.8米,长100米,宽22米。从破土到布展完成,总共用了一年多的时间,于2004年9月20日建成开放。二期工程于2005年3月动工,历时近6个月完成建设并布展,于2005年9月28日正式对外开放。博物馆的建设堪称"高效、高速、高质"的工程典范。

因其具有丰富的馆藏和深厚的科学内涵,博物馆先后成为中国科学院多家科研机构的平邑工作站,并于2010年与临沂大学合作成立了地质与古生物研究所。通过与国内外诸多高校和科研院所的精诚合作,仅短短十余年,博物馆的科研工作就取得了令世界瞩目的丰硕成果。迄今,博物馆已取得科研成果近60项,建立正模标本28件,其中有9项成果发表在世界顶级刊物 *Nature* 和 *Science* 上,多项成果都在世界古生物研究领域中引起了重大反响。

三、科普活动主要场馆和展陈内容

天宇自然博物馆以古生物化石和精品矿物收藏著称。主要展厅包括综合厅、百龙厅、千龙厅、万龙厅、百鹿厅、百犀厅、万鱼厅、海百合厅以及和政厅、山旺生物群厅、热河生物群植物厅、昆虫厅、澄江生物群厅等。

1. 综合厅

综合厅是一个精品化石展厅,囊括了各个地质时期重要化石的藏品代表,充分展现了漫长的生命历史时期远古生物的多姿多彩和由简到繁的演化历程。从寒武纪的三叶虫到奥陶纪的鹦鹉螺;从泥盆纪的鸮头贝到二叠纪的菊石;从三叠纪的鱼龙到侏罗纪的恐龙、翼龙,再到白垩纪的古鸟类;从善于游泳的海龟、龙虾到水陆两栖的青蛙、蝾螈,再到称霸陆地的各种恐龙和鸟兽,均可在综合厅里看到它们印刻在石板上的栩栩如生的身影。

2. 百龙厅

百龙厅也称鱼龙厅。走进展厅,从四周的墙壁到宽敞的地板,除了游人参观的走道外,其余空间都被大大小小的鱼龙化石充填。苍灰色的石板历经2.3亿年的岁月洗礼,古朴而庄严。鱼龙的身形千姿百态,大者身长十几米,小者不足十几厘米,盘踞者如龙,伸展者如鱼,有仍在母亲腹中的"婴儿",有"蹒跚学步"的"孩童",有初涉江湖的"少年",有身强体健的"壮年",有垂垂老矣的"暮者",不一而足,仿佛三叠纪时期盘古大洋中鱼龙王国的一隅被封存在中国贵州关岭的群山里。

⊙ 百龙厅

3. 海百合厅

海百合形如植物,混迹于动物王国中,生生不息,源远流长。这种神奇而古老的棘皮动物在中生代海洋中格外繁盛。博物馆聚集了上千株海百合化石,以最直观的方式向大众展示了这种生物在远古海洋中的兴盛和繁荣。在海百合厅中环顾四周,放眼脚下,犹如置身于一幅水墨天成的画卷之中。

⊙ 海百合厅

4. 千龙厅

千龙厅是恐龙化石专门展厅。侏罗纪的近鸟龙、白垩纪的小盗龙,都是恐龙家族的四翼使者、恐龙进军天空的先驱。在博物馆的收藏中,有近鸟龙化石200多件,小盗龙化石300多件,而千龙厅作为向公众开放的展厅仅展出了一部分近鸟龙和小盗龙标本。鹦鹉嘴龙是千龙厅的另一个重要群体,它们或三五只成群,或八九只结伴,偶有独来独往者,都如木雕泥塑一般,虽形成化石,却定格在某种生的状态中。还有世界上最小的甲龙,以及人类最早发现的恐龙——禽龙。一件体长8米的锦州龙化石保存异常完整,连腹部的食物残留都赫然在目。除此之外,千龙厅内还聚集了多种在中国发现的恐龙,这些恐龙均以3D模型的姿态现身,有体长达21米的合川马门溪龙,有号称"中国第一龙"的许氏禄丰龙,有背上武装着坚韧骨板的沱江龙,还有头脑发达、凶猛残暴的永川龙,等等。

⊙ 千龙厅

5. 万鱼厅

万鱼厅,顾名思义是鱼化石展厅。展厅墙壁上的展台橱窗里全部陈列着各种各样的史前鱼类化石,不仅有三叠纪的比耶鱼,侏罗纪的鳞齿鱼,白垩纪的中华鲟,还有来自德国的日鲳,来自印度尼西亚的龙鱼,来自巴西的肺鱼……这些鱼化石每一件都如印如画,历尽沧桑,记录了鱼类坎坷而悠远的演化之路。在整个展厅中,最壮观的是一个白垩纪鱼群的化石,其规模之大令人惊叹。整个化石板加起来有近300平方米,分成两部分陈列在展厅的主展台上。苍灰色的石板上密密麻麻布满了数万条姿态各异的鱼化石,保存精美之处真是翘头摆尾、栩栩如生,仿若一个庞大的鱼群正在尽情享受逐波戏浪的快乐时光,这一瞬间被大自然定格,从此化作一种永恒。

⊙ 万鱼厅

6. 百鹿厅、百犀厅

百鹿厅陈列了近200件鹿类化石,百犀厅陈列了100多件犀牛化石,两个展厅的陈列风格相似。来自山东临朐山旺地区的中新世哺乳动物化石,因为原本埋藏在质地异常酥脆的硅藻土页岩中,所以格外增加了化石采掘和保存的难度。因此,山旺的化石都镶嵌在用来加固的白色石膏模中。保存姿态各异的鹿类或犀牛化石镶满了展厅的四壁,如一件件精美的雕塑,展现着浑然天成的艺术风格。展厅地板上铺着

⊙ 百鹿厅

翠绿色的人造草坪，草坪的上面同样摆满了鹿类或犀牛化石，放眼望去，如同被大自然定格在草地上游弋的兽群。

博物馆18个古生物化石展厅陈列着地球历史各个时期的古生物化石标本，以最简约直接的方式让这些自然历史的瑰宝面向大众，即使无言，也同样能唤起参观者内心深处的震撼，使其感受到天地自然的伟大和血肉生命的神奇。博物馆除了最直观纯粹的化石展之外，还辅以其他的科普设施，包括文字和图片介绍说明、3D影院、多功能报告厅、研学之旅活动厅等，以更好地为科学普及、青少年教育服务，提高公民文化素养。

四、重点展品介绍

博物馆共收藏古生物化石18 665件，种类极其丰富，时代跨越全，保存精美，涵盖了地球显生宙各个时段的古生物化石。包括古生代的无脊椎动物化石，中生代的各种爬行类、鱼类、两栖类和早期哺乳类，以及各种无脊椎动物昆虫、海百合化石等，应有尽有；还有新生代的各种哺乳动物、爬行动物、鱼类、昆虫以及植物化石。其中所珍藏的1 200多件恐龙和2 200多件古鸟类化石为研究恐龙演化、鸟类起源等提供了极其珍贵的素材，为恐龙到鸟类的地球生命演化史增添了最为翔实和精彩的一环，极大地丰富了人类对生命演化的认知。

迄今，博物馆的化石收藏中已建立正模标本28件，其中每一件都堪称国宝级的标本，如发表在 *Nature* 上的孔子天宇龙、郑氏晓廷龙、奇翼龙和金氏树贼兽等，每一件的发现都堪称古生物研究领域中的里程碑。

1. 郑氏晓廷龙（*Nature*，2011）

郑氏晓廷龙的出现动摇了始祖鸟一百多年的鸟类始祖地位，在国内外学术界引起了轰动，被 *Science* 评为2011年度重大发现之一。作为一种类似始祖鸟的小型兽脚类恐龙，晓廷龙标本的体型大小如鸡，全身骨骼几近完整地展开在页岩上，周围环绕着羽毛印痕。解剖学研究结果使郑氏晓廷龙成为一件举足轻重的标本。研究者将晓廷龙的信息特征加入似鸟兽脚类恐龙的种族分支体系中,分析的结果是把始祖鸟从鸟类家族转移到了非鸟恐龙中。这就意味着在过去150年中,作为演化论象征和教科书上范例的,一直被定义为世界上最古老、最原始鸟类的始祖鸟并不是真正的鸟类。一时间,人类的传统观念受到颠覆,我们长期以来对鸟类早期演化所持有的许多思索和观点面临重新定位和选择。

⊙ 郑氏晓廷龙

2. 奇翼龙(*Nature*,2015)

奇翼龙的发现让人类重新认识到恐龙王国的复杂与神秘,被中国地质学会评为"2015年度十大地质科技进展"。奇翼龙真真切切是一种超乎人类想象的奇特恐龙,属于擅攀鸟龙科的新成员,因长着一对与其他恐龙乃至所有鸟类性质完全不同的膜质翅膀而震惊世界。奇翼龙的发现明确揭示了恐龙家族在形态分化中具有出人意料的极其丰富的多样性,并且反映出在接近鸟类起源的演化中,恐龙曾经历了超乎想象的多元演化。

⊙ 奇翼龙

3. 孔子天宇龙(*Nature*,2009)

孔子天宇龙是来自中国辽西早白垩世的一个新种异齿龙类。以前所知的异齿龙类主要发现于非洲的早侏罗世。天宇龙的发现将异齿龙类的分布扩展至亚洲,并且证实了这类恐龙一直生存到至少早白垩世,也就是说,天宇龙在它那个时代可以被称作活化石了,因为它的家族在地球上已经存在了近7 000万年。更重要的是天宇龙标本中保存了有较长的、单根的并且未分叉的丝状皮肤衍生物,此类结构被认为是一种"原始羽毛",这是此类结构在鸟臀类恐龙中的首次发现。作为鸟臀类恐龙的异齿龙类是与鸟类毫无密切关联的动物。而天宇龙的羽毛则意味着大多数恐龙可能都是身披"羽毛"的动物,并且恐龙的祖先有可能就是毛茸茸的动物。这就颠覆了传统观念中人类对恐龙形象的认知,同时引发我们从一个全新的方向对羽毛起源进行探讨。

⊙ 孔子天宇龙

4. 金氏树贼兽(*Nature*,2013)

2013年8月发表于*Nature*的金氏树贼兽标本是迄今发现个体最大的贼兽(早期哺乳动物)化石。众所周知,侏罗纪的哺乳动物大都生活在恐龙王国的阴暗角落里,而金氏树贼兽则属例外,其标本颅后骨骼特征表明这是一种具有树栖习性的兽类。金氏树贼兽的齿系非常特殊,下颌与进步的多瘤齿兽相似,进一步证实了贼兽类属于哺乳动物,而贼兽这一神秘的动物类群包括的化石可以追溯到晚三叠世,这也就意味着哺乳动物起源比以前预想的提前了4 000万—5 000万年。由此引发了学术界对哺乳动物起源和演化模式的新思考。

5. 弥曼始今鸟（*Nature Communications*，2015）

弥曼始今鸟是目前已知的最古老的今鸟型鸟类，也就是现生鸟类祖先类群的最早成员。白垩纪时期，地球上的鸟类可分为三大类群：基干鸟类、反鸟类和今鸟类。前两者均在白垩纪末期生物大灭绝中灭绝，只有今鸟类的某些支系幸存下来，演化成了现生鸟类。弥曼始今鸟被归属为今鸟型鸟类中的红山鸟科，属于已知红山鸟科最原始的成员，自此红山鸟类支系已经完全建立起来。弥曼始今鸟的发现把今鸟型鸟类的化石记录向前推进了 500 万—600 万年，从而把早期鸟类支系的分化时间推移到了早白垩世。

⊙ 弥曼始今鸟

6. 周氏混元兽（*Nature*，2018）

周氏混元兽的发现改写了有袋类哺乳动物的起源史，荣获"2018年度中国古生物学十大进展"。混元兽是一种新的热河真兽类，一件保存近乎完整的骨骼标本，保存了同时期哺乳类前所未知的解剖学信息，包括耳环骨和舌骨机制。新化石标本显示中国袋兽是一种真兽类，而中国袋兽和热河真兽类始祖兽的颅后骨骼的差异，以前被认为是真兽类和后兽类分别适应攀援环境的差异，现在则变成了有胎盘类支系早期成员的一种多样性分化。而已知最早的后兽类则不再来自东亚，而是来自距今1.1亿年的北美西部地区，这就使得后兽类支系出现了 5 000 万年的空缺。

此外，博物馆内11件保留后肢腿羽的珍稀古鸟类化石表明，最早的鸟类是四翼飞翔的"双翼飞机"，研究成果发表在2013年的 *Science* 上，被誉为相关研究领域中的一座里程碑。另有多件保存卵泡的古鸟类化石，首次揭示了恐龙向鸟类过渡中生殖系统的演化。还有精美的近鸟龙化石揭示了鸟类消化系统在恐龙中的起源。特异保存的未成年鸟类化石揭示了原始鸟类胸骨发育模式的多样性……博物馆的收藏，以数量见长，以质量取胜，在此仅简单介绍几件，聊以代表。

⊙ 奥氏天宇盗龙（左）
陈氏天宇鸟（右）

⊙ 马氏始鹏鸟（左）
食谷鸟（右）

⊙ 始孔子鸟（左）
重明鸟（右）

五、开展的特色科普活动以及创新内容

多年来,博物馆以丰富的馆藏品为基础,结合取得的科研成果,针对不同文化需求的参观者,不定期举行科普讲座、科普巡展、科普咨询等活动,有效地为传播科学知识、提高公民文化素养服务,并取得了非常好的社会反响。尤其是近几年来,积极响应国家倡导研学旅行的号召,联合大中专院校、中小学校及研学机构,开展研学实践活动,博物馆已被打造成为重要的研学实践教育基地。

博物馆已在国家级刊物上发表了若干科普文章,另正在编著系列科普童话、开发系列古生物科普课程。博物馆建立了官方网站、微信平台和抖音短视频,配合上述科普活动进行了有效的科普宣传。

*Shenzhen
Museum of
Paleontology*

深圳古生物博物馆

/深圳市罗湖区莲塘仙湖路160号

开放时间 —— 周二至周五9:00—17:00（16:30停止入馆），
　　　　　周末及节假日9:30–17:30（17:00停止入馆）
网址 —— http://www.szbg.ac.cn/cn/Museum/index.aspx
联系邮箱 —— haiguiisrael@hotmail.com
邮编 —— 518004
联系电话 —— 0755–25702716
微信公众号 —— 深圳古生物博物馆

一、科普基地基本信息

深圳古生物博物馆坐落在风景秀丽的深圳仙湖植物园内,是经深圳市人民政府批准,由深圳市城管和综合执法局建设,以收藏、研究、展示古动物、植物化石标本为主的专题型、科普型博物馆。馆舍依山兴建,石砌而成,与周围的景观融为一体,远观如同一只巨型恐龙的骨架,造型奇特,既复古又不失现代感。全馆分为木化石展区、动物化石展区和植物化石展区3个部分,占地面积2万平方米,建筑面积2 000平方米。馆藏化石标本1万余件,其中国家二级文物11件,三级文物380件。博物馆于2001年5月被授牌为"中国古生物学会全国科普教育基地"。

⊙ 博物馆外观

二、科普基地创建和发展简况

博物馆自2001年4月29日对外开放以来,在各级领导的支持和多位专家的指导下,一步步强化管理机制,不断扩充馆藏化石的种类和数量。目前,馆藏化石增长到10 000余件,包括澄江生物群、凯里动物群、关岭动物群、热河生物群、山旺生物群、硅化木(国内外)等大部分古生物化石以及388枚河南西峡恐龙蛋化石。随着馆藏化石的日益增加,博物馆建立了一套库房管理研究系统,将化石的采集、入库、研究、登录全部系统化、正规化。为了进一步提高员工的专业知识,博物馆制订了一系列的培训计划,聘请专家进行培训,并取得了良好的效果。

三、科普活动主要场馆和展陈内容

(1)达尔文实验室。主要让孩子们身穿白色工作服,模仿古生物学家在实验室内感受观察化石、解剖化石、修复化石的体验,使孩子们能像科学家一样静下心来,认真细致地工作,培养孩子们对工作耐心的态度。

(2)知识小课堂。主要让孩子们在小课堂内,将老师所讲解的知识通过动手实践来培养其对古生物领域中科学家们所采用的一些方法的认知,掌握操作技能,如皮劳克的制作。

(3)多媒体电教室。主要让孩子们在此教室观看有关恐龙、木化石等古生物学的科普影片。另外,还不定期地邀请古生物学家为中小学生做专题科普讲座,对小小讲解员、志愿者进行讲解培训。这些在科普活动中发挥着重要的作用,如博物馆奇妙夜、课程的讲解、地壳结构微电影的观看等。

(4)化石森林景区。博物馆外的化石森林景区是博物馆科普活动最大的展示区,占地2万余平方米,展区内收藏了国内外木化石800余株,在此科普展区,主要是培养孩子们的观察能力,通过对硅化木的观察提出各种各样的问题,让孩子们带着问题去思考。也可扫描每株木化石树上的二维码来获取自己想要的答案。

⊙ 化石森林

博物馆展馆建筑面积2 000多平方米,分为一楼和二楼两个展厅,展出了古生代、中生代以及新生代的各类化石标本600余件。一楼展厅展出的是古动物化石,包括三叶虫、腕足、珊瑚、鱼类、爬行类、鸟类和昆虫等,其中有世界上脖子最长的动物化石——井研马门溪龙化石,整体向观众展现了动物由水生无脊椎动物到水生脊椎动物,陆生爬行到鸟类和哺乳动物的演化过程。二楼展厅展出的是古植物化石,包括藻类植物、蕨类植物、裸子植物和被子植物化石,其中有被誉为"中华第一朵花"的辽宁古果化石,整体向观众展现了古生代、中生代及新生代的植物生态环境。

1. 主题展

博物馆展厅以"生命的进化历程"为主题,介绍生命的起源和演化,以时间为主线展现生命的演化历程、诞生与灭亡，辅以化石标本的展示，让参观者了解地球起源之初无生命的荒芜到如今拥有缤纷复杂的动植物，生命的演化由简单向复杂、由水生向陆生、由低等向高等不断曲折进化的过程。

2. 专题展

博物馆的展陈策划方案始终贯穿一条主线——生命的进化。用古生物化石告诉观众，每件化石都代表着一个生命，每个生命都有不朽的传奇，每个传奇背后都有一个生动的故事。

生命的诞生是地球历史中最神奇的一幕，而生命的演化和发展又是地球历史中动人的乐章。博物馆设3个展区。第一展区通过澄江生物群介绍了寒武纪生命大爆发中最重要的80余种动物化石，热河生物群化石又将观众带进1亿多年前辽西的恐龙王国、古鸟世界、花的摇篮等奇特的史前世界。第二展区通过古植物化石向观众介绍了植物生命的起源与进化。第三展区是规模宏大的木化石展区，通过木化石让观众知道，在远古时代森林一度繁荣，经过火山爆发等地质灾害，原始的森林遭受灾难，被埋藏在

⊙ 生命大爆发(左)
鱼类的进化(右)

⊙ 恐龙时代的
海洋(左)
热河生物群(右)

⊙ 植物的进化

⊙ 石炭纪景观(左)
新生代景观(右)

⊙ 鸟类的起源(左)
辽宁古果(右)

| 中国古生物学会全国科普教育基地概览 |

地下的森林在地质作用的影响下发生变化,继而形成木化石。

博物馆将收集到的古生物化石标本进行科学的组织,以地史时期生命的起源与演化为主线进行陈列展览,用图文并茂、声光电设备、参与互动、影视片、多媒体相结合的手法增强观众对展出的古生物化石的记忆。通过趣味的互动,从展品的科学知识的解读中了解地球历史经过的沧海桑田的变化。这些方式对唤醒参观者保护现代生态环境的意识有着重要作用。

四、重点展品介绍

1. 鹑头贝

为腕足类中个体最大者,其中肥厚型的品种体径常超过10厘米,腹喙高突而向内弯,貌似鹑头。鹑头贝壳体呈心形至球形,壳质厚,两壳的中央对称面位置具坚实的膈。主要产于滇东及桂中一带中泥盆统泥灰岩、灰岩及白云岩中。

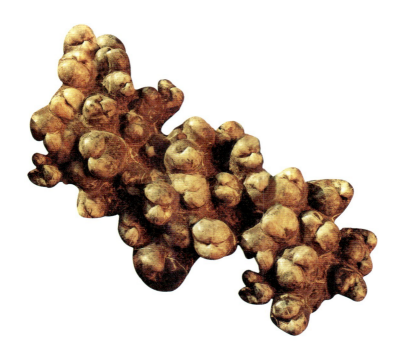

⊙ 鹑头贝

2. 胡氏贵州龙

三叠纪海生爬行动物化石,中等大小。颞颥孔非常小,比鼻孔小,眼孔大,头骨在眼眶中最宽,嘴部尖小,颈部比较长,肋骨特别大,肿肋大,共有颈椎20节,背椎20节,荐椎3或4节,尾椎37节以上,它的尺骨和腓骨宽而短,前肢趾式为3-4-4-4-3,后肢趾式为2-3-3-4-2。

3. 北山朝阳鸟

个体长约30厘米,椎体非异凹型,荐椎多于8节,椎肋端有一纵沟,椎肋具发育而骨化的钩状突,腰带各骨不愈合,耻骨后倾,耻骨末端联合长,髂骨呈肾形,髋臼前部长于后部,后部不收缩,长骨骨壁薄而中空,股骨头发育,胫骨脊大,胫骨、腓骨不愈合。特征表明:朝阳鸟较始祖鸟进步,具有与现代涉禽类相类似的肋骨,该化石为研究现代鸟的起源提供了材料。此标本为模式标本。

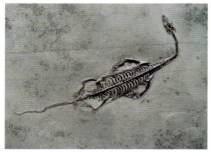

⊙ 胡氏贵州龙(左)
北山朝阳鸟(右)

4. 圣贤孔子鸟

圣贤孔子鸟是除德国始祖鸟外世界上最原始的鸟类。其主要特征是:头骨各骨块不愈合,尚具有爬行类祖先遗留下来的眶后骨,牙齿退化,出现了最早的角质喙,前肢有3个发育的指爪,肱骨有一大气囊孔。

⊙ 圣贤孔子鸟

5. 马门溪龙

爬行纲、蜥臀目的一属,包括8个种,其中2个种较为著名:一为发现于四川宜宾的建设马门溪龙,身长约13.16米,高约3米;一为发现于四川合川的合川马门溪龙,身长22米,体高3.5米,是迄今在我国发现的最大的蜥臀目化石。马门溪龙头小,长不到半米,颈长,四足行走,后肢比较瘦小。生活于湖泊沼泽地带,大部分时间生活在水中,以植物为食。

⊙ 马门溪龙

6. 卡勒莱新芦木

属节蕨纲木贼科新芦木属。茎有节和节间之分,节部轮生细线形叶,叶脱落后,节部留下小而圆形的叶痕,节间表面分布有细的纵肋和沟;种节间长,宽近于相等,节部轮生叶很多,常可达50—100枚,叶很窄,宽不足1毫米。多生长于水源充足的沼泽岸边,繁盛于早中生代。

7. 伸长拟金粉蕨

蕨叶较细弱,2—3次羽状分裂。裸羽片互生,有时对生,细长;小羽片,互生,与轴承锐角向前伸展,呈披针形或线状披针形,全缘或分裂成裂片。叶脉呈楔羊齿形,常不清楚,侧脉简单,每一裂片接受一条侧脉。实羽片尚未发现。

⊙ 卡勒莱新芦
木(左)
伸长拟金粉蕨(右)

8. 蛇不歹荷叶蕨

属真蕨纲真蕨目双扇蕨科荷叶蕨属。两枚叶片对生,呈圆形或椭圆形,叶缘具浅钝齿或呈微波状;脉序明显,每枚叶片有两条主脉自叶柄发出,然后双歧分叉多次,侧脉与主脉近于垂直并联结成方形或五角形脉网;在叶片背面网眼内含孢子囊3—16个。喜温热、潮湿气候,多生长于河、湖与沼泽岸边的凹地中。

⊙ 蛇不歹荷叶蕨

9. 密叶松型枝

属松柏纲松柏目松科。松柏类带叶的长枝和短枝。短枝不规则地着生于长枝上,呈短柱状,短枝上密生宽不足1毫米的针形叶。该植物对气候的适应性较强,在中、新生代具有广泛的地理分布。

10. 热河裂鳞果

属松柏类植物,可能为松科,为松柏类的雌球果。果穗长约5厘米,宽近1.5厘米,由螺旋状着生的种鳞复合体组成。种鳞复合体具短柄,深裂成两个略呈披针形的裂瓣,种子着生于种鳞近轴面基部,该植物有较强的适

⊙ 密叶松型枝(左)
热河裂鳞果(右)

应环境生存的能力。

11. 中华薄果穗

属茨康目薄果穗属。雌性果穗,轴上稀螺旋状排列着两瓣状的蒴果。蒴果呈近半圆形至宽倒卵形,两瓣对生,成熟时开裂,每瓣外表面具4条明显的隆脊。种子着生于蒴果的内上部。茨康目常见的带叶短枝为茨康叶、似管状叶两属,而该目的雌球果为薄果穗属,成熟时脱落,其蒴果因易于脱落而单独保存为化石。

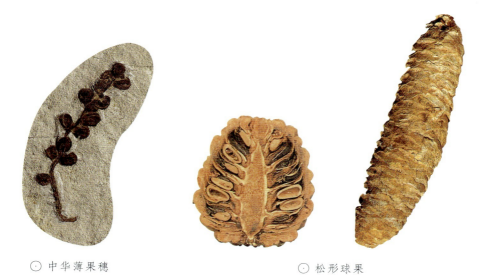

⊙ 中华薄果穗 ⊙ 松形球果

12. 松形球果

辽宁西部晚中生代地层中松形球果化石较多。球果大小及形状不一,较大的长约13厘米,宽3.8厘米,最小的长6—8厘米,宽2.6厘米。常见许多种子。

13. 辽宁古果

属被子植物。生殖枝由主枝和侧枝组成,枝上螺旋状生长着数十枚果,其顶端有一短尖头;果由心皮对折闭合形成,内含数枚胚珠(种子);雄蕊(群)位于心皮之下,着生于一"栓突"状短基上,在轴上呈螺旋状排列;每个短基上着生2枚雄蕊;叶至少有3次羽状分裂,小羽片深裂,每枚裂片具一个

⊙ 辽宁古果

中脉，可能为草本水生植物。辽宁古果的发现与研究，大大推动了被子植物的起源与早期演化的研究工作。

五、开展的特色科普活动以及创新内容

博物馆在进行古生物化石标本收藏、研究、展览的同时，还大力开展具有本地区特色的科普宣传活动。

博物馆地处"粤港澳大湾区"，在接待本地区和来自含香港、澳门在内的全国各地的游客的同时，每年还积极开展"518国际博物馆日"主题活动和"博物馆奇妙夜"等科普活动，向游客普及古生物知识。这些活动得到了游客的一致好评。

博物馆还定期或不定期举办各种展览，如日本蝴蝶标本展、凯里动物群专题展、化石的故事、"古生物博物馆探秘"活动、"远古森林的歌声"活动，以及河源恐龙蛋和奇妙的进化之旅等，丰富了博物馆的展览内容。

博物馆开展了"颂中华、爱深圳"百场展览进校园专题活动，并结合自身特点，举办了以"化石的故事"为主题的专题展，把展览办在校园（含幼儿园）和社区，为学生和市民开辟了第二课堂，取得了良好的社会效应。在此项活动中，博物馆还与深圳罗湖外国语学校、深圳红岭中学等多家院校结成了共建单位，学校在节假日派出品学兼优的学生来馆进行社会实践，同时博物馆定期送展上门，真正做到了馆校互动。

与此同时，博物馆先后与《少年看中国》节目组、新闻898、星空卫士等媒体联系，打造和加入新闻教育平台，传递最新资讯，激励青少年用睿智的目光去观察事物，认识真善美，弘扬科学知识。

博物馆还利用"自然课堂"让孩子们聆听国学大师的精彩科普演讲《成长的养料》，用传统的国学事例和成语故事作为孩子世界观树立的切入点，使孩子找到学习的乐趣，把控孩子在成长中的正确方向，使孩子树立起正确的人生观和价值观。

博物馆与央视《芝麻开门》节目摄制组进行前期策划并录制了科普系列节目，如《远古的记忆》，该节目在央视一套成功开播，扩大了博物馆科普教育基地的影响力，使博物馆的科普教育知名度越来越大。

Museum of
Prehistoric
Life

史前生命博物馆

＼大连市金普新区三十里铺

联系邮箱 —— whitegold417@sohu.com
联系电话 —— 13804114141

一、科普基地基本信息

史前生命博物馆隶属于大连星海蹦极娱乐有限公司,是一个集展览、收藏、研究和教育为一体的,揭示史前生命奥秘的专业展馆,是大连市开展自然科学普及和教育的重要基地,2001年,被授牌为"中国古生物学会全国科普教育基地"。馆藏精美、奇特的化石标本3 000多件,展示了我国近年来古生物研究领域的新发现和新进展,反映了当前国内外史前生命研究的最新成果。

博物馆坐落在辽宁省大连市大连星海公园内,建筑面积4 500平方米,展区面积2 000平方米,2001年3月1日正式对外开放。后因政府征地、动迁,博物馆停办,现正在迁往大连市金普新区三十里铺新址,新址占地2万平方米,建筑面积5 000平方米,建成后将对旅游城市大连的科普宣传教育工作做出新的贡献。

⊙ 博物馆外观

二、科普基地创建和发展简况

博物馆的创建人熊宪政,1965年毕业于长春地质学院(现吉林大学)的地质学专业地层古生物专门化班,从1963年学生时代的暑期开始到1986年的20多年间,利用工作之余和假期分赴祖国各地进行野外采集和馆际交流,收藏多门类化石标本1 000多件。从1989年个人创办公司至2001年创建史前生命博物馆的10多年间,又分赴国内外化石产地、展会收集了门类较齐全的化石标本2 000多件。

博物馆开馆之前的30多年,熊宪政曾多次参加中国古生物学会及相关专业委员会举行的学术讨论会,亲赴南京古生物博物馆及沈阳、长春、哈尔滨、天津、北京、郑州、上海、杭州、深圳、成都、重庆、自贡、云南等全国几乎所有的自然博物馆和恐龙馆,收集各地办馆信息,学习各地办馆经验,最终取得中国古生物学会的支持,开办史前生命博物馆,并建成为全国科普教育基地,对于促进大连地区的科普教育、提高公众的科学素养起到了积极作用。

三、科普活动主要场馆和展陈内容

大连史前生命博物馆分为3个展厅,包括一楼古动物厅、二楼古植物厅,以及三楼化石珍品厅。

1. 古动物厅

用化石描述了46亿年来地球生物的进化线。由于人类最早的祖先可追溯到距今5.3亿年地球生命大爆发时出现的原始脊索动物——海口虫,所以由此展示了由海口虫—鱼—两栖类—爬行类—哺乳动物,最后进化成人的生命历程。以生物各进化阶段的典型化石标本介绍了从地球生命起源到人类出现的全过程。一楼展厅主要展示恐龙天地景观,包括云南禄丰龙的模型和河南恐龙蛋化石。

⊙ 古动物厅

⊙ 古植物厅

2. 古植物厅

展示了古植物从菌藻类经蕨类植物—裸子植物—被子植物的演化过程,其中大连地区震旦纪紫红色的叠层石和展厅中间的辽西硅化木景观引人注目。

3. 化石珍品厅

展览了馆藏的3 000多件化石标本中许多珍贵的特色化石。化石珍品厅有以下几个专题展:

(1)原始类水母化石。产自辽南大连地区的化石,因其产出地层有9亿年的岩体穿入,故将此地层时代暂定为9亿年前后。如今,国内外早于6.8亿—6亿年的埃迪卡拉生物群中与其可比的后生动物尚未发现,故此原始类水母化石的继续采集和研究具有重要的科学价值。

(2)澄江动物群。化石标本丰富,几乎涵盖了澄江生物群的大部分门类和品种,有藻类、海绵、水母、蠕虫、舌形贝、滇东贝、小昆明虫、伊尔东钵、大云南虾、瓦普塔虾、中华微网虫、爪网虫、抚仙湖虫、纳罗虫、跨马虫、周小姐虫、大围士虾、始莱德利基虫、古有栉虫、奇虾、海口虫等。澄江动物群揭示了寒武纪生命大爆发的窗口,意义重大。

(3)热河生物群。热河生物群是世界著名的中生代陆相河湖沉积的生物群,展示了以叶肢介—狼鳍鱼—三尾拟蜉蝣为代表的大量古生物化石,以及一批有重要演化意义的动、植物化石类型,包括带羽毛的恐龙——近鸟龙、尾羽龙、长翼鸟龙、反鸟龙,还有孔子鸟、鹦鹉嘴龙、尖嘴白鲟、辽西螈及辽宁古果等。

(4)关岭生物群。馆藏多件贵州三叠纪海生爬行动物化石。新馆正门幕墙展示了2条近10米长的鱼龙及10米长、5米高的大型海百合化石,馆内有俗称"自然明"的完整贵州龙、带幼崽的鱼龙及大块完整海百合化石。

（5）山旺生物群。新生代中新世山东山旺硅藻土页岩保存丰富多彩的动植物化石，馆藏有多种鱼类、昆虫和完美的被子植物等化石。

（6）古新世嘉荫被子植物化石。黑龙江中俄边界的布列亚-结雅盆地中方一侧的嘉荫县乌云地区曾是中国第一具恐龙发现点。在白垩系之上的古新世含煤地层中发现了许多完整、精美的被子植物化石，有蛇葡萄叶、悬铃木叶、桦木叶、槭叶等，为研究当时的古地理、古气候提供了充分的依据。

四、重点展品介绍

博物馆藏有3 000多件古生物化石标本，展览了许多特色展品。重要的精品化石有原始类水母、海口虫、爪网虫、近鸟龙、尾羽龙、辽宁古果等。

1. 原始类水母

以圆形为主，少有椭圆形，直径0.2—2厘米，多为0.5—1厘米，保存为印模，多具同心状纹和脊，如果保存此化石的地层年代为距今9亿年前后，则此原始类水母化石将是比距今6.8亿—6亿年的埃迪卡拉生物群更早出现的后生动物。

⊙ 原始类水母

⊙ 海口虫

⊙ 爪网虫

⊙ 近鸟龙

2. 海口虫

神秘莫测的脊椎动物起源之谜，因1999年末海口虫的发现而逐步解开。馆内收藏的海口虫标本中有一块长45厘米、宽11厘米的标本，其上展示了100多条长2—3厘米的海口虫化石，多保存海口虫前大部分身体，具6对鳃弓。

3. 爪网虫

在澄江生物群中较为罕见，因强健的爪和带刺的骨板而得名。圆柱形化石长6—10厘米，背侧可见8对盾状骨板，骨板之间叶足上具规则环纹。爪网虫的腿较其他缓步类粗短，推测可立于基底或进行行走。

4. 近鸟龙

世界上最早长有羽毛的恐龙，发现于距今1.6亿年的辽西，比原公认的最早的鸟类始祖鸟还要古老1 000多万年。近鸟龙标本比较完整，长50厘米，头骨大，嘴里长有细小、锋利的牙齿，前肢长有弯曲的钩爪，后肢长而有力，适于在地面上奔跑，推测它是陆地上出色的捕猎者。近鸟龙的发现为鸟类起源于兽脚类恐龙的假说提供了有力的证据。

5. 尾羽龙

化石发现于辽西距今1.25亿年的白垩系义县组中，标本非常完整，体

长45厘米,为未成年幼体,羽
毛特征不明显,长有又短又高
的头,由于以植物为食,牙齿
严重退化,因此标本中可清楚
看到胃部有同现代鸟类胃石
一样的一堆"小石子"。

⊙ 尾羽龙

6. 辽宁古果

标本在生殖枝上螺旋状着生10余枚蓇葖果,由心皮对折闭合而成,其
内包藏着数粒种子(胚珠),其
枝茎细弱,叶子细而深裂,根
不发育,未见花瓣和花萼,反
映水生草本的习性,是迄今已
知的世界上发表的最早的被
子植物化石。

⊙ 辽宁古果

五、开展的特色科普
活动以及创新内容

作为史前生命博物馆,普及宣传地球生命的演化历程是首要任务。博
物馆熊宪政馆长用一学期的时间为辽宁师范大学生物系师生系统讲解了
地球生物进化的专业课程,指导沈阳师范大学古生物学院学生的野外实
习,还配合大连电视台国际部录制了野外化石采集的科普宣传片。

博物馆每逢节假日都推出减免门票的活动,由馆长和专业人员亲临现
场讲解古生物的基础知识,解说有关地球生命起源到人类出现的生命演化
历程,获得了社会各界观众的好评。

Dinosaur Education Base in Paddy Field National Park

水稻国家公园恐龙科普基地

/海南省三亚市海棠湾林旺镇神农路

开放时间 —— 全年 8:30—22:00

网址 —— www.sysdpark.com

联系邮箱 —— sysdgjgy@163.com

联系电话 —— 4000047156

新浪微博 —— 三亚海棠湾水稻公园

微信订阅号 —— 三亚水稻国家公园

微信号 —— HTWSDGY

微信服务号 —— 三亚市水稻国家公园

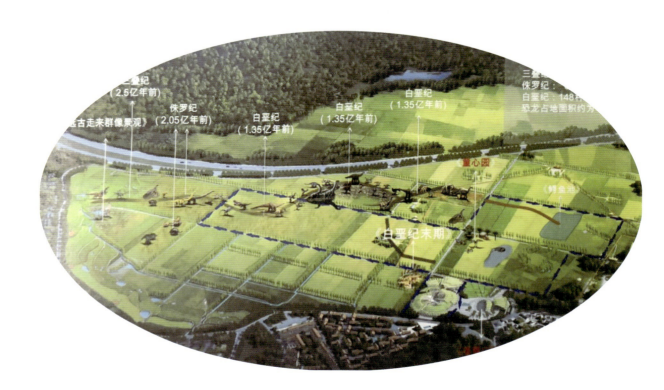

一、科普基地基本信息

水稻国家公园恐龙科普基地位于三亚市海棠湾国家海岸南部入口区，距三亚市30千米，属三亚市半小时经济圈，距海棠湾海岸5千米，是海棠湾国家海岸的组成部分。水稻国家公园是三亚海棠湾水稻公园小镇总体规划的一期项目，公园占地3 800亩(1亩＝666.67平方米)，计划投资23亿元，目前已完成投资15亿元。其中恐龙项目投资超1亿元，占地面积约390平方米。

公园引进恐龙主题是旅游文化的深度挖掘：水稻的祖先禾本科从白垩纪时代开始分化，恐龙与水稻具有数亿年的渊源，恐龙走进稻田，实现了科普教育与农业旅游的碰撞。

水稻国家公园恐龙科普基地，于2017年9月28日被授牌为"中国古生物学会全国科普教育基地"。

⊙ 基地全景

二、科普基地创建和发展简况

公园恐龙科普教育基地是中国古生物学会和水稻国家公园联手打造的"农业＋科学＋文化＋旅游"的创意成果,是全球首次以1:1原大景观模型的形式集中展现截至2017年10月底发掘的277种中国恐龙,也是地质文旅项目与农业观光旅游项目的首次结合。

公园引进恐龙主题,使恐龙与禾本科关系的科学研究有了现实意义。恐龙是三叠纪、侏罗纪、白垩纪的代表生物,水稻是禾本科植物,禾本科分化于白垩纪。由中国古生物学会和三亚水稻公园共同打造的全球首个大型中国恐龙科普教育基地坐落在千亩稻田中,与水稻完美结合。

恐龙在6 500万年前灭绝,以水稻为代表的禾本科植物进化到今天,成为人类赖以生存的物种。恐龙、水稻穿越聚会,通过科普教育向人们传递生态与生命的发展关系,唤起人们敬畏自然、保护生态、珍爱生命的意识。

中国是恐龙大国。在过去的20多年中,中国恐龙化石的发现速度令人惊叹。目前,在中国(除港、澳、台地区)发现和命名的恐龙已超过277种,早已赶超了美国,中国也因此成为了世界上发现恐龙种类最多的国家。中国在恐龙方面的研究成果也走在了世界的前沿,中国的恐龙化石包括很多世界之最的恐龙明星,尤其是带羽毛的恐龙化石,填补了恐龙向鸟类演化的缺失链条。

公园恐龙科普教育基地以大地博物苑恐龙科普为主题,分为儿童乐园、百龙步道、明星恐龙园三大主题部分,以三点一线形式布局在公园稻田花海中,具有"全、少、新"三大特点:

(1)种类全。全中国历年出土的277种323只恐龙汇集于公园,全部以1:1复原,成为全球规模最大的户外恐龙博物馆和科普教育基地。

(2)占地少。将土地资源优化利用,所有恐龙安放在田埂沟渠,323只恐龙总占用基本农田面积不到1亩。

（3）模式新。"把博物馆搬进大地，让科普走近田野"，寓教于乐，是科普教育走出殿堂贴近大众的创新发展。

公园于2016年9月正式动工建设，于2017年1月27日开始试营业；恐龙科普教育基地于2017年4月动工建设，于2017年9月28日被授牌为"中国古生物学会全国科普教育基地"。2018年1月24日，公园正式对外开放，意味着恐龙科普教育基地正式对外开放。

2018年9月20日，水稻国家公园获评国家AAAA级旅游景区，获得质量与环境管理体系认证；先后获得了"全国农村产业融合发展示范园""全国科普教育基地""中国古生物科普工作十大进展奖""海南旅游行业评选旅游行业生态魅力奖""省级现代农业产业园""三亚全域旅游实践教育基地""中国最佳新型旅游项目奖"等称号及奖项。在第三届国际水稻论坛大会上，袁隆平院士亲自授予水稻国家公园"论坛永久会址"称号。

三、科普活动主要场馆和展陈内容

恐龙科普教育基地的全部恐龙主题呈儿童乐园、百龙大道、明星恐龙园三点一线的带状格局，形成恐龙文化科普长廊。

277种323只恐龙聚集公园，它们是中国恐龙中不同时代、不同家族、各个地域的代表，是中国恐龙最强阵容。323只恐龙经数字化设计，不但能灵活转动身躯，还能模拟发声。小的高不到20厘米，大的高达38米。

1. 儿童乐园

稻田里的儿童梦幻世界，占地50平方米，设有小火车、游览稻草车、时空邮局、恐龙电动车、科普中心、探秘恐龙故事等。在儿童乐园里，遵循万物生长的逻辑，体验收割、研学，满足孩子们的奇思妙想，让孩子们获得成长中的知识和体验乐趣。还可在时空邮局挑选游客喜欢的恐龙明信片邮寄给亲友，让亲友在远方接收到祝福的同时也学到恐龙科普知识。

⊙ 儿童乐园

2. 百龙大道

百龙大道是恐龙科普教育基地的重要元素之一，是穿越远古、对话恐龙的真实展现。共陈列了来自侏罗纪、白垩纪两个地质时代的224种224只仿真动感恐龙，小的高不到20厘米，大的高达38米。这些恐龙不但能灵活转动身躯，还能模拟发声，或慨然低鸣，或昂然长啸，形态各异，景象蔚为壮观。当夜幕降临、繁星闪烁时，苍穹之下，这些来自远古的生命身披绚烂

⊙ 百龙大道

｜中国古生物学会全国科普教育基地概览｜

的灯光,带您走进远古时代,探寻生态、生命的意义。长达1.5千米的百龙大道横列在稻田之边,数百只仿真动感恐龙结合百龙大道声光电技术,共同呈现出高科技全息影像。

3. 中国明星恐龙园

中国明星恐龙园是公园恐龙科普教育基地的重要组成部分。每晚,融多媒体、声光电、大型纱幕和全息影像技术为一体的"大地之夜"大型声光秀循环上映,再现恐龙生命奇迹,呼唤生态文明,呼唤人与自然的和谐,演绎"大地生命之夜",演绎古生物科普奇观,让游客完全融入沉浸式体验场景。

⊙ 明星恐龙园日景

⊙ 明星恐龙园夜景

四、重点展品介绍

全世界的古生物学家们已经发现和定义了500多属1 000多种恐龙。它们的足迹遍布各大洲,有的食植物,有的食肉;有的四足行走,有的双足行走;有的长有角,有的长有冠饰;有的体形巨大(近60米长),有的体形较小(仅16厘米长)。恐龙在公园内与花田、瓜地、水稻、步道的融合形成美丽的天际线景观,它们是中生代(三叠纪、侏罗纪、白垩纪)的生物,代表着重庆、四川、江西、河南、内蒙古、新疆、辽宁、广东、山东、山西、吉林、浙江等地出土的化石恐龙,277种323只恐龙分布在儿童乐园、百龙大道、明星恐龙园区域。

⊙ 全球首家大型中国恐龙(1:1复原)科普教育基地

1. 儿童乐园

儿童乐园有五彩冠龙、江氏单嵴龙、难逃泥潭龙、嗜角龙窃蛋龙、中加马门溪龙5种7只恐龙。其中五彩冠龙、江氏单嵴龙较有代表性。

(1)五彩冠龙。五彩冠龙是徐星等人于2006年研究命名的一类兽脚类恐龙,发现于新疆昌吉五彩湾晚侏罗世石树沟组中,其属名源自其头上巨大的冠,种名源自其产地五彩湾,化石包括两具近完整的骨架。五彩冠龙属于暴龙类,长约2.5米,高约1.2米,宽约0.5米,是一种双足行走的食肉恐龙。不同于其他暴龙,它的前肢具3根长指,它们独特的冠薄而精致,可能起展示作用。此外,专家推测它们像其他暴龙类一样,具有原始的羽毛。通过组织学的分析,专家认为它们的冠、眼、手、腿等部位在成长过程中发生了很大变化。

(2)江氏单嵴龙。江氏单嵴龙是赵喜进和Currie于1993年研究命名的一种兽脚类恐龙,发现于新疆中—上侏罗统石树沟组中,正模标本是一具完整的骨架。江氏单嵴龙是一种坚尾龙类,体型中等,长约5.5米,重约

475千克,在其头骨顶部有一个单一的冠,前侧由前颌骨形成,后部延伸到鼻骨、泪骨后侧和额骨前部。

2. 百龙大道

百龙大道展示的是中生代时期(三叠纪、侏罗纪、白垩纪)的恐龙,产自2.5亿年前的三叠纪到2.05亿年前的侏罗纪,再到1.35亿年前的白垩纪,发掘于重庆、四川、江西、河南、内蒙古、新疆、辽宁、广东、山东、山西、吉林、浙江等地,共229种300多只恐龙。其中长寿峨眉龙、鄂伦春黑龙江龙、毛尔图假鲨齿龙比较突出。

(1)长寿峨眉龙。长寿峨眉龙是杨钟健于1958年研究命名的一种蜥脚类恐龙,发现于重庆长寿,其生存年代可能为晚侏罗世,是峨眉龙的第二个种,种名示其产地,化石为一具不完整的骨架和一些零散骨骼,长约20米,高约7米,宽约2米。长寿峨眉龙和荣县峨眉龙的区别在于其体型更大,颈椎椎体表面光滑,肱骨三角嵴不如荣县峨眉龙发育等。

(2)鄂伦春黑龙江龙。鄂伦春黑龙江龙是Godefroit等于2008年研究命名的一种鸟脚类恐龙,发现于黑龙江乌拉嘎上白垩统鱼亮子组中,属名示其化石产地,种名源自生活在乌拉嘎地区的鄂伦春族,正模标本为部分头骨。鄂伦春黑龙江龙属鸭嘴龙科,长约7米,高约2.2米,宽约0.9米,具有枕旁突细长,背缘略凸起,腹缘略凹,额骨背表面具发育的侧向凹,方轭骨切迹位于腹向且切迹中部位于低于方骨中部之处,耻前锋更向下背向扩展等特征。

(3)毛尔图假鲨齿龙。毛尔图假鲨齿龙最初由胡寿永于1964年描述命名为毛尔图吉兰泰龙,发现于内蒙古阿拉善上白垩统乌兰苏海组中,之后Brusatte等人于2009年重新研究,认为其不属于吉兰泰龙属,另建立并归入假鲨齿龙属。其属名示其有像鲨鱼一样的牙齿,种名为其产地,化石为部分零散头骨和脊椎。毛尔图假鲨齿龙重约500千克,长约7米,高约3米,宽约1.5米,属鲨齿龙科。

3. 明星恐龙园

明星恐龙园是公园恐龙科普教育基地的重要组成部分,共陈列了由恐龙专家精心挑选的具有中国特色的代表性恐龙40种72只。其中三叠中国龙、中国鹦鹉嘴龙、渔井子古角龙较有代表性。

(1)三叠中国龙。三叠中国龙是杨钟健于1948年研究命名的一种兽脚类恐龙,发现于云南禄丰下侏罗统下禄丰组中,由于曾被认为发现于三叠纪地层中,故其种名定为三叠,正模标本是一些不完整的头骨碎片,在其后定名的"中国双脊龙"后经研究也被归入三叠中国龙,是三叠中国龙的同物异名。三叠中国龙长约5.6米,是一种两足行走的食肉恐龙,可能以捕食原蜥脚类为生;头骨呈"双脊"型,但这种脊并不能用于战斗;在前颌骨和上颌骨间有一个凹痕,用以附着颌肌,使得它们具有很强的咬合力;其前颌骨覆有钩状喙,可能用于撕裂皮肤和肉。

（2）中国鹦鹉嘴龙。中国鹦鹉嘴龙是杨钟健于1958年研究命名的一种角龙下目恐龙,发现于山东下白垩统青山组中,是继1923年Osborn研究命名蒙古鹦鹉嘴龙后在中国发现的第一个鹦鹉嘴龙种,其属名形象地突出了包括鹦鹉嘴龙在内的很多角龙类的显著特征,即有像鹦鹉一样的嘴。中国鹦鹉嘴龙为双足行走恐龙,头骨较高,但长度较短,喙部强壮,由吻部和齿前骨组成,手部以四指区分于其他角龙类。中国鹦鹉嘴龙成体较蒙古鹦鹉嘴龙要小,齿也更少,成年头骨长度可达11.5厘米。目前已发现数百件较完整的鹦鹉嘴龙化石,从鹦鹉嘴龙的头骨可以看出,鹦鹉嘴龙具复杂的行为模式,视觉、嗅觉发达,有的鹦鹉嘴龙尾部具长的纤维状羽毛,身体其他部分以鳞片覆盖。

（3）渔井子古角龙。渔井子古角龙是尤海鲁等于2010年研究命名的一种角龙类恐龙,发现于甘肃马鬃山早白垩世新民堡群,是古角龙的第二个种,种名示其化石产地,化石为一具不完整的骨架。渔井子古角龙长约4米,高约2.5米,宽约1.6米,具有上颌骨吻末端侧向倾斜、釉质的前颌骨齿上具条纹、上颌骨齿上无初脊、齿骨齿上具水平层等特征。

五、开展的特色科普活动以及创新内容

（1）公园自对外开放以来,开展了系列科普活动:基于恐龙种类的研学及科普教育活动,以科普讲座、科学课程、古生物绘画、野外考察、知识竞答、体验互动等方式举办的恐龙种类科普活动;科普教育月活动,每年5月份,在园区推出物种由来、产生及意义的宣讲活动;综合性科普教育活动,

包括科学冬令营、夏令营,科技研讨,研学实践等。

（2）公园恐龙科普教育基地还与专业研发团队合力,研发了一批展现文化IP及科学特色的科普产品,包括恐龙3D打印手礼、Q版恐龙模具和书籍、涂鸦制品、厨房用具、花卉产品、生活用品、恐龙邮票、研学化石等。

（3）在儿童乐园还创建了两个特色鲜明、内容丰富的古生物恐龙基地:建设3个恐龙蛋造型的博物馆,涵盖餐饮、娱乐、商销功能,使游客实现一站式游览;建设恐龙化石模型,模拟恐龙化石的挖掘和修复工作,邀请游客参与其中,体会考古工作者的艰辛和快乐。通过化石群的发现表现三叠纪、侏罗纪和白垩纪最具代表性的动植物和自然地貌,打造远古遗迹景观。向游人集中展示古生物、古人类在地层中埋藏、出土情况。

（4）公园科普教育基地利用官网、微信平台和新浪博客线上无形阵地,配合上述科普活动、科普产品、文创产品等有形阵地,进行了有效的科普宣传。编制了恐龙科普导览手册,开展的"六一教学"活动、开发的以"恐龙拼图"为代表的手工制作活动均受到了大众的欢迎,收到了良好的效果。

现在,水稻国家公园已成为三亚乃至海南影响力较强的重要科普教育基地,为海南国际旅游岛、国际消费中心建设贡献力量。

⊙ 导师讲解毛尔图假鲨齿龙相关知识

⊙ 研学团队开展画恐龙户外体验活动（左）恐龙拼图体验活动（右）

⊙ 游客与恐龙互动

*Tianyan
Museum of
Chongzhou,
Sichuan*

四川崇州天演博物馆

╱四川省成都市崇州市金鸡路 1306 号

开放时间 —— 全年周二至周日 9:00—17:00，开放日均接
待预约团体 (预约请至少提前一天)

网址 —— www.tybwg.com.cn

联系邮箱 —— 2468620385@qq.com

联系电话 —— 028-82165050

微信公众号 —— 崇州天演博物馆

一、科普基地基本信息

四川崇州天演博物馆于2016年5月23日在四川省成都市崇州市金鸡路1306号崇州经济开发区内成立,是成都市第一家非国有的主要展示古脊椎动物化石的自然博物馆,为成都市科普基地之一。博物馆的宗旨是普及古生物学、生物进化以及生物多样性、岩石矿物和地质演变历史等科学知识,展品主要有古生物化石、岩石和矿物标本,以及现生动植物标本。博物馆珍贵藏品时代跨度为数十亿年,标本序列全,品相佳,其中许多标本在国内堪称孤品。

博物馆占地面积4 800平方米,建筑面积4 200平方米,展厅面积3 110平方米,另扩建占地面积5 000平方米的化石保护(修复)中心。主要从事古生物、现生动植物和人类学等领域的标本收藏、标示整理、科学研究和科学普及等工作,填补了成都非国有博物馆的门类空白。博物馆于2018年9月被授牌为"中国古生物学会全国科普教育基地"。

⊙ 博物馆外观

二、科普基地创建和发展简况

博物馆以静态展览、动态交流为业务主导,并自主成立天演古生物化石研究与保护中心,和中国科学院古脊椎动物与古人类研究所、中国科学院南京地质古生物研究所、成都理工大学等多家科研机构合作,在以展览、科教、交流为主业的基础上,为国家公园、保护区、博物馆以及古生物爱好者提供全方位的标本展示、合作研究和标本修复服务,包括地质矿物、古生物、动物、植物和人类学等领域的标本修复,以及地质与生命科学普及等工作。

博物馆受到中国科学院院士刘宝珺、刘嘉麒、王成善、殷鸿福和周忠和等的关心与支持,并得到董枝明、黄万波、季强、唐治路、王丽霞、王永栋、郭建崴、江新胜、李建军、吴宏堂等专家学者的关怀与指导。通过不断的技术革新和对科学发展的坚持,博物馆已成为地学科普与非国有博物馆行业的先锋骨干。目前的恐龙化石修理、修复、翻模、装架等技术在国内领先,与美国和日本技术同步。展览的装架恐龙化石业内同行均承认其为最好,也深受市民喜爱。

博物馆的主要技术骨干均毕业于中国地质大学(武汉),从事古生物化石的修理、修复、装架工作均已经超过10年,并得到董枝明、季强、唐治路、尤海鲁等专家的多年指导。2017年,博物馆与四川矿产机电技师学院联合成立了天演古生物化石研究与保护中心,为保持行业可持续发展定向培养专业人才。

"'天演论坛'暨中国非国有博物馆化石保护与发展论坛"自2017年起,每年由中国地质学会化石保护研究分会主办,崇州天演博物馆承办,成都为永久举办地。

博物馆积极响应党的十九大号召,基于丰富馆藏所蕴含的大自然的博大力量,积极投身于科学传播和文化创意事业,努力为推动中华民族伟大复兴、早日实现共同的中国梦、建设新时代中国特色社会主义精神文明做出最大的努力和贡献。

三、科普活动主要场馆和展陈内容

博物馆标本主要以古生物化石为主,岩石标本为辅,展品数量巨大、珍贵精美,是目前全国最大的非国有地质类博物馆。在古生物化石展品中,中生代恐龙等大型陆地爬行动物占据主要位置,其次是贵州关岭动物群以及新生代和政动物群。岩石标本近2 000块,包含了沉积岩、火成岩和变质岩三大岩类,陈列了各主要地史时期不同的沉积与构造特征。

博物馆整体采用仓储式展览陈列形式,分为地质岩矿、恐龙世界、关岭生物群、哺乳动物、生命演化史、人类进化史、现生动物群及文物共8个展区,以及化石修复开放体验区、多媒体综合厅等功能区。

除了以上主要展区外,还附有专题展区:熊猫的前世与今生故事(讲述大熊猫的进化历程)、儿童生日派对区、天演化石猎人活动区等。这些展区增添了趣味性和体验性。

1. 主题展

(1)岩矿展区。有近2 000块展出岩石标本。沉积岩标本部分按照沉积环境由河流上游到下游、由陆地到海洋的顺序展陈,展示了不同沉积环境的岩石特点,揭示了生物与环境之间的依赖关系;火成岩标本部分由超基性到酸性、深成岩到喷出岩等顺序排列;变质岩标本部分根据变质程度由低到高顺序展示。

⊙ 岩矿展区

（2）恐龙世界展区。博物馆的重点展厅之一，位于馆的大厅中心位置，为由20多种脊椎动物共同组建的一个生物群落。其中包含了肉食性恐龙如霸王龙、上游永川龙、巨型永川龙、白魔雄关龙等，植食性恐龙如巨型禄丰龙、许氏禄丰龙、巨型山东龙、多棘沱江龙、中加马门溪龙、杨氏马门溪龙、三角龙、苏氏巧龙、禽龙等，以及天空中的准噶尔翼龙、体型较小的似哺乳动物水龙兽、肯氏兽等等，模拟出侏罗纪、白垩纪恐龙等动物的生活环境，用直观的方式复原出当时恐龙之间的捕食竞争关系。

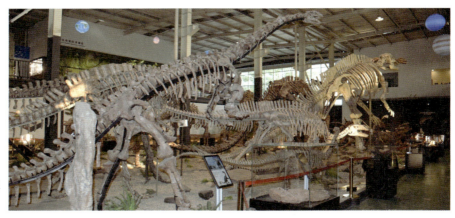

⊙ 恐龙世界展区

（3）关岭生物群展区。包括了世界最大的单体海百合（面积约105平方米）以及其他海百合数十个。海洋爬行动物有5米的幻龙与菊石共生化石板、贵州龙、黔鱼龙、胡氏贵州龙，体现了三叠纪海洋生物的丰富多样性。采用镶嵌壁挂方式，缩短了化石与观众之间的距离。

⊙ 关岭生物群展区

（4）哺乳动物展区。展品以新生代的和政动物群为主，包括了巨犀、和政羊、铲齿象、披毛犀、梅氏犀、大唇犀、剑齿虎、熊、鬣狗、狼等10多种化石；马的演化历程：始祖马—三趾马—野马—真马；新近纪灭绝的猛犸象和剑齿象等。

（5）生命演化史展区。展品按照生命演化的时间顺序排列,从前寒武纪到新生代的第四纪,从埃迪卡拉生物群到人类和大熊猫的生存关系,根据不同的时代对应展示典型化石标本,比如寒武纪的海口鱼、奇虾、微网虫,泥盆纪的盾皮鱼、盔甲鱼,侏罗纪的恐龙蛋、近鸟龙,白垩纪的孔子鸟、甘肃鸟、朝阳鸟、三燕丽蟾、狼鳍鱼等,系统地介绍了生命演化的整个历程。展厅占据了整个二层,长度约90米,共展示出标本近3 000块。

（6）人类进化史展区。中国科学院古脊椎动物与古人类研究所黄万波捐赠部分古人类与古哺乳动物标本,展厅中展示了"人类祖母"露西1:1复原骨架模型、麦赛尔达尔文猴模型、南方古猿头骨模型、直立人头骨模型、智人头骨模型、古人类时期打制石器以及货币"贝币"模型等。

（7）现生动物群展区。包含了狼标本、金雕、麂子、羚羊、雪豹等标本,模拟现代森林草原场景,使大量不同种类的动物在一起共同构成一幅奇妙的自然景象图。

2. 专题展

讲述大熊猫的前世与今生故事。通过系列展板、展墙介绍了大熊猫的进化历程、各时期的食性特点和各属种之间的亲缘关系,结合化石标本和巴氏大熊猫复原模型,生动详细地向观众解释了大熊猫的进化之旅。

天演化石猎人体验区的化石来自广西百色地区寒武纪地层中,总重约20吨,蕴藏了大量的三叶虫化石、海藻化石,为游客模拟了野外化石挖掘的条件,使其可以感受真实的挖掘过程而融入天演博物馆的自然情境中去,从而增强学习效果。

四、重点展品介绍

博物馆馆藏标本近5万件,时代跨度为数十亿年,拥有从前寒武纪到新生代各时期的序列标本,展示了岩矿标本、澄江生物群、果乐生物群、贵州关岭生物群、和政动物群、热河生物群,以及山旺生物群等的各类化石。精品化石有岩石标本雨痕、科鲁兹遗迹;古生物化石标本有埃迪卡拉生物、古莱德利基虫、抚仙湖虫、长型澄江虾、孔子鸟、幻龙、海百合、许氏禄丰龙、巨型山东龙、巨犀、猛犸象、晚期智人头骨化石等。

1. 中间型古莱德利基虫

属于古无脊椎动物,为三叶虫纲中出现较早的一类,因最早研究此种化石的英国古生物学家莱德利基而得名,是亚洲和大洋洲早寒武世地层中常见的化石之一。背壳呈长卵形。头大尾小,头部呈次半圆形;头鞍呈锥形,前端宽圆;三对头鞍沟,S3浅而模糊,S1较深较长,背沟清楚,颈沟中部浅而宽,两侧深而斜伸,颈环中部较宽;眼长,眼叶凸起,呈新月形。后端离头鞍较远,眼脊粗壮,比眼叶短;眼前翼呈亚三角形,面线前支与中轴夹角为30°—40°,活动颊宽大,颊刺细长。胸部15节,第9节有一粗壮的长轴刺,肋沟宽而浅,

○ 中间型古莱德利基虫

肋刺短。尾部极小,存在胶合的1节,有1—2对中部不相连的横沟或凹坑。

2. 抚仙湖虫

寒武纪生命大爆发时期,涌现出很多新的生命。抚仙湖虫是澄江生物群中特有的化石,是寒武纪早期的海洋生物,属于真节肢动物中比较原始的类型。成虫体长10厘米,有31个体节,外骨骼分为头、胸、腹三部分,它的背、腹分节数目不一致,与泥盆纪直虾类化石类似,而直虾是现代昆虫的祖先,这间接表明了抚仙湖虫是昆虫的远祖。抚仙湖虫的消化道充满泥沙,这表明它是食泥的动物。

3. 孔子鸟

热河生物群的代表化石。孔子鸟是一种古鸟属,属蜥鸟亚纲,发现于辽宁省北票市的热河生物群,生活在距今约1.25亿年到1.1亿年的晚侏罗世及早白垩世,是目前已知的最早拥有无齿角质喙部的鸟类,与德国的始祖鸟有许多相近的特征。其主要特征是:头骨各骨块不愈合,尚具有其爬行类祖先遗留下来的眶后骨,牙齿退化,出现了最早的角质喙。前肢仍有3个发育的指爪,胸骨无龙骨突,肱骨有一大气囊孔等。

⊙ 抚仙湖虫(左)
孔子鸟(右)

4. 幻龙

属于鳍龙类,为三叠纪的海洋爬行动物。它们体型大小不一,最小的长只有36厘米,最大的长达6米。幻龙外形有点像鳄鱼,都有扁长型的尾巴和4条短腿,它们还有一张长满了钉子状尖牙的大嘴,捕食各种鱼类、头足动物。馆中幻龙化石标本

⊙ 幻龙

保存完整,长近5米,姿态优美,头部向上抬起,肋骨清晰且向外凸起,周围保存了大量菊石,犹如一条巨龙在海洋中嬉戏。

5. 关岭创孔海百合

海百合是一种始见于早寒武世的棘皮动物化石,生活于海洋里,具多条腕足,身体呈花状,表面有石灰质的壳,由于长得像植物中的百合花,所以人们就给它们起了海百合这个名字。海百合的身体有一个像植物茎一样的柄,柄上端羽状的东西是它们的触手,也叫腕。这些触手就像蕨类的叶子一样迷惑着人们认为它们是植物。海百合是一种古老的无脊椎动物,在当时的海洋里到处是它们的身影。馆中关岭创孔海百合,个体较大,是目前发现的单体面积最大的海百合,面积达105平方米。冠大,上宽下窄,呈百合花状。萼部小,约占冠长的1/6,由5个不明显的内底板、5个底板、5个辐板、10个一级腕板、80个二级(次生)腕板及若干间腕板组成,无肛板,萼盖为无数骨板合成。每个次生腕下部有3个腕板单列,上部有5个腕板交错双列。粗羽枝上具有刺。茎圆,无蔓枝,茎中孔小而圆。

⊙ 关岭创孔海百合

6. 巨型山东龙

属鸟臀目鸭嘴龙科山东龙属,特点是嘴宽而扁,很像鸭喙,头骨长,顶面较平,头后部较宽,齿骨牙列较长,有60个齿沟。生活在白垩纪晚期,是迄今世界上发现的体形最高大的鸭嘴龙。馆中巨型山东龙化石标本有12.3米长,装架高度4.3米,后肢宽度1.6米,荐椎由10个椎体构成,

⊙ 巨型山东龙

化石总含量达75％,该化石标本发现于新疆奇台的恐龙沟。

7. 许氏禄丰龙

属于蜥臀目大椎龙科禄丰龙属,生活于侏罗纪早期到中期的中国西南部。许氏禄丰龙是中国第一具装架的恐龙化石,由中国古脊椎动物学的奠基人杨钟健院士于1941年研究命名,被称为"中国第一龙"。馆内化石标本发现于云南省禄丰县,长约5米,高度约1.7米,头部较小,嘴部略尖,鼻孔呈正三角形,眼眶较大。椎体保存完整,化石总含量达85％。

⊙ 许氏禄丰龙

8. 准噶尔巨犀

属于奇蹄目巨犀科巨犀属,主要生活于渐新世。巨犀科共包括12属,其中准噶尔巨犀属是有史以来最大的陆生哺乳动物,全长5—12米(鼻至尾),脖颈垂直地面时,高3—9米,肩高1.9—5米,重3—20吨。巨犀科在中新世早期灭绝。巨犀是犀牛的近亲,在距今3 400万—2 300万年时分布在中亚的森林里。因为巨犀身材高大,脖颈很长,所以它们以树冠上的树叶为食。

⊙ 准噶尔巨犀

9. 猛犸象

属于长鼻目象科猛犸象属,又名毛象(长毛象),是一种适应寒冷气候的动物。曾经是世界上最大的象之一,陆地上生存过的最大的哺乳动物之一。其中草原猛犸象体重可达12吨,是冰川世纪的一种庞然大物。猛犸象夏季以草类和豆类为食,冬季以灌木、树皮为食,一直生活在高寒地带的草原和丘陵上,但到了冬季会往南迁徙,到了春天冰雪融化后会返回栖息地。

⊙ 猛犸象

五、开展的特色科普活动以及创新内容

博物馆作为成都第一家非国有的自然博物馆,从开馆至今一直开展大大小小的科普活动,主要分为两大类:走出去的科普宣传活动,包括本市科技之春科普展、校园科普讲座、科普进校园、科普进社区、学生研学考察等活动;引进来的科普教育活动,包括天演科普论坛、博物馆奇妙夜、达尔文小课堂、博物馆小科普、儿童恐龙变装等,以及具有特色的室内天演猎人化石挖掘体验活动,通过不断地开展创新活动来有效地促进科普教育。

博物馆全天免费播放BBC纪录片、科学探究、恐龙电影等科普教育视频,供不同年龄段的游客观看。同时博物馆拥有自己的官方网站、微信公众平台等,可实时提供展品更新等馆内消息,人们可以随时自由查阅浏览,足不出户即可随时随地浏览博物馆,有效地突破了地域环境的限制。

在大量藏品和先进技术的支撑下,博物馆为国内其他多家博物馆提供设计及维护方案,并且每年定期举办大型论坛,将国内众多专家聚集在一起进行科学研讨和交流,起到了促进学术交流的作用。目前博物馆已是全国古生物科普教育基地和国家级古生物化石修复重点实验室。

Petrified Forest
National Geopark
in Shehong, Sichuan

四川射洪硅化木国家地质公园

〉四川省射洪县明星镇龙凤社区
（侏罗纪探秘旅游区内）

开放时间 —— 全年 8:30—17:30（16:30 停止售票）；接待预
约团体（预约请至少提前一天）

网址 —— http://www.shghmdzgy.cn/index.php/

联系邮箱 —— zhuluojiguanweihui@163.com

联系电话 —— 0825-6761333

一、科普基地基本信息

四川射洪硅化木国家地质公园位于射洪县明星镇境内,西近成都,南邻重庆,北抵绵阳。公园地理坐标为东经102°22′31″—102°23′25″,北纬30°38′24″—30°40′48″,南北长约4.5千米,东西宽4.3千米,园区规划面积约12平方千米,核心区面积3平方千米。

公园是由射洪县人民政府组织修建的一个集展览、研究、教育和地质遗迹保护为一体的综合性地质公园。公园主要由南北大门、地质博物馆、硅化木林、主副碑、主碑广场、王家沟硅化木遗址馆、3处硅化木埋藏展厅、侏罗纪地层剖面组成,总建筑面积13 166平方米,其中展览区面积近8 000平方米。2005年,公园被授牌为"中国古生物学会全国科普教育基地"。

⊙ 公园航拍图

| 中国古生物学会全国科普教育基地概览 |

二、科普基地创建和发展简况

中国科学院、四川省地矿局、成都理工大学等的专家于2003年2月对射洪县明星镇龙凤峡的硅化木化石群、恐龙化石、古人类化石,以及地质地貌特征等进行的大量地质普查和勘查发现,射洪硅化木是迄今我国西南地区发现的数量最多、保存最完好的大规模原生硅化木森林。该硅化木化石群的最大特点就是分布相当集中,结构构造保存完好,具有数量和密度上的明显优势。根据中国科学院地质与地球物理研究所、中国科学院南京地质古生物研究所等权威研究机构专家的观点:射洪硅化木的大量发现具有极高的科研价值,为在普及地质古生物学知识、弘扬科学文化、提高全民族的科技素养等方面更好地发挥科普教育的作用和潜力,建议尽早申报为省级地质公园,然后再申报为国家级地质公园。

市、县人民政府根据上述的专家建议,决定先申报为硅化木省级地质公园,并将之写进了2005年的政府工作报告中,明确由射洪县国土资源局全面负责此项工作。2004年6月,县国土资源局聘请四川省地矿局化探队对明星镇龙凤峡硅化木涉及的4个村、方圆共12.5平方千米的区域进行了拉网式的科学调查。通过1个月的野外实地调查,查清了硅化木的分布、数量、地质构造及剖面、地质灾害遗迹和龙凤峡风景区自然环境、人文景观等旅游资源情况,收集和掌握了该地区大量的文字、图片、影像、民风民俗等第一手资料。其后用了半年的时间,按照上级的技术规范要求,完成了四川射洪硅化木省级地质公园综合考察报告、总体规划报告、规划建设方案、博物馆陈列内容设计、景点集、导游手册、标示解说系统、多媒体、影像片等9个主要申报必备资料的编制任务,在2005年6月15日的"四川省省级地质公园评审会"上通过了省级地质公园的评审,而后四川省国土资源厅以川国土资函〔2005〕750号文批准建立射洪硅化木省级地质公园。

2005年10月,获批为国土资源部国家地质公园,并于2009年12月揭碑开园。2008年6月至2009年1月,完成博物馆主体建设和内部装修,并于2009年9月完成布展。2010年8月,举办了第八届国际侏罗系大会。

2016年12月,获批国家重点集中古生物化石产地,并于2018年4月获得由国家自然资源部组织的国家重点集中古生物化石产地规划评审。

三、科普活动主要场馆和展陈内容

1. 硅化木地质博物馆

为公园主体建筑,面积4 300平方米,布展面积2 100平方米。主体建筑造型为地层中出露的4根巨大的直立硅化木,设计风格新颖独特,充分体现了公园自然遗迹的特征。博物馆有各类硅化木等化石展品1 200多件,主要来自四川省射洪县、国内其他省区,部分来自泰国、缅甸等地。博物馆分序厅、地球厅、硅化木厅、射洪厅、侏罗纪海洋厅等部分,以新奇的创意设计,领先的技术手段,鲜明的艺术效果,展现和介绍地球科学、生命进化、硅化木的微观世界和成因、四川盆地地质概况、射洪地区的地质背景、射洪硅化木的特点和科研价值、侏罗纪海洋及化石等知识,是一座集科学、科普、教育、游乐、观赏等多功能为一体的新型博物馆。

(1)序厅。建筑面积165平方米,主要介绍了地质公园的概况及建设历程等。

◎ 序厅

| 中国古生物学会全国科普教育基地概览 |

（2）地球厅。建筑面积310平方米，主要以图文并茂的方式展示地球科学的基础知识（包括地球的起源、年龄、大小、物质组成及各种地质作用等相关内容）及生命的起源和进化历程。

⊙ 地球厅

（3）硅化木厅。建筑面积265平方米，展示来自全球各地的硅化木精品，旨在介绍硅化木的科学知识、形成过程及分布情况。

（4）射洪厅。建筑面积1 030平方米，这是博物馆的主厅，也是最大的一个展厅。展示了产自射洪地区的硅化木珍品、四川盆地地质地貌、侏罗纪地层剖面（包括遂宁组和蓬莱镇组的命名剖面介绍）、射洪地区的地质演变历史等知识。

⊙ 射洪厅

（5）侏罗纪海洋厅。建筑面积330平方米，主要通过海百合及菊石的展示，介绍侏罗纪海洋环境知识及菊石类科普知识。

博物馆还将建一个4D影院，计划投资800万元，面积400平方米，可容观众100人左右，观众可以在4D影院亲身体验置身侏罗纪的奇妙感觉。

⊙ 侏罗纪海洋厅

2. 硅化木林

占地9 270平方米，展品140多件，主要展出公园内及射洪县其他乡镇发掘出的硅化木化石，还有部分为硅化木树林的直立复原景观，以及倒卧在地层中的巨大硅化木树干复原、硅化木产出原始状态等景观。

⊙ 硅化木林

3. 王家沟硅化木遗址馆

长130米,宽20余米。馆内集中分布了60余根埋藏形态各异的硅化木,这些硅化木的产出层位为上侏罗统蓬莱镇组下段,岩性为紫红色和黄色砂岩(遂宁组岩层为鲜红色含泥岩,蓬莱镇组为暗紫红色含砂岩,公园内的硅化木就产自上侏罗统蓬莱镇组下段)。从硅化木的保存产状及赋存地层岩性来看,整个遗址馆是由于巨大的洪水事件将森林另行掩埋而形成的特异埋藏群落。

4. 王家沟恐龙骨骼发现点

位于明星镇龙潭村村民邓子中原住房右侧。2004年,在此处的晚侏罗世蓬莱镇组地层剖面上发现了马门溪龙骨骼化石。重要的是,在此剖面上同时发现有硅化木多处,与恐龙化石同层保存(恐龙化石与硅化木化石同层保存的现象在国内十分少见)。

5. 王家沟1号硅化木埋藏厅

位于地质公园副碑广场东侧,主要展示3处原地埋藏的硅化木树干,其中最长的一根出露达5米以上,最粗的一根直径为1米左右。3根硅化木倾向各异,倾角微小。它们出露于上侏罗统蓬莱镇组砂岩中,代表了当时森林被迅速埋藏以后形成的部分景观。

6. 王家沟2号硅化木埋藏厅

位于明星镇龙潭村村民邓华林原住房后侧,在长12米、高4米的上侏罗统蓬莱镇组砂岩断面上,出露有硅化木20多处,化石垂直于岩石层面分布,以断裂的树干为主,产状与地层大体一致,断面参差不齐,反映了当时的自然埋藏状况。埋藏厅为20世纪80年代邓家建房劈岩裸露,经整理后建成。

7. 王家沟3号硅化木埋藏厅

位于明星镇龙潭村村民邓和平原住房后侧,在上侏罗统蓬莱镇组地层剖面断面及附近岩层中,自然出露有8处倒伏于地层中的硅化木树桩及树干。树桩与树干直径变化较大,形态各异,断面参差不齐,有的呈板状,有的呈半圆状,其中以一处巨大的树根化石最为引人注目。

8. 侏罗纪地层剖面

由博物馆兴建过程中开挖土石方出露形成,为射洪地区晚侏罗世蓬莱镇组较为典型的一段地层剖面。该剖面位于博物馆后侧,东西长约50米,出露高度约34米,地层分层清晰,产状平缓。岩性以棕紫色、紫红色泥岩、砂岩为主。根据其岩性差异可将该剖面自下而上划分为9层。从沉积学角度分析,该出露剖面展示了一个从湖泊相到河流相的完整沉积旋回,即从深湖到滨湖,进而转化为河流相天然堤和溢流,最后发育成洪泛平原环境。

四、重点展品介绍

公园建设以硅化木地质遗迹为主,集地质遗迹保护、科学研究、学术交流、野外考察、科普教育、旅游观赏、休闲度假为一体,是既有丰富的科学内涵,又有极强的参与性与娱乐情趣的多功能综合性旅游目的地。

1. 硅化木切面

硅化木切面是公园的重点化石展品。可以从横切面、纵切面、弦切面3个切面观察硅化木的微观构造情况,经过室内磨片和切片研究,可以清楚地观察到化石植物木材的结构和构造等细节。更为难得的是,化石保存了距今1.5亿

⊙ 硅化木纵切面

年左右的植物细胞和生命结构,在硅化木横切面、弦切面和纵切面3个方向上显示了丰富的植物木材管胞、射线细胞、交叉场纹孔及径壁纹孔等木化石三维解剖构造的细节,这些都是了解和探究木化石系统分类学及古气候学的重要实证依据。

⊙ 硅化木埋藏厅

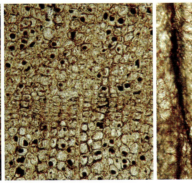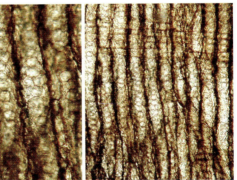

⊙ 射洪硅化木较为完好的年轮及细胞构造

2. 松柏类木化石

在射洪地区蓬莱镇组发现了数量极为丰富的松柏类裸子植物木化石。经过横切面、纵切面和旋切面的解剖构造和系统分类学的研究,确定这些木化石主要为以松柏类中已经灭绝的掌鳞杉科短木属和南洋杉科贝壳杉型木属为代表的裸子植物松柏类森林组合,目前研究证实具有2个属、1个新种、3个已定种和未定种。

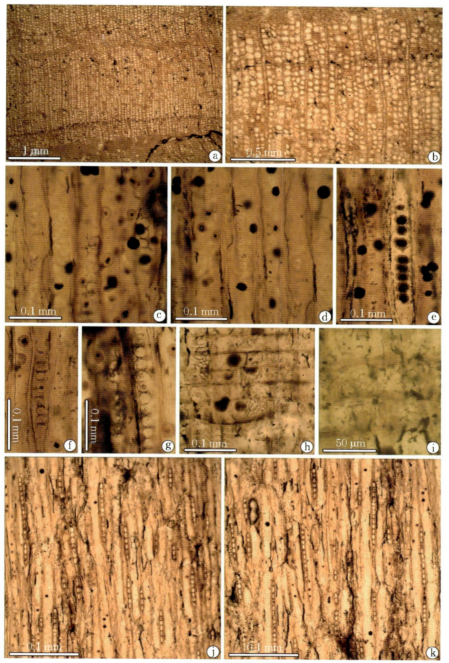

⊙ 射洪贝壳杉型木

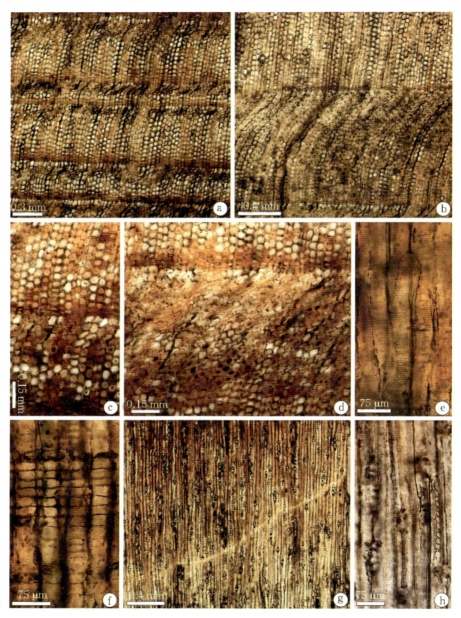

⊙ 康启尔异木

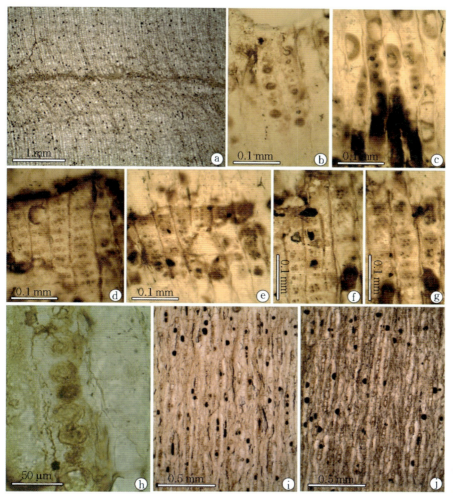

⊙ 遂宁贝壳杉型木

3. 恐龙骨骼化石

在射洪上侏罗统蓬莱镇组,与木化石同层位和同地点共生的脊椎动物化石以马门溪龙科的马门溪龙属(未定种)的股骨化石为代表。

4. 孢粉化石

射洪县蓬莱镇组还发现有部分孢粉化石,主要类型包括:*Classopollis*,*Cyathidites*,*Cibotiumspora*,*Deltoidospora*,*Todisporites*,*Lycopodium-sporites*,*Lycopodiacidites*,*Untulatisporites*,*Duplexisporites*,*Cingu-latisporites*,*Biretisporites*,*Lygodiumsporites*,*Klukisporites*,*Araucariaci-dites*,*Piceites*,*Pseudopodocarpites*,*Foveosporites* 等,其中以 *Classopollis* 占绝对优势。

⊙ 与木化石同
层位保存的马
门溪龙类骨骼
化石

5. 其他化石

此外,射洪县邻区蓬溪县内的蓬莱镇组还发现有较为丰富多样的其他
门类古生物化石,包括介形类、轮藻、叶肢介、双壳类、腹足类等。

五、开展的特色科普活动以及创新内容

（1）以地质博物馆为主体，开展科普活动。充分利用地质博物馆、王家沟硅化木遗址馆、硅化木林、硅化木埋藏厅等场地，开展硅化木地质文化宣传教育活动。如"爱心科普教育""科普一日游""踏青游学节""地球日"等系列活动，在"三八"妇女节、"五四"青年节、"六一"儿童节、"九九"重阳节等节日，组织志愿者等开展针对女性、儿童、青少年以及老人等群体的参观活动，并配有免费解说。每年寒暑假都对中小学生进行免费开放。

（2）以重大主题活动为载体，开展科普活动。基地同企业联手，开展2015地质公园摄影作品展、2016年侏罗纪仿真恐龙展，以"重现1.5亿年前远古生物世界"为主题，举办"2017首届射洪中华侏罗纪国际焰火灯会"展；利用科普月、科技活动周、世界环境日开展"我们的海洋 我们的世界""改善环境质量 推动绿色发展""绿水青山就是金山银山""走进侏罗纪 触摸大恐龙"等主题活动15余次；利用寒暑假开展"博物馆之夜""美德少年四川行""遂宁优秀少年家乡行""海外华侨寻根之旅""少年英语""卓同精英"夏令营、冬令营等活动；利用春节假期开展"我们的活动"系列活动20余次，进社区、进广场、进学校，发放关于硅化木科普知识宣传单50 000余份；邀请中国科学院南京地质古生物研究所王永栋研究员为我县干部做了"侏罗纪、恐龙、硅化木"的科普讲座。通过开展活动、讲座、发放宣传单等，让更多的游客了解了硅化木、恐龙等知识，地球结构、形成及地球生命进化历程，进一步增强了人们珍惜地球资源、热爱地球的意识，并强烈呼吁人们保护我们赖以生存的地球家园。

（3）以制作宣传片为窗口，开展科普活动。制作科普宣传光碟10 000张。在四川电视台公共频道、妇女儿童频道播出自拍自制的《穿越龙凤峡 梦回侏罗纪》的宣传片；中央电视台《北纬30度中国行——远方的家》栏目组专门来地质公园拍摄了反映射洪硅化木地质博物馆、硅化木遗址馆等的电视专题片，由中国科学院南京地质古生物研究所王永栋研究员担任讲解专家，该片在央视播映，得到了全国观众的极大关注；中央电视台科教频道

《中国地理》栏目组拍摄了《寻找龙骨石》的宣传片,由曲阜师范大学教授谢小平讲解,播放后吸睛无数,众多人士慕名而来。

（4）以科研、科考合作为契机,开展科普活动。先后邀请中国科学院地质与地球物理研究所袁宝印研究员、中国科学院南京地质古生物研究所王永栋研究员、中国地质大学(北京)阴家润教授等来射洪及其周边地区开展野外调查和科研工作;中国科学院南京地质古生物研究所王永栋研究员等带领中国科学院南京地质古生物研究所杨小菊研究员以及法国里昂大学、英国伦敦大学等国外高校专家,先后10余次来射洪及其周边地区开展考察和研究工作,已发表了一批科研成果。2017年9月,世界地质公园网络主席尼古拉斯·邹若斯,中国地质大学教授、世界地质公园执委张建平研究员等到基地进行现场考察。通过科考研究,中外专家学者们先后在中国、英国、荷兰、德国、日本等国内外刊物发表20余篇木化石以及地质方面的学术论文,在国内外取得了积极的学术影响,使射洪硅化木地质文化得以更广泛地传播。

（5）举办第八届国际侏罗系大会,提高国际知名度。2010年8月8日至13日,国际侏罗系地球科学的盛会"第八届国际侏罗系大会"在射洪县盛大召开,来自33个国家的200多位专家和学者出席。包括时任国际侏罗系大地层分会主席约瑟夫·帕尔菲、国际著名地质学家安东尼·哈拉姆、中国科学院院士王成善及周忠和等专家莅临出席,对侏罗系地质、构造、生物多样性、古环境演化、能源资源、科普教育和博物馆等开展了为期一周的学术研讨和科研考察交流。时任四川省省长蒋巨峰、国土资源部总工程师张洪涛、中国科学院资环局局长常旭等重要领导参加大会开幕式。这是国际侏罗系地球科学界的"奥林匹克大会"首次在亚洲举行,与会国内外专家在会间考察了射洪硅化木地质公园、博物馆以及木化石埋藏遗址,对保存完好的硅化木化石群给予一致好评和高度赞誉,并一致推荐今后申报世界地质公园。会议前后,中央、省(市)及海外20多家媒体对射洪化石产地进行了广泛深入、多角度的报道。第八届国际侏罗系大会的成功召开,极大地促进了射洪硅化木化石群和古生物地层科研工作在国际学术界的影响,有效宣传了射洪硅化木的化石保护工作和地质文化产业发展。

Museum of Yanqing Geopark

延庆地质博物馆

／北京市延庆区妫水北街72号

开放时间 —— 夏季:周二至周五9:00—11:30,14:00—16:30,
周末9:00—16:30,周一闭馆;冬季:周二至周五9:00—11:30,
13:30—16:00,周末9:00—16:00,周一闭馆

网址 —— www.yqdzgy.cn

联系邮箱 —— yanqingsjdzgy@163.com

联系电话 —— 010-81193303

微信公众号 —— 中国延庆世界地质公园

一、科普基地基本信息

延庆地质博物馆隶属北京延庆世界地质公园管理处,由北京市延庆区政府投资建设,是以延庆世界地质公园为依托,集地质科普、延庆地质遗迹、自然景观与人文风貌于一体的综合性、公益性博物馆,是重要的科普教育基地。2013年7月20日正式对外开放。

博物馆于2018年被授牌为"中国古生物学会全国科普教育基地",此后又相继被授牌为"北京市科普基地""市级社会大课堂资源单位""中国地质大学教学科研基地""延庆区中小学生社会大课堂实践活动基地"等。

博物馆坐落于延庆母亲河妫水河畔,外形从顶部俯瞰以"延"的拼音首字母Y为形象,建筑风格简洁新颖,与优美的自然环境融为一体,相得益彰。总建筑面积7 200平方米,展览面积2 000平方米。

⊙ 博物馆外观

二、科普基地创建和发展简况

2013年9月,延庆世界地质公园创建成功。按照世界地质公园网络的要求,每个世界地质公园应当拥有集中展示优势资源同时服务社区居民、外来游客等人群的中心场馆,延庆地质博物馆应运而生。博物馆于2012年10月动工建设,2013年7月完成土建及布展。

博物馆是以延庆世界地质公园为依托的综合性、公益性博物馆,是世界地质公园品牌对外展示的窗口。作为向公众介绍地学特别是古生物学知识的平台,博物馆在维护、保管、典藏、交流和展示陈列化石标本的同时,积极开展科普教育和信息咨询等公益性服务工作。不断完善展陈内容,提升硬件设备,扩充陈列标本,以本地标本为主,搜集的世界其他同类型标本为补充,真正落实博物馆作为全国科普教育基地的职能。促进古生物科学知识普及,提高公众古生物科学素养。

三、科普活动主要场馆和展陈内容

博物馆内展陈有岩石、矿物、古生物化石标本,展品共300余件,其中古生物化石以硅化木和恐龙足迹化石最为珍贵,也是延庆区内发现的具有极高科研价值和国际意义的珍贵地质遗迹。博物馆以"燕山之魂"为主题,通过陈列延庆地质遗迹标本、精准的文字内容、精美的展板图片、逼真的景观复原场景,并辅以多媒体、VR、互动系统等现代技术手段,全面展示了地学基础知识,延庆地质发展历史,典型地质遗迹类型及形成过程,地质与文化、社会发展的关系等内容。

博物馆由序厅、地球科学厅、地质遗迹厅、地质遗迹和文化遗产厅、地质遗迹国际对比厅和今日延庆6个主题展和2个专题展、游戏互动区、商品部2个服务区及地质广场组成,设有3D影院、电子沙盘、八大行星互动系统、世界地质公园大家庭互动系统、延庆恐龙足迹、硅化木数码展柜、延庆地质科研论文、科普文章查阅系统、VR体验等科普设施,其中3D影院为74座,具4×3米的屏幕,专门用于播放恐龙影片。

1. 主题展

(1)序厅。以大型水幕浮雕"燕山之魂"点明博物馆主题,并体现出延庆世界地质公园的核心元素。另包括延庆世界地质公园电子沙盘、博物馆简介、展览内容布局和参观路线示意图等内容。

①"燕山之魂"水幕浮雕。水是生命之源,流动的水帘与浮雕相结合,展示了延庆的动人山水和如画风景;浮雕中雄伟的长城与龙庆峡峡谷造型勾勒出了妫川地貌,仔细看还会发现有恐龙的身影。这几大元素不仅是延庆世界地质公园的亮点,同时也突出了博物馆布展主题——燕山之魂。

②延庆世界地质公园电子沙盘。博物馆是延庆世界地质公园的浓缩。通过电子沙盘,可以直观地了解延庆地貌特征和公园园区范围及地质遗迹,延庆交通、水文、乡镇分布等信息。

(2)地球科学厅。主要讲述宇宙起源、星系形成、地球演化,尤其突出延庆的地质演变历史和基础地质知识。厅内展陈有三大岩类、造岩矿物、陨石等标本,设有宇宙大爆炸虚拟影片、大型3D画、太阳系行星立体影片、八大行星互动系统、波痕模型。

⊙ 地球科学厅三大岩类标本

① 大型 3D 画。主题为陨石坑，游客站在呈坠落状的陨石上拍照，可呈现立体效果。

② 太阳系行星立体影片。采用红外感光技术，使游客靠近观影器，通过光像镜向里面望去，就会看到行星立体影像，并配以科普知识解说。

⊙ 地球科学厅大型 3D 画

③ 八大行星互动系统。采用人脸识别技术，游客站在指定位置，可以通过 3 个手势操控系统，了解八大行星的相关知识。

④ 波痕模型。展厅墙壁上的波状起伏，模拟保留在岩石上的沉积构造——波痕，是延庆重要的地质遗迹之一。

（3）地质遗迹厅。距今 1.7 亿到 8 000 万年时，燕山运动塑造了延庆地区的地貌特征，形成了山前断裂、褶皱、穹隆等众多大型构造地质遗迹和岩浆活动证据，这也是博物馆主题"燕山之魂"的由来。燕山运动期间，延庆地区还形成了具有国际意义的珍贵地质遗迹——硅化木和恐龙足迹化石，二者均保存于上侏罗统土城子组。该展厅通过图片、影像，恐龙脚印、骨骼模型，硅化木标本向游客讲述燕山运动时期，在这片妫川大地上发生的故事。

游客透过脚下的钢化玻璃，可以近距离观察按 1:1 比例复原的蜥脚类、鸟脚类、兽脚类恐龙足迹模型。展厅内的恐龙骨骼是根据恐龙足迹数据复原的，展现了 2 只兽脚类恐龙追击 1 只蜥脚类恐龙，另外 2 只蜥脚类恐龙受到惊吓向相反方向逃跑的恐龙捕猎画面。

（4）地质遗迹和文化遗产厅。通过视频影像和投影动画展示花岗岩标本、长城城砖，向游客详细介绍了公园内地质遗迹与历史文化完美结合的生动实例——八达岭长城和古崖居。

① 八达岭长城视频影像。八达岭长城，位于北京市延庆区，是长城的第一隘口，为明代长城中最杰出的代表。始建于明弘治十八年，经过多次整修，可供游览地段达 3 741 米。八达岭长城以花岗岩为基底，上层用大型城砖砌成，依山而筑，随势而曲，高低不一，是万里长城的精华所在。

⊙ 地质遗迹厅
恐龙足迹与恐龙
骨骼模型

② 古崖居投影动画。古崖居位于张山营镇，是国内目前发现的最大崖居遗址，被称为"中华第一迷宫"。在山沟两侧陡峭的花岗岩石壁上，遍布着人工凿刻的137处石室。投影动画背景模拟古崖居所在的花岗岩岩壁，呈现了当时古崖居开凿的场景。

（5）地质遗迹国际对比厅。展厅内布展有国内外珍贵的恐龙足迹和硅化木化石，通过图文展板，游客可以了解到延庆恐龙足迹和硅化木化

⊙ 地质遗迹厅
硅化木

石的特征、形成过程，以及国内外其他著名发现地的恐龙足迹和硅化木的相关知识。

① 延庆硅化木。延庆硅化木属裸子植物中的松柏类，包括2属2种，即宽孔异木和延庆苏格兰木。最大的特点是原地埋藏、原地保存。木化石纹理清晰，年轮宽窄可辨，质地坚硬。延庆的硅化木主要产于上侏罗统土城子组2段的紫红色粉砂岩及页岩层中（距今约1.5亿年），共57株。木化石群树干最大直径2.5米，一般直径0.6—1.5米，露出地面一般高0.4—0.8米，最高可达1米多，该区最长的木化石达15米多，横卧在山坡上。

② 延庆地质公园恐龙足迹。延庆恐龙足迹发现于土城子组第3段地层中，研究表明这批恐龙足迹可归属于蜥脚类、中型蜥脚类、大型与小型兽脚类和小型鸟脚类恐龙足迹。延庆恐龙足迹群庞大的规模，反映出有趣的古行为学现象。比如，高速奔跑的恐龙足迹表明造迹者可能正处于追击捕猎或逃逸的状态，结合该足迹点穿插于植食性蜥脚类恐龙足迹之间的多道兽脚类恐龙行迹，当时极可能正发生着一场捕猎，或该地区为恐龙的"猎场"。

（6）今日延庆厅。展厅通过系列展板、场景模拟、实物展示，系统介绍了延庆地区优美的生态环境、悠久的历史文化、多样的民俗风情、近几年的发展变化，以及延庆世界地质公园发展历程。

2. 专题展

（1）世界地质公园大家庭。通过互动系统，图文并茂地展示全球140家世界地质公园的特点，并配以中、英文两版简介。系统采用抠像技术，游客可以与自己喜欢的世界地质公园的美丽风景合照。

⊙ 世界地质公园大家庭

（2）延庆世界地质公园的姊妹公园。展墙向游客展示了延庆世界地质公园的姊妹公园，图文并茂地介绍了姊妹公园的美丽风景和地质遗迹。

⊙ 延庆世界地质公园的姊妹公园

3. 服务区

（1）游戏互动区。儿童活动区将地学知识融入趣味游戏，寓教于乐。孩子们可以体验恐龙下蛋、和恐龙比体重、和恐龙赛跑、追捕与逃生、飞上天空的恐龙、恐龙变鸟等互动游戏，恐龙主题沙池、VR体验飞跃长城等项目，在娱乐的同时也可获得地学知识。

⊙ 游戏互动区

⊙ 商品部

（2）商品部。专营延庆世界地质公园研发纪念品、延庆当地土特产、延庆特色手工艺品、延庆世界地质公园科普丛书，另设有咖啡角、茶室，可供游人休息。

4．地质广场

毗邻延庆区地质博物馆南侧，沿妫水河修建，遍植花草树木。河水潺潺明如镜，绿树繁花交相映。篆刻着"中国延庆世界地质公园"的主碑矗立在广场中心，蜿蜒曲折的地质科普长廊陈列了延庆不同年代的典型岩石标本，并配备有详细的科普解说标志系统。

⊙ 地质广场上的地质公园主碑

四、重点展品介绍

博物馆浓缩展示了延庆世界地质公园内的核心地质遗迹，其中硅化木和恐龙足迹化石为精华所在。馆内展览了多件国内外珍贵的硅化木和恐龙足迹化石。因延庆地区的硅化木和恐龙足迹化石原地保存于园区内供游人参观游览，故目前博物馆馆存较少。

1．硅化木

（1）北京延庆硅化木。延庆世界地质公园内共出露57株硅化木，产出层位为上侏罗统土城子组2段的紫红色粉砂岩及页岩层中（距今约1.5亿年）。属裸子植物中的松柏类，包括2属2种，即宽孔异木和延庆苏格兰木。最大的特点是原地埋藏、原地保存。木化石纹理清晰，年轮宽窄可辨，质地坚硬。在距今约1.5亿年的晚侏罗世，延庆地区发育有一片茂盛的原始森林。后来，由于河流发育，树干在原地被周期性大洪水所携带的沉积物质迅速掩埋压实，地下水中所含的二氧化硅分子开始慢慢地替换

⊙ 北京延庆硅化木

树木原有的木质成分，保留了树木形态和内部结构，经过石化作用在地下深处形成了硅化木化石，因此，大部分硅化木化石保持其原来的直立生长状态。在之后的构造运动影响下，延庆地区以垂直抬升为主，地下深处的硅化木化石随着上覆地层被剥蚀殆尽，最终暴露出地表，成为我们现在看到的硅化木化石。

（2）新疆奇台硅化木。奇台硅化木–恐龙国家地质公园硅化木出露数量近千株，是世界第二大木化石群，产于距今约1.5亿

⊙ 新疆奇台硅化木

年的侏罗纪。树木的原生构造保存清晰，目前已鉴定出的主要种属有原始云杉型木属、异木属、南美杉型木属和柏型木属。

（3）浙江新昌硅化木。浙江新昌硅化木国家地质公园出露白垩纪硅化木约300多根，保存完整，粗大的树干、树枝化石均有保存。

（4）四川射洪硅化木。四川射洪硅化木国家地质公园上侏罗统蓬莱

⊙ 浙江新昌硅化木（左）
四川射洪硅化木（右）

镇组中发现硅化木512根,全部为树干,未见树枝、树根,偶尔可见树皮。

（5）希腊莱斯沃斯硅化木。希腊莱斯沃斯木化石森林世界地质公园是唯一以硅化木化石为主的世界地质公园,除石化树干外,还可看到保存完好的石化树根、果实、树叶和树种。大量根系完整、发育良好的直立石化树木,树干长达20米,直径达3米。

⊙ 希腊莱斯沃斯硅化木

2. 恐龙足迹

（1）蜥脚类恐龙足迹。延庆晚侏罗世蜥脚类恐龙足迹,前足足迹呈半圆形或马蹄形,后足足迹呈椭圆形或近似环形,可归属于蜥脚类、中型蜥脚类恐龙足迹。大型蜥脚类恐龙足迹的后足迹长68厘米,推断恐龙体长12米。中型蜥脚类恐龙足迹是延庆最丰富的恐龙足迹之一,从大小上明显区别于大型蜥脚类恐龙足迹,体长约3.5米。

⊙ 延庆蜥脚类恐龙足迹

（2）兽脚类恐龙足迹。早白垩世的新疆克拉玛依嘉陵恐龙足迹、山东临沂兽脚类恐龙足迹、山东潍坊粗壮龙足迹均为三趾型阳模化石,保存Ⅱ,Ⅲ,Ⅳ趾,呈大致对称模式,通常呈锥形或"V"形。末端可见尖锐爪痕,部分可观察到趾节。兽脚类恐龙多数为肉食性恐龙,两足行走,趾端长有锐利的爪子,嘴里长着匕首或小刀一样的利齿,牙齿前后缘常有锯齿。

⊙ 新疆克拉玛依兽脚类恐龙足迹

（3）鸟脚类恐龙足迹。早白垩世禽龙足迹，产地甘肃永靖，三趾型阳模化石。禽龙是最早被发现的恐龙，属于蜥形纲鸟臀目鸟脚下目的禽龙类，是大型鸟脚类恐龙，以植物为食。身长9—10米，高4—5米，前肢比较短，但很有力，后肢发达。前足非常奇特，长有4指和1个锋利的像钉子一样的大拇指。中间3

指一起构成手掌，手指较宽，指甲扁平，呈马蹄状。

3. 古鸟类足迹

新疆克拉玛依古鸟类足迹保存有3个脚趾，呈短粗状，不同于以往发现的鸟类足迹，以往的鸟类足迹都具有纤细的趾痕，其脚趾都是细细长长的，像常见的家鸡一般。该足迹可能是长有瓣蹼足的水鸟所留下的。鸟类足迹主要分布于中生代与新生代，相比

非鸟类恐龙足迹,数量要少得多。

五、开展的特色科普活动以及创新内容

博物馆自开馆以来,开展了大量丰富多彩的科普活动。这些科普活动可分为四类:

(1)基于青少年学生群体开展的常规科普教育活动,以社会大课堂为形式,以延庆中小学生为主体,开展地学科普培训,年均培训2 000人次,通过志愿服务形式展示运用成果。

(2)主题节日特色地学科普活动,利用中国传统佳节和主题科普日,为游客及社区居民开展科普活动。如每年元宵节通过设置有奖竞猜地学灯谜、对地学楹联等方式开展地学科普活动。

(3)利用世界地质公园网络平台,联合国内外其他地质公园和教科研组织,联合北京市媒体,开展特色科普活动,如邀请希腊莱斯沃斯木化石森林自然历史博物馆馆长伊利亚斯博士给学生们讲古生物化石保护科普课,并带领学生观摩家乡延庆的恐龙足迹、硅化木化石保育现场,绘画恐龙足迹、硅化木化石,制作恐龙、硅化木手工模型。博物馆工作人员做客北京城市广播《城市文化范》访谈栏目,制作《北京博物馆有范儿逛——延庆区地质博物馆》专题科普节目,宣传博物馆。

(4)积极与姊妹地质公园、博物馆开展互展活动,互相推介资源,丰富科普内容,做到让参观者透过延庆地质博物馆放眼看世界。

此外,博物馆也开发了多样化的具有延庆本地特色的古生物文创产品,如手工制作的恐龙足迹、恐龙复原模型,硅化木模型豆画、织画、挂饰、餐具、笔筒等宣传纪念品。印制博物馆中、英文宣传折页10 000份,免费供公众取阅。制作了以恐龙足迹、硅化木为主的科普系列丛书。结合上述有形的活动,产品辅以延庆世界地质公园网站、微信公众号,延庆区、北京市网络媒体等线上无形平台的宣传,丰富博物馆的科普渠道。

通过近些年对软硬件的不断提升,博物馆的综合实力和科普影响力日益增强,如今已是延庆区乃至北京市重要的科普教育基地。

Zhejiang
Museum of
Natural History

浙江自然博物院

〈杭州馆：浙江省杭州市西湖文化广场6号·· 安吉馆：浙江省湖州市安吉县梅园路1号

开放时间 —— 杭州馆周二至周日,安吉馆周三至周日:9:30—16:00
（11月1日至3月31日）,9:00—16:00(4月1日至10月31日)

网址 —— www.zmnh.com

联系邮箱 —— webmaster@zmnh.com

联系电话 —— 0571-88212712(杭州馆),0572-5022030(安吉馆)

微信公众号 —— 浙江自然博物馆

一、科普基地基本信息

浙江自然博物院隶属于浙江省文化旅游厅，以"自然与人类"为主题，以提高公众自然科学文化素养和生态环境保护意识为主旨，把构建人与自然和谐相处作为自己的使命，秉持着"文化惠民，共建共享"的服务宗旨，不但致力自然遗产和生物多样性的保护与研究，而且致力自然生态展览的筹办和生态文化的传播，探求从馆舍天地走向大千世界的道路。博物馆现由杭州馆与安吉馆组成。

杭州馆2009年建成开放。馆舍面积2.6万平方米，常设展厅面积9 000平方米，临展厅面积2 500平方米，藏品库房5 000平方米，馆藏20余万件(组)，年接待观众210余万人次，是一座以"自然·生命·人"为主题，以提高公众的自然科学文化素养和生态文明意识为宗旨，集生命科学、地球科学等自然类标本收藏研究、展示宣传、科普教育、文化交流和智性休闲于一体的国家一级博物馆。

⊙ 博物院
杭州馆入口

安吉馆位于安吉县教科文新区,是411省重点文化基础设施建设项目,是文化强省建设示范性项目,总建筑面积6.1万平方米。基本陈列定位为"休闲体验",以专题展为特色。按照"国内一流,国际领先"的建设目标,着力打造集科普教育、收藏研究、文化交流、休闲体验于一体的现代自然博物馆。安吉馆于2018年12月28日试运行。

⊙ 博物院
安吉馆外观

二、科普基地创建和发展简况

博物院院史可追溯到在1929年首届西湖博览会基础上创建的浙江省西湖博物馆。新中国成立后,浙江省西湖博物馆于1953年更名为浙江博物馆。1984年7月,浙江博物馆自然部单独建制,成立了浙江自然博物馆。单独建制后,历经了十余年的建设:于1991年建成库房业务楼,1998年1月建成陈列馆,地址位于杭州市教工路,《恐龙与海洋动物陈列》荣获1998年"全国十大陈列展览精品奖";1999年11月"全国科普教育基地"挂牌。进入21世纪后,在省政府的关怀下,易地建设新馆提上议事日程,于2009年建成并开放现在的杭州馆。2014年启动安吉馆的建设工作,2018年8月更名为浙江自然博物院,安吉馆也于2018年12月建成并试运行。

三、科普活动主要场馆和展陈内容

1. 杭州馆

博物院杭州馆由序厅、地球生命故事、丰富奇异的生物世界、绿色浙江、狂野之地——肯尼斯·贝林世界野生动物展——和青春期健康教育展6大展区组成,以地球及生命诞生与发展为主线,带领公众一探自然之壮美。

(1)序厅。由古老的海百合化石、千年阴沉木、灰鲸骨骼、鲸鲨、北极熊等大型标本和有代表性的动物标本组成大型生物展示墙,叙述生命的神秘与恢宏,提示观众即将进入一段自然与生命的探索之旅。

(2)地球生命故事。讲述地球46亿年的生命进程。设置生命家园、生命诞生、生命登陆、恐龙时代和哺乳动物时代5个单元。再现生命大爆发、鹦鹉螺海洋、鱼类时代、蕨类森林、恐龙世界、哺乳动物时代至人类登上生命舞台等复原场景;辅以《地球的诞生》《恐龙大灭绝》等剧场影像和地球的磁场、地幔对流、恐龙的速度等互动装置,揭示生命在一次次灭绝与爆发中顽强地进化的过程,加深观众对地质与古生物的认识;作为历史见证者的毛氏峨眉龙、礼贤江山龙、猛犸象、三趾马等一件件形象生动的实物标

⊙ 博物院杭州馆地球生命故事展览一角

本,无声地向人们诉说着生命演进的艰难与曲折,激发人们对生命的珍惜和关爱之情。

（3）丰富奇异的生物世界。集聚地球上各个生物门类的物种代表,再现不同区域典型的生态系统景观,解读生物与环境、生物与人类的关系。设置多样的生态系统、丰富的生物类群、遗传与变异、生物对环境的适应、生物与人类5个单元。

（4）绿色浙江。设置浙江的自然、浙江的生态、环境保护与可持续发展3个单元。

（5）狂野之地——肯尼斯·贝林世界野生动物展。以贝林先生捐赠的世界野生动物标本及场景展示为主。

（6）青春期健康教育展。为了适应中小学教育的需要,设立本展。

2. 安吉馆

博物院安吉馆以专题展为特色,固定陈列由序厅、地质馆、生态馆、贝林馆、恐龙馆、自然艺术馆、海洋馆组成。

（1）序厅。观众进入展区集结的场所,进入展区的楼梯边有用玻璃艺术制作的鲸鱼图案,旁边半空悬挂了数只3D打印的极具特色的临海浙江翼龙复原模型。

（2）地质馆。设置了古老的浙江大地、浙江金钉子的故事、盆地与火山的世界、现代地貌形成与史前浙江人4个单元。采用地质叙事的方式呈

⊙ 博物院安吉馆地质馆一角

现了一系列浙江大地的故事,以"漫长的旅程"开篇,通过时空叙事的方式,讲述浙江大地20亿年波澜壮阔的史诗,概括性地介绍了地球结构、地质年代、生物演化、大陆变迁、气候变化等背景知识。

(3)贝林馆。贝林馆以"远方的对话"为主题,设置炎热非洲、寒冷北美、兄弟源缘、演化适应、危机与希望5个单元。

(4)海洋馆。海洋馆以"无尽深蓝"为主题,序厅以"生命之源"开篇,设置潮起潮落、海藻森林、珊瑚世界、茫茫大洋、走向深海、极地海洋、蓝色浙江、蓝色使命8个单元。

(5)自然艺术馆。自然艺术馆围绕自然之美与人类智慧两大部分进行主题展示,设置宇宙·万象、自然万物、天籁之音、美的解析、致敬自然5个单元。

(6)恐龙馆。展示全球最具代表性的恐龙及其生活,同时也详细展示了浙江的恐龙。展厅以时代为主线,用化石标本、全身骨架复原、场景、复原模型和多媒体等手段介绍三叠纪、侏罗纪和白垩纪各时代最具代表性的恐龙,以及恐龙的生理与近亲。展厅购入了大量世界顶级公司和研究所复制的恐龙骨架模型,另有极其珍贵的鸭嘴龙全身骨骼装架标本、巨型三角龙头骨化石标本等。

⊙ 博物院安吉馆恐龙馆一角

(7)生态馆。生态馆以"绿水青山的召唤"为主题,设置生命支持系统——生态系统、生态系统的价值和生态浙江3个单元。

四、重点展品介绍

博物院是国内最早建设的自然博物馆之一,现有藏品20多万件,馆藏包括岩石矿物、古生物化石、现生动植物等各种自然类标本。其中,恐龙蛋、西南地区三叠纪海生爬行类动物是重要的馆藏特色。

1. 长尾雁荡鸟

正模标本,发现于浙江临海上白垩统塘上组凝灰岩中,为一具基本完整的骨架。头骨骨片薄,颌无齿。前肢不缩短,肱骨没有气窝、气孔构造。尺桡骨远端保存不全。胸骨长而宽,有侧突,具腹肋。趾骨较细长但爪较短,跗跖骨基本愈合。保存20节尾椎骨组成的长尾。早期将其鉴定为鸟类,现有学者指出其应为一小型兽脚类恐龙,其系统关系尚待进一步深入研究。

⊙ 长尾雁荡鸟

2. 临海浙江翼龙头骨

发现于浙江临海上白垩统塘上组凝灰岩中,是我国现今发现的唯一的晚白垩世翼龙类代表。临海浙江翼龙被归入神龙翼龙科,头骨低而长,前颌上部至后顶端浑圆,无骨冠,鼻孔和眶前孔合成一卵形大孔,约占头骨全长的一半。喙细长尖锐,无齿。推测其翼展在3米以上,可能取食鱼类和昆虫。

⊙ 临海浙江翼龙头骨

3. 含蛋雌性达尔文翼龙

达尔文翼龙是目前已知的唯一由原始类群(非翼手龙类)向进步类群(翼手龙类)演化的过渡类型。既具有原始类群的特征,又具有进步类群的特征。含蛋化石的达尔文翼龙为翼龙的性别判断提供了直接的依据。研究显示雄性翼龙具有较小的腰带和头骨脊,而雌性翼龙则具有较大的腰带且没有头骨脊。

4. 天台越龙

正模标本,由颈椎、背椎、尾椎、前肢和后肢等部位的化石组成,关节之间相互关联,是在浙江省发现的保存最好的恐龙化石之一,产于浙江省天台县两头塘组。从发现的材料估计,该恐龙长度不足1.5米,是目前在浙江省发现的最小的恐龙。天台越龙是小型鸟脚类恐龙在中国东南部的首次发现。

⊙ 含蛋雌性达尔文翼龙(左) 天台越龙(右)

5. 东氏镶嵌角龙与蛋化石共生

为东氏镶嵌角龙的正模标本,发现于河南省南阳市夏馆组,保存了较完整的头骨和头后骨骼,并与一窝陆龟蛋保存在一起,是在该地区首次发现的角龙类化石。支序分析显示,镶嵌角龙为最原始的新角龙类,介于鹦鹉嘴龙与其他新角龙类之间。镶嵌角龙的发现填补了鹦鹉龙类和新角龙类之间的形态空白。

⊙ 东氏镶嵌角龙与蛋化石共生

6. 西峡巨型长形蛋

发现于浙江省天台县,是迄今发现的最大恐龙蛋化石之一。巨型长形蛋同长形蛋相比,除了明显的大小差距外,形状、壳饰类型相似但其壳饰更为粗犷;蛋皮厚度因蛋的大小和重量的关系更厚。该类型的蛋仅发现于河南省和浙江省。

7. 礼贤江山龙

正模标本,为礼贤江山龙的背椎,于20世纪70年代末发现,是在浙江省首次发现的蜥脚类恐龙,也是国内最早鉴定命名的巨龙类恐龙。背椎神经弓上坑凹、棱板构造发育,棱板边缘较薄,后部背椎前突较为发育,呈半球状,椎体腹面凹进明显。根据化石材料估计其体长可达20米。

⊙ 西峡巨型
长形蛋(左)
礼贤江山龙
背椎(右)

8. 双列齿凹棘龙

正模标本,产自贵州关岭上三叠统,是一具基本完整的骨架,头长,吻部窄长,前颌骨边缘牙齿细小呈锥形,上颌骨前端有2列交错排列较钝的牙齿,后端无牙齿。颈短,尾长,保存159节脊椎,其中有42节荐前椎、3节荐椎和114节尾椎,颈部仅由4节颈椎构成,神经弓与椎体不愈合,脊椎神经棘低,向后逐渐增高,最显著的特征是从第6节脊椎到最后1节荐前椎神经棘顶端有"V"形凹槽,因而得名凹棘龙。四肢相对身体来说很短,游泳能力较差。骨架保存长度达3.6米,头部吻端、尾尖及手掌缺失,有着已知海龙类最大的头骨。

○ 双列齿凹
棘龙

9. 李氏云贵龙

发现于我国云-贵交界地区三叠纪中期地层中的纯信龙类。吻部长，有向前伸出的细长牙齿；具有长颈和浆状肢，尺骨远端扩展，与蛇颈龙极为相似，但具50节颈椎，数目超过了许多蛇颈龙；前关节横突比椎体宽，神经脊低，与原始鳍龙类一样；腰带结构和四肢形态都与早期蛇颈龙接近，近于盘状的坐骨，圆盘状的耻骨和髂骨，前、后肢多指（趾）现象非常明显，显示了较强的游泳能力。这具李氏云贵龙骨架是目前世界上已知最大、最完整的纯信龙化石。

○ 李氏云贵龙

10. 康氏雕甲龟龙

正模标本，发现于云南富源中三叠统，属于有甲壳的豆齿龙类。吻部略长而扁平，上、下颌及颚部生长着豆状的牙齿，可以咬碎软体动物的外壳；枕端两侧各有3枚大型的锥状鳞；背甲结构精致，由400多枚表面布满了细小放射状纹饰的小甲片组成。雕甲龟龙身体扁平，四肢短粗，游泳能力并不出色，只能在浅海环境中用四足划动，推动身体缓慢前行，捕食附着在岩石上的甲壳动物。

⊙ 康氏雕甲龟龙

11. 乌沙安顺龙

保存完整的乌沙安顺龙骨骼化石,其姿态呈盘曲状,尾部折曲。头骨侧面保存,吻部伸长,牙齿呈较尖锐的圆锥形;由于侧面保存,左右肢叠压;颈椎 15 节,尾椎达 60 余节。安顺龙是我国海龙类的第一个代表,是当时海洋中体型较大的爬行动物之一,其第 4 指少 1 个指节。

⊙ 乌沙安顺龙

12. 东方恐头龙

发现于我国贵州三叠纪中期,为一种原龙类。具有一条极度伸长的脖子,颈部长 1.7 米,大大超过仅有 1 米的躯干部长度,椎体伸长,神经弓不发育,有极为细长的颈肋,颈椎 30 节。东方恐头龙颈椎结构表明其整个颈部难以灵活运动,通过颈椎两侧细长的肋骨与肌肉的巧

⊙ 东方恐头龙

妙配合来捕食鱼类。这件东方恐头龙化石保存很完整,头骨受挤压,牙齿锋利,身躯和尾部呈扭曲状。

五、开展的特色科普活动以及创新内容

博物院常年开展各种科普教育活动。按受众类型分为初级、进阶、高级3类。初级活动以节日主题活动和公益性活动为主。这类活动结合"国际博物馆日""世界地球日""浙江生态日"等节日,开展如"化石鉴定""变废为宝""专家讲座"等活动。进阶活动以青少年动手动脑制作类和寓教于乐类趣味性活动为主。如"火山爆发科学实验""苔藓生态瓶制作""绿色总动员"等活动,颇受青少年观众喜爱。高级活动以"小小讲解员体验活动"和"自然科学探索性课程"为主,培养学生的探究性学习能力。

除了日常活动以外,博物院还承接了各项大型活动:针对中小学生的"环球自然日青少年科学知识挑战赛浙江赛区预选和决赛"、两岸中学生自然探索夏令营、"讲浙江故事——浙江省博物馆优秀讲解案例推介活动"等。其中,两岸中学生夏令营将浙江省的特色古生物资源野外考察作为活动中最为重要的一环。

博物院在做好各项活动的同时,还进行了科普剧表演的探索与实践,编排了公益科普剧《消失的海冰》《迷失非洲》等,充分激发了孩子们的好奇心和科学探索精神。博物院在充分利用本院科普资源优势的同时,还积极整合社会资源,开展各类科普活动。博物院200多人的科普志愿者队伍中有大学教授、中小学教师、在校大学生,他们有的承担展厅的讲解任务,有的举办大众论坛专题讲座,有的开展专题科普活动。博物院还利用微信、网站等现代媒体平台宣传推广科普活动。公众号"浙江自然博物馆"、订阅号"浙江自然博物院科普君",每周定期推送科教活动时间、活动花絮、馆务资讯等内容。博物院科普活动的实施增强了博物院的教育和传播功能,提升了公众特别是广大青少年的科学素养,推动了区域社会文化事业的发展。

Yifu Museum of
China
University of
Geosciences (Wuhan)

中国地质大学（武汉）逸夫博物馆

／湖北省武汉市洪山区鲁磨路388号

开放时间 —— 周一至周五 8:30—11:30, 14:30—16:30, 周六、周日及节假日 9:00—17:00 (16:00 停止售票) , 全年均接待预约团体 (预约请至少提前一天)

网址 —— http://mus.cug.edu.cn

联系电话 —— 027-67848584

微信公众号 —— 中国地质大学逸夫博物馆

一、科普基地基本信息

中国地质大学(武汉)逸夫博物馆隶属于中国地质大学(武汉),是首家被认定为国家AAAA级旅游景区的高校博物馆,也是国家三级博物馆,被授牌为"全国中小学生研学实践教育基地""全国科普教育基地""全国青少年科技教育基地""中国古生物学会全国科普教育基地""全国中小学环境教育社会实践基地""全国国土资源科普基地""武汉市爱国主义教育基地",2017年被评选为武汉十大博物馆。

博物馆位于中国地质大学(武汉)西区校园南侧,坐落在风光旖旎的武汉市东湖之滨、南望山麓。建筑面积近1万平方米,陈列展示面积5 000余平方米。

⊙ 博 物 馆 外 观

二、科普基地创建和发展简况

博物馆的前身可以追溯到北京地质学院博物馆,始建于1952年。建馆初期,标本主要继承了北京大学地质系、清华大学地质系、天津大学(前身为北洋大学)地质系和西南交通大学(前身为唐山铁道学院地质科)的收藏,历史已逾百年。学校迁址武汉时,部分标本也运至武汉,1982年武汉地质学院博物馆正式对外开放,1987年更名为中国地质大学(武汉)博物馆。2001年得到教育部专项资金和邵逸夫基金会的资助,博物馆新馆大楼建设启动,于2003年落成,并更名为中国地质大学逸夫博物馆,同年4月被授牌为"中国古生物学会全国科普教育基地"。2005年正式对外开放。

博物馆主要展出矿物、岩石、古生物化石等地质标本,其藏品主要是由几代本校师生自20世纪以来在各种艰苦的野外环境下采集、积累起来的,也包括了校友和国际友人等捐赠的标本及部分购置的标本。

长期以来,博物馆在为高校教学、科研和人才培养服务的同时,一直坚持面向社会广泛开展地学科普教育活动,精心打造科普教育的品牌,取得了显著成绩,赢得了社会各界的一致赞誉,先后获得"全国优秀科普教育基地""湖北省科普工作先进集体""湖北省卫生示范旅游景区""武汉市博物馆工作先进单位""武汉市旅游景区优质服务先进单位""武汉市卫生先进单位"等一系列荣誉。

逸夫博物馆始终致力传播科学知识,弘扬科学精神,恪守办馆宗旨,坚持以地球科学为核心,加强科学普及和科学研究工作。面向高校,服务教学科研,成为求证的课堂;面向社会,强化科学普及,是公众求知的殿堂;面向游客,深化科教旅游,是观众探秘的乐园!

三、科普活动主要场馆和展陈内容

博物馆建筑面积近1万平方米,陈列展示面积5000余平方米,目前馆藏各类地质标本3万余件,其中自然界罕见的珍品近2000件,如著名的黑龙江东北龙、和平永川龙、鹦鹉嘴龙等恐龙骨架化石,以及各种珍贵的矿物、宝玉石、化石标本等。博物馆现已开辟了6个常设展厅,分别为地球奥秘厅、生命起源与进化厅、矿物岩石厅、珠宝玉石厅、矿产资源厅及张和捐赠厅,即将开设水资源、环境和地质灾害厅,还有科普教室和2个临时展厅。

博物馆为观众打开了地球46亿年沧桑巨变的宏伟画卷、地球生命38亿年进化的历史长廊,展示了精美绝伦的珠宝玉石世界、五光十色的矿物岩石天地以及与人类生存息息相关的地下宝藏。同时,也为观众讲述了人类与大自然和谐发展的重要性,激发人们保护环境的神圣职责感。

博物馆在展览内容上将地学的科学性、知识性、通俗性、趣味性有机融合,展陈技术上采用声光电技术、高科技手段、模拟及仿真技术,设计制作典型的地质景观和互动技术,寓教于乐。社会各界特别是广大青少年通过博物馆开展的各种科普教育活动,不仅加深了对保护环境、珍惜资源、抵御灾害的认识,还加深了对科学态度、科学精神的领悟,更加深了对人类社会可持续发展的理解,是公认的"地质世界之窗"。

1. 主题展

(1)大厅。以大型遗迹化石幕墙展示"远古生命的足迹"。另包括博物馆简介、展厅分布导览图和参观路线示意图等辅助宣传区及一系列大型化石标本,如硅化木、群体埋藏的菊石、震旦角石等。

(2)生命进化历程。利用一张立体螺旋图展示漫长的生命进化历程。该图的最下面是最远古的时代,最上面是现代,随着它的转动,我们就从古代走到了今天。其上面的每一张图片既表现了地球发展历史中的每个阶段,也表现了每一个时期生物界的面貌。

(3)历史的见证——化石。通过图文并茂的一组展板,介绍化石的定义、化石的类型、化石的形成以及化石的作用。展板下方的展柜对应摆放不同类型的化石标本代表，为进入生命进化主题展做铺垫。

（4）前寒武纪。作为生命进化史主题展的第一个阶段，占据整个地球85％的历史。它由一系列专题展组成，包括生命起源环境的模拟场景、最早的生命形成示意图、古老的叠层石化石展品、雪球地球模型、生物的五界分类展墙、埃迪卡拉动物群景观橱窗。

（5）古生代。这是生命史上极为波澜壮阔的时期，从寒武纪生命大爆发到生物登陆，直至发生最大的生物大灭绝事件，生物界呈现出与前寒武纪截然不同的面貌，生物界从此扩展到地球海、陆、空，开始了全新的演化，奠定了延续至今的生物圈变化。整个展区包括寒武纪大爆发展墙、澄江生物群景观橱窗，以及古生代各个时期的展墙和展台，辅以大量化石、模型景观等。

⊙ 古生代

（6）中生代。被称为爬行动物的时代，这是大众最为熟悉的远古时

⊙ 中生代霸主

代,因恐龙的出现而被人们所关注。陆地霸主恐龙、海洋霸主鱼龙和空中霸主翼龙,它们都属于爬行动物,而海洋中数量最丰富的当属无脊椎动物菊石。展区由如下展项组成:三叠纪、侏罗纪及白垩纪展墙和展台,以及中生代菊石展墙和展台、爬行动物和恐龙时代展墙。展厅正中间展示有9具恐龙化石骨架、1件大型鱼龙化石及1件大型海龙化石,十分引人注目。

(7)新生代。哺乳动物大发展时代,更是灵长类动物大发展最终演化成我们人类的时代。展区由古近纪、新近纪、第四纪及第四纪气候展墙和展台,以及大型绘画和大型骨架化石组成。

⊙ 新生代哺乳动物

2. 专题展

(1)生命的起源。通过火山喷发、电闪雷鸣等动态模拟,为大众展示了由无机物到有机物,再由有机物产生生命的壮丽场景。

(2)埃迪卡拉动物群。通过生态复原景观橱窗,展示当时的生物面貌。埃迪卡拉动物群是距今5.8亿—5.4亿年的软体多细胞无脊椎动物群。那时的动物已经发展出硬壳的雏形,有机质壳体开始发育。

(3)澄江生物群。通过展墙介绍寒武纪生命大爆发的科普知识,通过一组放大镜筒展示澄江动物生物化石面貌,通过大型喷绘和景观橱窗展示澄江生物群的生活场景。

(4)古生代时空隧道。通过大量寒武纪、奥陶纪、志留纪、泥盆纪、石炭纪、二叠纪的化石标本及科普展墙,展示古生代海洋中的三叶虫、珊瑚、双壳类、菊石等11个门类生物的特征及生态复原。

（5）脊椎动物登陆。通过一组模型组成脊椎动物登陆景观橱窗展示泥盆纪肉鳍鱼类演化为两栖类，再演化为陆地爬行动物的过程。

⊙ 脊椎动物
登陆景观橱窗

（6）生物大灭绝。由展墙、展台展示地球生命史上的5次大灭绝事件及其产生原因。其中灭绝率最大的一次发生在古、中生代之交，在这一灭绝事件中，95％的海洋生物种类和75％的陆地生物种类灭绝了。

（7）石炭纪森林。由古植物模型和当时的大型蜻蜓模型展示石炭纪森林景观。"森林"中有一棵"会说话的树"为大众讲述当时的气候、环境、生物面貌等。

⊙ 石炭纪森林
景观模型

（8）恐龙科普互动。以马门溪龙、沱江龙、禄丰龙、永川龙等9具恐龙化石骨架及5窝不同类型的恐龙蛋，配上科普展板，展示恐龙家族统治陆地的场景。设置了机电乘骑龙、下蛋龙、拍照龙、盖章龙以及其他恐龙构成的恐龙乐园，另配套展示了与恐龙有关的系列科普文创产品。

（9）海百合化石幕墙。展示大型海百合化石。海百合在三叠纪海洋组成了如同花园般的海底世界，化石保存完整，像一幅美丽的壁画，可以称得上是天然艺术品。

（10）中生代海洋霸主。由大型喷绘画和化石标

⊙ 恐龙科普互动展区

本展示三叠纪贵州的鱼龙、海龙等海生爬行动物的生态场景。

（11）菊石墙。通过大型菊石化石墙和展台展示中生代海洋无脊椎动物中菊石的统治地位。

（12）热河生物群。中生代陆地河湖相环境的生物群，含大量有重要演化意义的动植物类型，如带羽毛恐龙、早期哺乳动物、最早的被子植物、翼龙以及大量无脊椎动物化石。由知识展墙和展台展示以东方叶肢介、狼鳍鱼、三尾拟蜉蝣为代表的热河生物群化石以及孔子鸟、朝阳鸟、辽西鸟等带羽毛恐龙和早期鸟类化石。

（13）鸟类的起源和早期演化。一直是科学界关注的热点，大量带羽毛恐龙的发现使鸟类是小型兽脚类带羽毛恐龙的后裔即"恐龙是鸟的祖先"这一假说成为当前科学界的主流观点。展区由展墙和展台组成，展墙展示了鸟类的起源示意图，展台展示了小盗龙、始祖鸟、孔子鸟化石标本及

模型。

（14）哺乳动物的天下。通过大型喷绘、展墙和一系列新生代哺乳动物化石标本，展示哺乳动物的时代。喷绘复原了哺乳动物的生活场景，展墙展示了哺乳动物的进化谱系。

（15）北京猿人。主体为一个山洞景观橱窗，展示北京猿人的生活场景，表明直立人住在山洞里，并已经懂得用火将肉类食物烤熟了吃。他们在一起劳动，分享食物，过着群居生活，形成早期的原始社会。

（16）人与生物圈。通过一系列展墙介绍人与自然的关系、生物多样性变化、全球环境变化及现状等一系列重要事件，唤起公众爱护地球、保护环境的意识。

四、重点展品介绍

博物馆馆藏标本5万余件，其中古生物化石藏品3万余件，包括许多特色展品，如澄江生物群化石、热河生物群化石、关岭生物群化石等。精品化石有抚仙湖虫、震旦角石、湘西虫、关岭鱼龙、安顺龙、永川龙、满洲龙、扬子鳄、玄武蛙、硅化木等。

1. 黑龙江满洲龙

鸭嘴龙科满洲龙属的一个种，植食性，生活于距今6 600万年的白垩纪末期。发现于黑龙江省，是我国境内发现的第一件恐龙化石。嘴扁平，与鸭子嘴巴相似。牙齿小而多，前肢细小，后肢粗壮。该化石骨架高达6.1米，长约10.5米，真化石含量超过70%，十分珍贵。

⊙ 黑龙江满洲龙

2. 褶皱黎明角龙

鸟臀目原始新角龙类的一个种，体型矮小，体长1.4米，属于小型恐龙。

⊙ 褶皱黎明角龙

发现于甘肃省酒泉市俞井子盆地,时代属早白垩世(距今约1.1亿年)。口鼻部较短、较宽。颅骨长达20厘米,相当平坦、宽广。前上颌骨至少具有2对长牙,牙齿上有纹路。头部的隆起处分别位于眼睛的前方及下颌的两颊,生前可能覆盖着角质。这些隆起处可能作为物种内的展示物使用,不太可能用来抵抗掠食者。另一个可能的功能则是用来进行物种内的打斗行为,如求偶或是争执。

3. 梁氏关岭鱼龙

一种海生爬行类动物,生活在距今约2.3亿年的三叠纪晚期,产于贵州关岭地区。形态很像现代的海豚,但比海豚大得多,是中生代海洋中当之无愧的霸主之一。该标本体长4米以上,其成年个体体长可以达到10米。头骨呈三角形,吻短,缺乏牙齿,颈较长,四肢演化成鳍状肢,鳍肢窄长,尾巴长。因缺乏牙齿这一特征,关岭鱼龙被认为是通过吸食的方式进行捕食的。

⊙ 梁氏关岭鱼龙

4. 黄果树安顺龙

我国最早命名的海龙,产于贵州省关岭地区,生活时代为距今约2.3亿年。外形看起来像蜥蜴,体长达3米。吻部细长,占了头骨的一半。牙齿尖锐,主要捕食一些中小型的鱼类。由于其四肢相对身体较小,因此在水中主要依靠长长的尾巴推动来游泳。它们也许能够在陆地上漫步,但是不

⊙ 黄果树安顺龙

会离开水面太远。

5. 南漳湖北鳄

小型海生爬行动物,生活于距今2.4亿年的三叠纪早期,与鱼龙有较近的亲缘关系。发现于湖北省西北部地区。身体像鱼类一样为侧扁的纺锤形,长不到1米。所有湖北鳄的化石标本往往是侧向保存的,以此推断其以身体和尾部的侧向摆动产生前进的动力。头骨细长,吻部扁平,没有牙齿,四肢呈鳍足状,但仍保留了陆生祖先的一些特征。细长的口鼻部可能用来抓住鱼类或无脊椎动物食用。

⊙ 南漳湖北鳄

6. 平齿三趾马

生活于距今2 000万年的中新世时期,体型比现代马小,以前、后肢的3个趾得名,中趾较粗可着地,侧趾较小不着地。在马的进化历程中,三趾马只是一个过渡类型。在弱肉强食的自然法则之下,三趾马逐渐消失,在距今约70万年时灭绝,没有留下任何后代。

⊙ 平齿三趾马

五、开展的特色科普活动以及创新内容

为充分挖掘和整合科普资源,发挥科普基地的作用,博物馆在做好展陈和日常接待工作外,还开展了一系列特色科普活动:成立"地球科普大讲堂",邀请院士以及其他校内外专家到博物馆报告厅开展有关地球科普知识的系列科普讲座,形成了科普品牌,受到学生的广泛欢迎;多次承办湖北省自然资源系统的"世界地球日"启动仪式暨系列科普活动,以及积极开展

全国科技活动周、全国科普日等大型科普宣传活动,取得了非常好的社会效应,为提升公民科学素质起到了积极的推动作用;开展地质科普亲子游活动,活动主题有"从博物馆到南望山,一天穿越46亿年""化石探秘——古生物化石采集游"等;开展博物馆奇妙夜,以博物馆内古生物化石尤其是恐龙化石为着力点,吸引青少年到博物馆内开展博物馆奇妙夜活动;开设"达尔文实验站",小朋友们穿上白大褂、戴着护目镜,在专业老师的指导下进行化石修理和鉴定,俨然成为了一个个小科学家;联合多家单位一起共同设计科学实践和科研课题,开展了科技英才项目,让中学生走进大学校园,参与科研实践,以此培养学生的创新意识和实践能力,激发他们热爱科学的热情,共同推动中学生科技创新能力的提升,以推动创新型人才的培养。

博物馆利用官网和微信平台,并以此为线上的无形阵地,配合上述科普活动、科普产品、文创产品等有形阵地,进行了有效的科普宣传。博物馆编著出版的系列科普图书、公开发表的科普文章、开展的"与恐龙做邻居"及"探秘远古时代"等科普活动,都受到了大众的欢迎,收到了良好的效果。

Paleozoological Museum of China

中国古动物馆

/北京市西城区西直门外大街142号
（北京天文馆西，北京动物园对面）

开放时间 —— 周二至周日 9:00—16:30（16:00 停止售票），周一闭馆，周末及节假日不接待团体预约（工作日可预约，请至少提前三天）

网址 —— www.paleozoo.cn

联系邮箱 —— pmc@ivpp.ac.cn

联系电话 —— 010-88369210,010-88369280

微信公众号 —— 中国古动物馆

一、科普基地基本信息

中国古动物馆隶属于中国科学院古脊椎动物与古人类研究所（IVPP），是研究所于1994年创建的中国第一家以古生物化石为载体，系统普及古生物学、古生态学、古人类学及进化论知识的国家级自然科学类专题博物馆。中国古动物馆同时也是全国青少年科技教育基地、北京市青少年教育基地、中国古生物学会全国科普教育基地和国家中央机关思想教育基地。1995年12月，中国古动物馆正式对公众开放。2000年7月1日，中国古动物馆入选首批"中国古生物学会全国科普教育基地"。

中国古动物馆坐落于北京市西城区西直门外大街，其外观为青色古堡式建筑，总建筑面积3 000平方米，其中展览面积近2 000平方米。

⊙ 中国古动物馆外观

二、科普基地创建和发展简况

中国古动物馆的渊源可以追溯到1929年建立于北平(今北京)西城兵马司胡同的农商部地质调查所的古生物化石陈列室。1953年4月1日,中国科学院古脊椎动物研究室在北京市西城区地安门二道桥正式成立,其陈列室不定期对外开放,为中国古动物馆的前身。1993年8月18日,研究室提升为中国科学院古脊椎动物与古人类研究所,并申请在北京市西城区西直门外大街142号建立中国古动物馆。1994年10月18日,中国科学院古脊椎动物与古人类研究所举办65周年所庆纪念活动暨中国古动物馆建成揭幕典礼。1994年10月20日,中国古动物馆对公众试开放。1995年12月6日,中国古动物馆正式对公众开放。2013—2014年,中国古动物馆分两期对其古脊椎动物馆进行了改造,整个展览以脊椎动物"从鱼到人"演化过程中的九大演化事件为串联线索,通过精美、丰富的展品,将脊梁骨的起源、颌的出现、由水登陆、羊膜卵的出现、重返海洋、飞上蓝天、羽毛的演化、哺乳动物的兴起和人类的起源等九大事件一一详细阐述,充分展示了脊椎动物5亿多年波澜壮阔的演化历程。

三、科普活动主要场馆和展陈内容

中国古动物馆按照脊椎动物的演化序列分为2个馆(古脊椎动物馆和树华古人类馆)4个展厅(古鱼形动物和古两栖动物厅、古爬行动物和古鸟类厅、古哺乳动物厅、古人类与石器厅),并有东厅(临时厅)、3D放映厅、科学课堂、达尔文实验站和礼品部等配套区域。

第一层的古鱼形动物和古两栖动物厅展示了各种无颌类、有颌鱼类和两栖动物的化石标本,包括馆藏珍品——非洲科摩罗政府赠送的被称为活化石的拉蒂迈鱼标本。中央的恐龙展池展出了几种有代表性的中国恐龙的巨大骨架,包括亚洲最大、世界上脖子最长的恐龙——马门溪龙,还有头上长着骨棒的棘鼻青岛龙,加拿大皇家特雷尔古生物博物馆赠送的霸王龙完整骨架。西侧的热河生物群专题展区展示了生活在距今1亿多年的生机勃勃的古老生物群,包括长有4个翅膀的恐龙——顾氏小盗龙,这种带羽毛的恐龙被写入了我国小学四年级《语文》课本,课文题目就是《飞上蓝天的恐龙》。

第二层的古爬行动物和古鸟类厅展出了包括恐龙、恐龙蛋、翼龙、鱼龙、鳄、龟、蜥蜴等各种古爬行动物以及古鸟类的珍贵标本。入口处的马门溪龙大腿骨化石是博物馆内唯一可以触摸的展品,可以让观众亲手体验化石的质地,感受来自远古的气息。二楼南侧恐龙走廊的第一件展品是被称为"中国第一龙"的许氏禄丰龙的完整骨架,它是我国发现的时代最早的恐龙(生活在距今2亿多年的云南),也是中国第一具装架的恐龙骨架(1941年在重庆装架),由我国古脊椎动物学之父杨钟健院士研究命名。1958年它还成为世界首枚恐龙邮票的主角。这件珍贵的许氏禄丰龙标本也因此成为中国古动物馆的镇馆之宝。二层还展示了其他很多珍贵标本,如世界上最古老的龟——半甲齿龟,以及世界上第一只长有角质喙的古鸟——孔子鸟。

第三层的古哺乳动物厅展出了各种各样的古哺乳动物标本及骨架,包括被写入我国小学《语文》(六年级)课本的威严耸立的黄河象(学名:师氏剑齿象)的巨型骨架。师氏剑齿象生活在距今200多万年,身高有3.81米,是当时陆地上最高大的动物之一;还有熊猫的始祖——禄丰始猫熊、相貌凶恶却食草的尤因塔兽、长着匕首状利齿的美洲剑齿虎、世界上最原始的披毛犀——西藏披毛犀、世界上最大的马——埃氏马,以及与"北京人"生活在同一时代的大角鹿和少见的鬣狗粪便化石等。

古脊椎动物馆的每层都各有一幅数十米长的巨型油画依墙展开,分

⊙ 古哺乳动物厅壁画

别绘制了"古生代的海洋与陆地""中生代的恐龙世界""新生代的哺乳动物家园"等3个主题,全面展示了自寒武纪以来产自各个地质时代的中国古脊椎动物群落独有的生态面貌。这样的巨幅、全景、全时代的远古生态复原图在世界各地的博物馆中都非常罕见,是科学与艺术相结合的精美范例。

中国古动物馆的树华古人类馆于1999年建成并开馆,通过展出各个时代的古人类化石和石器标本及模型,系统普及了人类起源与进化的科学知识。展品包括举世瞩目的"北京人"头盖骨神秘丢失之前制作的最早期模型,以及国外赠送的各种珍贵的古人类化石标本和模型等。石器展区则展示了中国古人类制作的各类石器、骨器等工具和装饰物,生动地展现了史前人类文化和行为演化的特点。

四、重点展品介绍

中国古动物馆依托研究所近百年收藏的20余万件标本,从中精选有代表性的藏品700余件。馆中陈列着距今5亿年的寒武纪至距今1万年的史前时代的地层中产出的各门类化石标本和石器标本,包括无颌类、有颌鱼类、两栖动物、爬行动物、鸟类、哺乳动物和古人类化石及石器等,全面展示了生命演化的宏伟历程。

1. 海口鱼——世界上已知的最早的脊椎动物

海口鱼属于无颌类,头部前端两侧有一对外露的眼睛,具有6—9个鳃裂,身体上有明显的肌节和背鳍。其身体中已经出现了原始的脊椎,代表世界上已知的最早的脊椎动物。这个生物群被认为是寒武纪生命大爆发的最好见证,但其发生原因仍然是全世界"十大科学难题"之一。

⊙ 海口鱼

2. 拉蒂迈鱼——来自非洲的"活化石"

由于地壳变动,海陆变迁,一些海洋中生活的肉鳍鱼类逐渐转向陆地水域,并最终利用肉质的鳍登上了陆地,成为陆生四足脊椎动物的祖先。人们曾认为代表这一演化环节的是肉鳍鱼中的总鳍鱼类,而这个类群早已灭绝。然而,1938年12月22日,一位叫拉蒂迈的女士在渔民刚打捞起的鱼中发现了一条不同寻常的鱼。这条鱼后来被鉴定为总鳍鱼类中的腔棘鱼,鱼的名字也献给了拉蒂迈女士。拉蒂迈鱼是距今4亿年的总鳍鱼家族残留至今的"活化石"。它生动地展现了鱼类向陆生四足动物演化的过渡环节特征,对研究脊椎动物由水上陆提供了解剖学上的重要证据。中国古动物馆展出的这条拉蒂迈鱼是科摩罗政府首脑访华时赠送的,被称为"来自非洲的珍贵礼物"。

⊙ 拉蒂迈鱼

3. 马门溪龙——世界上已知的脖子最长的恐龙

马门溪龙是亚洲个体最大的恐龙之一(中加马门溪龙体长可达35米),是世界上脖子最长的恐龙,也是中国种类最多、地域分布最广的蜥脚类恐龙。中国古动物馆展出的为合川马门溪龙,产自四川合川县(现重庆合川区),体长22米,脖子就有9米多长。

⊙ 马门溪龙

4. 顾氏小盗龙——白垩纪的双翼滑翔机

中国古动物馆展出的这件顾氏小盗龙正模标本显示，其体型非常小，弯曲的爪子使它们适合在树上生活，长长的飞行羽毛覆盖在四肢上形成2对翅膀。最新研究发现，许多早期的原始鸟类也和顾氏小盗龙一样，拥有"两对翅膀"。于是科学家们推测，恐龙演化为鸟类的过程中可能经历了一个"四翼阶段"，并以树栖滑翔的方式飞向蓝天。顾氏小盗龙可谓是"白垩纪的四翼滑翔机"，它为"鸟类起源于恐龙"的演化理论提供了至关重要的证据。

⊙ 顾氏小盗龙

5. 半甲齿龟——世界上最古老的龟

龟是脊椎动物中最奇特的类群之一。其他脊椎动物大都是一根脊柱，前端有头，后端是尾，两侧是四肢，属于"肉包骨头"。但龟在腹部和背部长出了甲壳，把脊柱整个包裹在了壳中。龟从距今2亿多年出现至今，样子似乎基本就没变过！直到2008年，半甲齿龟的发现终于解开了这一谜题。

⊙ 半甲齿龟

半甲齿龟嘴里长着牙齿,背部的甲壳也不完整,只有腹部的甲壳完全形成,因此叫作半甲齿龟。这一过渡物种向我们证明,龟壳是由下而上形成的。

6. 魏氏准噶尔翼龙——中国最早发现的翼龙

1963年夏天,一支考察队在新疆准噶尔盆地寻找无脊椎动物化石,一位姓魏的考察队员意外地发现了几块脊椎动物的肢骨化石。这些化石被送到了中国古脊椎动物学奠基人杨钟健院士手中,并被他鉴定为一个全新的翼龙属种——魏氏准噶尔翼龙。魏氏准噶尔翼龙是中国最早命名的翼龙,其翼展可达3米,尾巴短,视觉发达,嘴前部向上翘起,没有牙齿,靠捕食湖边的鱼虾及软体动物为生。

⊙ 魏氏准噶尔翼龙

7. 原始热河鸟——中国最原始的鸟类

处于恐龙到鸟类演化过渡阶段的原始热河鸟最突出的特点是,它像恐龙一样拖着一根长长的骨质的尾巴。另外,热河鸟的翅膀也和现代鸟类不同,上面还跟恐龙一样长了3个锋利的爪子。热河鸟的个头很大,还长着大爪子,但它是温顺的植食性鸟类。在它的肚子里保存了50多颗植物种子,由此可以推断它是一种吃种子的鸟类。

⊙ 原始热河鸟

8. 许氏禄丰龙——中国第一龙

许氏禄丰龙被称为"中国第一龙",是中国古动物馆的"镇馆之宝"!首先,许氏禄丰龙生活在距今2亿多年的侏罗纪早期,因此它是我国发现的时代最早的恐龙(第一个第一)。其次,它的骨骼化石1938年发现于云南禄丰(并因此得名),而且保存得非常完整。经过中国古脊椎动物学之父杨钟健先生研究命名后,1941年在重庆北碚装架,成为在中国装架起来的第一具恐龙骨架（第二个第一）。再次，1958年中华人民共和国邮政总局发行了一套3枚古生物纪念邮票，其中1枚是许氏禄丰龙的骨架和复原图，而这枚邮票也是全世界发行的第一枚恐龙邮票。

⊙ 许氏禄丰龙

9. 黄河象——我国小学课本里的史前动物

黄河象的故事几十年前就被写进了我国的小学课本，成为我国每个小朋友都知道的史前动物。现在《黄河象》是冀教版小学《语文》（六年级上学期）中的一篇课文。黄河象的正确学名是"师氏剑齿象"，但因为它在中国众所周知，所以黄河象这个名称作为俗名保存了下来。

⊙ 黄河象

10. 远古翔兽——哺乳动物中最早的飞行家

远古翔兽化石发现于内蒙古自治区东南部的宁城地区。复原后它的体长为12—14厘米，体重很轻，大约只有70克，全身覆有毛发，推测它靠捕食小昆虫为生。最重要的是科学家在它的四肢之间发现有翼膜，所以推测这种动物可以在树丛之间滑翔，已经具备了初步的飞行能力。

⊙ 远古翔兽

11. 西藏披毛犀——世界上最古老的披毛犀

西藏披毛犀化石体现出了一系列古老的特征，而且生活在距今370万年的青藏高原，那时候冰期还没有到来。根据这一发现，科学家们推测那时高海拔的青藏高原气候寒冷，使动物们经受了耐寒的训练，成为了冰期动物的训练营；此后随着冰期的到来，西藏披毛犀等动物带着对寒冷的适应能力走出西藏，成功地扩散到了包括北极在内的其他地区。这个假说被称为"走出西藏"，并且得到了越来越多的化石证据的支持。

⊙ 西藏披毛犀

12. 阿喀琉斯基猴——人类的灵长类远祖

阿喀琉斯基猴化石发现于我国湖北省松滋地区。推测这种原始的高等灵长类生活在距今5 500万年的潮湿、炎热的湖边。它的体长只有7厘米，体重不超过30克。"阿喀琉斯"是古希腊神话中的战神，唯一的弱点在

中国古生物学会全国科普教育基地概览

于他的脚踝，阿喀琉斯基猴也一样，明明是树栖的猴子，却有一些和人类远祖类人猿相近的、不擅长跳跃、更适合行走或奔跑的脚部特征。它的足骨也暴露了它处于高等灵长类演化树基部的原始身份。

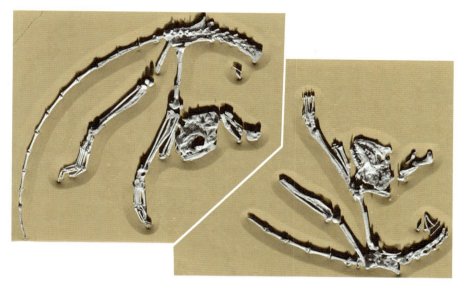

⊙ 阿喀琉斯基猴

五、开展的特色科普活动以及创新内容

（1）古动物馆奇妙夜。参加活动的孩子们夜晚住在自己搭建的帐篷里，与古动物馆的恐龙相伴同眠。工作人员系统而深入浅出地给大家讲解地质学、古生物学和埋藏学知识，并组织有趣的探宝活动。

（2）小达尔文俱乐部。古动物馆于1998年6月创办了"小达尔文俱乐部"，为中小学生搭建了一个亲身体验、近距离接触古生物学的平台，以生动活泼的形式向他们介绍相关知识。

（3）小小讲解员。参加培训后的小学员们在展厅中轮流讲解，馆里的带队老师亲身给予现场指导和点评。

（4）野外科考。古动物馆每年都组织到全国各地的野外古生物科考训练营，科考的脚步涉及全国很多的化石点，如北京西山、辽宁北票、内蒙古宁城、山东莱阳和诸城、云南禄丰等。

China
Dinosaur
Land

中华恐龙园

/江苏省常州市新北区汉江路1号

开放时间 —— 全年 9:00—17:00

网址 —— www.cnkly.com

联系邮箱 —— wellsheng@qq.com

联系电话 —— 0519-85605670

新浪微博 —— 中华恐龙园

微信公众号 —— 中华恐龙园

一、科普基地基本信息

中华恐龙馆即中国地质博物馆常州分馆是中华恐龙园内科普场馆的核心,其建筑面积16 000多平方米,在4 800平方米的陈列厅内展示了包括被誉为三大镇馆之宝——许氏禄丰龙、巨型山东龙、中华龙鸟——在内的50多件大型恐龙化石,是收藏展示中国系列恐龙化石最为集中的专题博物馆之一。

恐龙园还另设置了许多主题专区。鲁布拉区的"西蒙的藏宝屋"以620平方米的面积展示了数百块地矿岩石标本;以恐龙同时代天空霸主翼龙为主题,打造占地46 000平方米的库克苏克大峡谷;在供游客休息的450平方米的鸽子广场上陈列硅化木化石和其他岩矿标本;设立"勇闯恐龙山"等恐龙实景体验区。

恐龙园于2005年5月被授牌为"中国古生物学会全国科普教育基地"。

⊙ 恐龙馆外观

二、科普基地创建和发展简况

中华恐龙园文化旅游集团股份有限公司成立于2000年7月,是一家专业从事文化旅游产业投资运营和整体解决方案供应的综合性文化企业,也是中国模块娱乐产业的倡导者和开拓者。

多年来,集团致力"文化、科技、创意"的相互融合,从最初的中华恐龙馆,到中华恐龙园,到国家AAAAA级旅游景区环球恐龙城,再到创想未来的恐龙人模块娱乐全新篇章,历经十多年的发展,依托"恐龙"这一文化主题,形成了新颖独特、生机盎然的庞大恐龙娱乐帝国。

恐龙园是国家AAAAA级旅游景区,是集团在文化旅游景区运营方面的杰出代表,自2000年9月对外开放以来,已累计接待游客5 000多万人次。

作为国内屈指可数的国字号商标"中华恐龙园"的拥有者,以及中国首部主题公园国家标准《主题公园服务规范》的制定者,中华恐龙园在不断的创新和实践中形成了自己在主题公园领域独特的理论体系。其中,主题公园"5+3"发展模式、主题景区"24H12M80Y"理论和"球豆开发"理论,以及以"恐龙宝贝"动画形象为起源的"形象、内容、体验、衍生"主题公园产业链等专业理论的总结和创立,为中国民族主题公园的发展和实践提供了理论基础和范例借鉴。

恐龙园内,包括中华恐龙馆、冒险港、鲁布拉、库克苏克、魔幻雨林、梦幻庄园、疯狂恐龙人及侏罗纪水世界等,每一个独特的项目区域都为游客带来了惊喜不断的恐龙主题游乐体验。常变常新的主题活动为游客创造了无与伦比的情景式娱乐氛围。追求卓越的智慧旅游和安全品质服务为游客打造了一个细致入微的人性化体验环境。由此荣获了"全国科普教育基地""国家文化产业示范基地""国家AAAAA级旅游景区""国家文化和科技融合示范基地""全国旅游服务质量标杆单位"等一批"国"字号殊荣。恐龙园已然成为我国最受游客欢迎和喜爱的主题公园品牌之一。

近些年,集团精心打造了《疯狂恐龙人》表演秀。这部深受好评的励志爆笑打击秀获奖无数,并在韩国、新西兰等国巡演,代表中国的"恐龙人"走向全世界。而如今"恐龙人"已不仅仅代表一个剧目,更象征着人的智慧和恐龙力量的完美融合,践行和发扬时代的娱乐精神,实现了恐龙人格化的华丽蜕变,让恐龙园全面开启向模块娱乐转型的"恐龙人时代"。

顺应主题公园"极大化"和"极小化"这两大发展趋势,一方面,充分遵循"旅游要素集中化、关联产业融合化"的原则,在恐龙园的基础上,打造集吃、住、行、游、购、娱于一体的一站式旅游目的地——环球恐龙城;另一方面,创新研发集社交娱乐、主题餐饮、时尚休闲等多种业态于一体的轻型城市娱乐产品——恐龙人俱乐部和主题宿类度假酒店(恐龙人主题酒店),依托模块娱乐投资规模适中、项目组合灵活、嵌入复制性强等优势,全面开启恐龙人模块娱乐新时代。

2013年,集团全面确立了以"团队"为基础,以"品牌"为前提,以"投资+服务"为标志的"创新业务战略"。目前,集团已形成了包括文化旅游项目的策划规划、设计开发、品牌授权、演艺创作、内容生产、互娱技术应用和运营管理输出等在内的综合服务体系,秉承专业,追求一流,满足客户个性化的需求。目前,集团已在上海、兰州、郑州、西安、宜昌、恩施、宁波、徐州、南通、盐城、重庆、天津及海南等地实施文化旅游项目深度合作,恐龙品牌全面走向全国。

面对我国旅游的变革与挑战,集团将进一步拓展文化旅游景区运营业务、周边业务、社交娱乐业务、主题酒店业务和旅游电子商务等,深入践行传统业务和新兴业务的双轮驱动化发展,努力成为我国一流的文化旅游产业投资运营商和整体解决方案供应商。

三、科普活动主要场馆和展陈内容

1. 中华恐龙馆

中华恐龙园内科普场馆的核心,馆内主要设有影视特效厅、地球演化厅、海洋生物厅、廊厅、丛林厅、溶洞厅、恐龙厅、中华龙鸟厅、恐龙灭绝厅等10多个参观游览场所。中华恐龙馆建筑面积16 000多平方米,同时在

4 800平方米的陈列厅内展示了包括被誉为三大镇馆之宝——许氏禄丰龙、巨型山东龙、中华龙鸟——在内的50多件大型恐龙化石,是收藏展示中国系列恐龙化石最为集中的专题博物馆之一;同时拥有1 000平方米配备声、光、电等多媒体设备的影视特效厅和1 900平方米能让游客亲身体验中生代景观的景观厅。

2. 鲁布拉区

以恐龙同时代鱼龙为主题,创造性地构建了人与恐龙的和谐家园。专门开辟了"西蒙的藏宝屋",在620平方米的展示面积内珍藏了数百块地矿岩石,如石英石、方解石等。

3. 库克苏克大峡谷

在具有恐龙特色的军事堡垒,以恐龙同时代天空霸主翼龙为主题的占地达46 000平方米的库克苏克大峡谷内,不仅有浓郁的恐龙主题环艺包装,还在众多区域内以铭牌等形式将与之对应的恐龙知识展示出来,在整个园区内营造科普氛围。库克苏克峡谷区内还有1 000平方米的4D影院,用来播放与恐龙科普相关的影片。

⊙ 库克苏克大峡谷日景　　　　　　　　⊙ 库克苏克大峡谷夜景

4. 鸽子广场

供游客休息的450平方米的鸽子广场上陈放有菊石、方解石等岩石标本和20块产自新疆阿勒泰地区的硅化木化石。

5. 勇闯恐龙山

占地面积达20 000平方米的恐龙实景体验区勇闯恐龙山,由翼龙奇袭、伞兵残骸、甲龙栖息地、狂蟒之灾、恐龙救助站、恐怖电话亭等多个恐龙山禁区组成,通过光电、红外触感、体外传感器等技术,为游客营造出恐龙研究基地的神秘感和真实感。同时该区域真实还原了侏罗纪时期的雨林环境,其中分布着各种类型的恐龙、昆虫、植物等,并以展牌的形式将它们的名称、造型、习性等一一展示出来。

6. 梦幻庄园

2014年,又先后新增了占地2万平方米的恐龙宝贝之梦幻庄园,以热门恐龙主题动画片《恐龙宝贝之龙神勇士》为文化背景,其中不仅有各种亲子类游乐项目,还有众多融合了科普元素和科技元素的互动项目,如"伊萨莉卡城"的"历险白垩纪"项目就创新地应用了绿幕抠像技术。这种原本用于电影特效的技术,能够让游客骑在一头绿色的机械三角龙身上,经过感应扫描和抠像技术处理后,将游客形象投射在前方大屏幕中,呈现出在白垩纪逼真场景里骑着真实恐龙游弋的场景。伴随着机械三角龙的各种动作,家长和孩子们也将置身于或惊险或神奇的场景中,共同完成历险。同年开发的2万平方米的冒险港区不仅成为恐龙园新大门的所在地,更以集会的形式、全新的文化视角诠释了一个别样的恐龙世界广场,给人以截然不同的感官体验。

⊙ 梦幻庄园

四、重点展品介绍

1. 巨型山东龙

属于中华恐龙馆三大镇馆之宝之一。巨型山东龙属于白垩纪晚期鸟脚类杂食性恐龙，馆藏化石产于山东诸城，长约14.7米，高约8米，化石完整度达到了80％，被称为"中国龙王"，是目前已知的牙齿最多的恐龙。

⊙ 巨型山东龙

2. 许氏禄丰龙

属于中华恐龙馆三大镇馆之宝之一。许氏禄丰龙属于侏罗纪早期大型原蜥脚类恐龙，化石于1939年出土于云南禄丰，体长约6米，头小，脖子长，牙齿短而密集，前肢短小，后肢粗壮有力，一般生活在湖边，以植物和昆虫为食。

⊙ 许氏禄丰龙

| 中国古生物学会全国科普教育基地概览 |

3. 中华龙鸟

　　属于中华恐龙馆三大镇馆之宝之一。中华龙鸟是白垩纪早期小型兽脚类肉食性恐龙,长约1.3米,头较大,有尖利的牙齿,尾椎数目多,行动敏捷,全身披有原始羽毛,但不具备飞翔的能力。古生物学家推测,中华龙鸟是爬行动物向鸟类进化的过渡类型生物。

◎ 中华龙鸟

五、开展的特色科普活动以及创新内容

中华恐龙园每年都会开展大量内容丰富、形式多样的科普创新活动。

1. 科普临展

(1) 2018年3月10日—6月11日,"龙归故里——守护远古生命海外追缴化石"特展作为第八届恐龙文化节主打活动,在中华恐龙馆内举行。

(2) 2018年4月15日—4月22日,为响应"第49个世界地球日"活动主题,中华恐龙馆与中国地质大学(武汉)逸夫博物馆联合在中国地质大学(武汉)校园内组织开展专题恐龙展。

(3) 2018年8月1日—8月13日,中华恐龙馆馆藏巨齿兰州龙、克氏甲龙等恐龙骨架模型赴南通金鹰商场进行为期半月的展览。

(4) 2018年12月7日—12月15日,中华恐龙馆馆藏将军庙单脊龙、苏氏巧龙、巴克龙、恐爪龙等恐龙骨架模型赴南通金鹰商场进行为期半月的展览。

2. 科技活动周、全国科普日主题活动

(1) 科技活动周系列活动:

① 在恐龙文化节重点活动"龙归故里——守护远古生命海外追缴古生物化石"特展中,每天增加专题专场讲解,第一时间向参观游客详细讲述展陈的海外追缴回国的古生物化石背后的故事,讲述化石作为地球留给人类的瑰宝的重要性以及依法保护的必要性,从而提升全社会依法保护古生物化石的意识。

② 组织实施"龙归故里海外追缴古生物化石特展暨专题博物馆'智造'研讨会",来自中国自然博物馆协会、国家古生物化石专家委员会及中国地质博物馆、中国海关博物馆等国内一流专题博物馆的行业大咖齐聚龙城,围绕文博产业、文科融合、展陈展览等内容进行探讨。

③ 2018年5月22日,"长三角科普场馆联盟暨科普资源共建共享馆长论坛"在上海科技馆隆重举行。中华恐龙园作为联盟成员单位,加盟沪苏浙皖科普场馆联盟,共同盘活长三角科普资源。

④ 2018年5月18日、5月25日在常州市孟河中心小学、常州市孟河实验小学、常州市龙城小学等学校组织实施"恐龙万里行"校园科普讲座,有近500名学生接受科普知识熏陶,同时还组织了常州地区20组家庭"夜宿博物馆"。

(2) 全国科普日:

① 为加强馆际交流,2018年9月18日中华恐龙园管理及相关技术人员到河南省地质博物馆进行交流学习,旨在通过馆际交流,实现科普工作的互通有无,共同提升。

② 中华恐龙园"恐龙泛文化"科教主题行多城联动,分别在江苏常州、苏州、镇江及河南郑州全面出击,除镇江在商场内开展恐龙展外,其他地区均深入幼儿园、小学开展内容不一的科普讲座,据统计,科普日期间累计组织各类讲座38场,直接受众超5 000人。

③ 在恐龙人俱乐部举办了恐龙大师课堂。恐龙大师课着手于趣味知识点,从日常生活切入,辅以多种形式,从听觉、视觉、触觉等多角度入手丰富孩子们的体验,让孩子们对恐龙知识有更为深刻的认识,提升孩子们的自身素质及实践能力。

3. 恐龙科普大学堂

2018年10月,中华恐龙园尝试性地依托中华恐龙馆推出了以恐龙食性和丛林法则为核心的"丛林学堂",以生命诞生和恐龙蛋化石的奥秘为核心的"生命学堂",以地质灾害、恐龙灭绝的假说为核心的"探索学堂",以物种演化、恐龙与鸟的关系为核心的"龙鸟学堂"等四大学堂。恐龙科普大学堂因地制宜地散落在恐龙馆各个展厅,有效利用各主题展厅内的化石展品、环境氛围,辅以道具展示、互动游戏等方式达到良好的授课效果,一经推出就得到了人们的喜爱。四大学堂运营至今总共开课828场,参与家庭超8 000个。在丰富园区科普教育体系及科普教育内涵的同时,进一步打造具有恐龙特色的品牌科普活动,组建更为集中、更为标准、更为专业的科普讲师团队。

Zigong
Dinosaur
Museum

自
贡
恐
龙
博
物
馆

／四川省自贡市大安区海井路四段268号

开放时间 —— 全年 8:30—17:30（17:00 停止售票）

网址 —— http://www.zdm.cn/

联系邮箱 —— office@zdm.cn

联系电话 —— 0813-5801235

微信公众号 —— 自贡恐龙博物馆

一、科普基地基本信息

自贡恐龙博物馆于20世纪80年代初由国家投资兴建，占地面积70 000平方米，是中国第一座专题恐龙博物馆，也是亚洲第一座恐龙博物馆，1987年春节正式对外开放。博物馆在国内外享有较高声誉，是世界上收藏侏罗纪恐龙化石最多的博物馆，并拥有极为罕见的恐龙化石遗址现场，被美国《国家地理》杂志评价为"世界上最好的恐龙博物馆"。

⊙ 博物馆游客中心及广场

⊙ 博物馆主展馆外观

二、科普基地创建和发展简况

博物馆于1983年开始筹建,1984年动工,1987年春节正式对外开放。2002年起,经过一系列扩馆建园工程建设,占地面积由最初的2.5万平方米扩大到现在的近7万平方米。目前包括游客中心、主馆、化石库房、科普乐园和园林绿化等部分。

博物馆主馆建筑设计新颖,造型独特,隐喻远古,它以"洪荒时代,一堆化石"为构思基调,巨石形体为造型基础,远眺如同一座巨型"岩窟",俯视又恰似一具侧卧的大恐龙,宁静而有动感,堪称我国现代博物馆建筑设计的经典之作,先后摘取"1983年度中国建筑设计金奖""20世纪有代表性的30个中国精品建筑""1901—2000年中华建筑百年经典"等殊荣。

博物馆先后获得"中国旅游胜地四十佳""国家一级博物馆""国家地质公园""国家AAAA级旅游景区""中国古生物学会全国科普教育基地""全国青少年科技教育基地""国土资源科普基地"等称号,是联合国教科文组织自贡世界地质公园的核心园区。

随着影响力的不断增强,目前,自贡恐龙博物馆成为中国博物馆协会理事单位、中国自然科学博物馆协会理事单位、四川省自然科学博物馆协会副理事长单位、中国古脊椎动物学会常务理事单位及科普工作委员会主任单位、四川省博物馆学会自然类博物馆专委会主任单位。

三、科普活动主要场馆和展陈内容

基本陈列"神奇的侏罗纪恐龙"以大山铺恐龙遗址为依托,以自贡地区丰富的侏罗纪恐龙为特色,通过大量珍贵的展品,形象生动地展示了神奇的侏罗纪恐龙世界。

常设展览主要由序厅、恐龙世界厅、化石埋藏厅、恐龙时代的动植物厅和恐龙化石珍品厅5个厅组成。

1. 序厅

以图文的方式展现自贡恐龙和世界恐龙的分布，系统介绍恐龙的基本分支和演化，以及自贡恐龙发现时的珍贵历史图片。

2. 恐龙世界厅

以自贡地区恐龙骨架标本为展示内容，通过主题单元式陈列布局，多组恐龙骨架组合成生态式的生活场景展示，直观、形象、生动地表达了恐龙世界物竞天择、弱肉强食、生生不息、温馨和谐的自然规律，置身于其中，仿佛回到了遥远而神秘的恐龙时代。

⊙ 恐龙世界厅

3. 化石埋藏厅

以大山铺恐龙化石遗址展示为主体内容，有1 400平方米保存完整的恐龙遗址。除了大量的恐龙化石以外，还有鱼类、两栖类、龟鳖类、翼龙类、蛇颈龙类、鳄类、似哺乳爬行类等。恐龙本身的种类也不少，最多的是蜥脚类恐龙，有100多个个体的化石材料，其次是兽脚类、剑龙类和鸟脚类恐龙。有些恐龙类型不但有成年个体，还有一定数量的幼年个体，大者体长可达20米，小者体长只有1.4米，食性也不尽相同，既有素食性的，也有肉食性的，还有杂食性的。它们构成了一个门类齐全、组合特征明显、时代特殊的古脊椎动物化石群，显然比单一的恐龙化石点更具科学价值。在这样大小的一个范围内发掘到这么多不同种类的古脊椎动物化石，是十分罕见的。

⊙ 化石埋藏厅

4. 恐龙时代的动植物厅

展示内容由恐龙扩展到恐龙时代的其他脊椎动物和植物化石标本，以

⊙ 恐龙时代的
动植物厅

及与当时的古地理、古环境等相关的地学知识范畴。展示恐龙时代的各种代表性动植物,让观众尽可能地认识恐龙世界的全貌,感受恐龙时代生物的多样性。

5. 恐龙化石珍品厅

展示馆藏世界级的孤品和珍品,众多稀有而珍贵的化石标本不但具有极其重要的科研价值,而且具有极高的观赏价值和科普价值,突显了自贡恐龙在中国乃至世界恐龙领域中的重要地位。

⊙ 恐龙化石
珍品厅

四、重点展品介绍

博物馆收藏有丰富的中生代脊椎动物化石,除了大量的恐龙化石之外,还有鱼类、两栖类、龟鳖类、鳄类、翼龙类、海生爬行类和似哺乳爬行类等。馆藏标本中有模式标本29种,其中20种被列入首批《国家重点保护化石名录》(包括一级15种、二级5种),包括很多世界级珍品:世界上保存最完整的小型鸟脚类恐龙——劳氏灵龙;世界上保存最完整的大型肉食龙头骨——和平永川龙头骨;世界上保存最完整的原始蜥脚类头骨——李氏蜀龙头骨;世界上首次发现的与骨架关联保存的剑龙类肩棘化石——四川巨棘龙肩棘;世界上首次发现的蜥脚类尾锤化石——蜀龙和峨眉龙尾锤;世界上首例剑龙类皮肤(印痕)化石——四川巨棘龙皮肤(印痕)化石;中国首例蜥脚类皮肤(印痕)化石——杨氏马门溪龙皮肤(印痕)化石;等等。

1. 太白华阳龙

一种原始的剑龙类,体长约4.3米,仅发现于自贡市大山铺。它不仅是目前世界上发现的保存最完整的剑龙类化石,也是时代最早、最原始的剑龙类化石,为剑龙类起源于亚洲的理论提供了确凿的化石证据。

⊙ 太白华阳龙骨架

2. 和平永川龙

一种大型肉食龙类,体长达9米,是侏罗纪晚期自贡地区最凶猛的捕食者。1985年发现于自贡市大安区和平乡,化石保存非常完整,特别是其精美的头骨化石,长度超过1米,是世界上为数不多的、保存如此完整的大型肉食龙头骨化石之一。

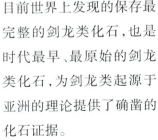

⊙ 和平永川龙头骨

3. 劳氏灵龙

一种原始的基干鸟臀类恐龙,体长1.8米,是一种善于快跑的小型恐龙。目前仅发现于自贡大山铺,化石完整程度超过90%,是世界上保存最完

⊙ 劳氏灵龙骨架

整的基干鸟臀类恐龙化石。

4. 李氏蜀龙

李氏蜀龙是一种原始的蜥脚类恐龙,是大山铺恐龙动物群的典型代表。其尾巴末端的3—5节尾椎相互愈合膨大而形成锤状体,类似甲龙的

尾锤。这是世界上首次发现的蜥脚类恐龙尾锤化石。它的发现改变了此前关于蜥脚类恐龙不具有主动防御能力的传统观点,同时也为蜥脚类恐龙营陆生生活的观点提供了化石证据。

⊙ 李氏蜀龙尾锤

5. 杨氏马门溪龙

杨氏马门溪龙是第一件保存有完整头骨的马门溪龙化石,于1988年底发现于自贡市大安区新民乡。在其化石修理过程中,科研人员发现了一块皮肤(印痕)化石,这是我国首例蜥脚类恐龙皮肤(印痕)化石。它的发现使我们对蜥脚类的表皮结构有了新的认识,同时也为这类恐龙外表形态的复原提供了极为重要的科学依据。

6. 四川巨棘龙

四川巨棘龙是一种形态非常奇特的剑龙类恐龙,于1985年发现于自贡市沿滩区仲权乡。它保存有两块巨大的、呈"逗号"状的肩棘,而且是与肩带骨骼呈关节状态保存,为正确认识这类特殊骨骼的解剖位置及定向提供了重要的化石依据。同时,在其左侧肩棘上还发现了世界上首例剑龙类皮肤(印痕)化石,使我们对剑龙类的表皮结构有了新的认识,为这类恐龙外表形态的复原提供了极为重要的科学依据。

⊙ 杨氏马门溪龙皮肤(印痕)化石(左)
四川巨棘龙骨架及其皮肤(印痕)化石(右)

五、开展的特色科普活动以及创新内容

作为"全国科普教育基地""国家国土资源科普基地""四川省爱国主义教育基地",博物馆坚持把科普教育放在工作的首位,依托丰富的化石资源,探索科学传播的新途径、新方法,努力将科研成果科普化,把科普惠民落到了实处。

1. 优化传统活动

常年坚持开展恐龙科普下乡镇、进学校、到社区、入军营活动,还在"世界地球日""科技活动周""国际博物馆日"等主题日,带上恐龙知识图板、骨架模型、典型标本等来到基层老百姓当中,宣讲恐龙知识,接受咨询。除此之外,还开设了"龙宫讲坛",邀请国内外知名专家学者为公众开展科普讲座;与附近的村社组织共建村级化石保护站、社区科普工作站,联合开展古生物化石保护政策法规和化石知识的宣传教育;连续16年开展"市民科普月"活动,2018年"市民科普月"接待市民观众967人次,迄今参与过活动的市民观众已近12万人次。

2. 完善教育职能

近年来,积极探索博物馆作为学校教育"第二课堂"的新方法、新模式,通过最便捷、有效的方式,推动常态化、均等性、多层次、广覆盖的公益科普教育活动。建立教学实习基地或地学科普教育中心,为青少年社会实践活动、研学活动提供平台。不断完善博物馆青少年教育功能,建立了"自贡恐龙博物馆青少年教育体验活动项目库",为学校提供了6大类30余项以传播地质、古生物知识为主要内容的教育体验项目,如专题讲座、野外发掘体验、"我心中的恐龙"绘画比赛、"我与自贡恐龙"征文活动等,深受孩子们的喜爱。

3. 打造科普品牌

为了让恐龙"活"起来,博物馆努力挖掘自身潜力,策划实施了大量社会反响好、独具特色的品牌科普活动,受到了社会各界的广泛关注和好评。

2014年暑假开始举办的小小讲解员招募和培训活动,取得了意想不到的成功。目前有小小讲解员92名,已为观众提供志愿服务765次,义务讲解5 814场。不仅如此,还与《自贡晚报》合作,开展了"小记者采访小小讲解员"活动;与云南电视台少儿频道《宝贝当班》栏目组合作,录制了《自贡恐龙博物馆小小讲解员》真人体验秀节目(2014年12月在该台播出);创编拍摄了讲述小小讲解员成长的微电影《掌声响起来》等(在自贡市"文明新盐都"微电影、微视频大赛中荣获二等奖)。

自主创编的公益科普人偶剧《恐龙去哪儿了》自2014年12月20日首演开始,已在全市乡村学校、社区进行巡演近80场,直接观演人数达5万余人,深受小朋友们的喜欢。2016年,北京科普发展中心购买了《恐龙去哪儿了》的演出权。2016年12月,北京科普发展中心携该剧参加了"京津冀科普资源论坛"和"科学表演大赛"的展演,从而使该剧走向了更广阔的舞台。

2015年暑期开始,组织开展了"穿越侏罗纪·恐龙奇妙夜"体验活动,创造性地策划了"夜游龙宫""重见天日""泥塑课堂"等近20个互动体验项目。2018年活动预热直播当晚,在全国文化政务微博排名上超过了故宫博物院,名列第一。目前,这项活动已经成为一个深受社会关注与观众喜爱的科普品牌,产生了极好的社会反响。

近年来,博物馆策划的特色科普活动多次作为优秀案例在国内进行交流与传播,产生了良好的示范效应,在国内树立起了古生物科普传播的一面旗帜。